石油石化生产安全突发事件应急处置案例汇编

中国石油天然气集团有限公司质量安全环保部
中国石油天然气股份有限公司大连石化分公司 编

石油工业出版社

内容提要

本书汇编了典型石油石化生产安全突发事件应急处置案例，分为石油化工装置典型事件、石油石化储罐典型事件、长输管道典型事件及井控典型事件四个部分，介绍了突发事件应急处置过程，总结经验，深入分析了存在的不足和改进措施。

本书适用于石油石化企业应急抢险队伍学习使用，也可作为应急抢险人员的培训教材。

图书在版编目（CIP）数据

石油石化生产安全突发事件应急处置案例汇编 / 中国石油天然气集团有限公司质量安全环保部，中国石油天然气股份有限公司大连石化分公司编 .—北京：石油工业出版社，2021.2

ISBN 978-7-5183-4496-3

Ⅰ.①石… Ⅱ.①中…②中… Ⅲ.①石油化工–安全生产–突发事件–应急对策–案例–汇编–中国 Ⅳ.① F426.22

中国版本图书馆 CIP 数据核字（2021）第 017915 号

出版发行：石油工业出版社
（北京安定门外安华里2区1号　100011）
网　　址：www.petropub.com
编辑部：（010）64523553　图书营销中心：（010）64523633

经　销：全国新华书店
印　刷：北京晨旭印刷厂

2021年2月第1版　2021年2月第1次印刷
787×1092毫米　开本：1/16　印张：17.75
字数：411千字

定价：49.00元
（如出现印装质量问题，我社图书营销中心负责调换）
版权所有，翻印必究

《石油石化生产安全突发事件应急处置案例汇编》

编委会

主　　任：张凤山

副 主 任：庞晓东　朱圣珍　邱少林

委　　员：赵邦六　吕文军　张　宏　仲文旭　喻著成
　　　　　于国锋　朱文军　刘景凯　孙德坤　姚剑飞
　　　　　傅　岩　王增年　付立武　岳云平　储胜利
　　　　　罗　园　宋向程

《石油石化生产安全突发事件应急处置案例汇编》

编写组

主　　编：孙德坤

副 主 编：姚剑飞

编写人员：孙　军　陈玉勇　柳光泽　王　玮　卿　玉
　　　　　杨光炼　杨　芳　张作庆　王　驰　张金明
　　　　　张华东　杨志强　赵　斌　杨　顺　邹鲜刚
　　　　　吕新佳

前言

石油石化行业是关系国计民生和国家战略安全的重要能源产业，由于石油石化生产具有易燃易爆、高温高压、有毒有害等危险特性，客观上决定其具有较高的事故风险。一旦发生突发事件，应急处置不及时、不科学，极易导致事态扩大。因此，强化石油石化生产安全事故风险防范，提高突发事件应急处置救援能力，是石油石化安全管理工作的永恒主题。

典型突发事件案例是安全生产管理的宝贵资源，为认真汲取石油石化突发事件应急经验教训，提升事故风险防范和应急救援能力，中国石油天然气集团有限公司质量安全环保部组织中国石油天然气股份有限公司大连石化分公司等单位编写本书，按照突发事件类型进行分类整理，从石油化工装置、石油石化储罐、长输管道和井控等四部分突发事件案例出发，系统介绍了事件经过、处置过程、发生原因、成功经验和教训反思。

本书适用于消防、井控、油气管道和海上等专业应急抢险队伍学习使用，也可作为应急抢险人员的培训教材，为石油石化行业专业抢险队伍的业务培训发挥积极作用，促进应急抢险人员了解各类突发事件特点，掌握科学实用的专业应急救援技战术，提升应急救援队伍救援能力。

本书的编撰参考了大量文献资料，得到了中国石油天然气股份有限公司大连石化分公司消防支队、大庆油田有限责任公司消防支队、兰州石化分公司消防支队、吉林石化分公司消防支队、锦州石化分公司消防支队、抚顺石化分公司消防支队、大庆石化分公司消防支队，以及中国石油井控应急救援响应中心和中国石油安全环保技术研究院等单位及相关专家的支持，在此一并表示感谢。

由于编者水平有限，书中难免有疏漏之处，敬请广大读者批评指正。

编者

2020 年 12 月

目 录

▶ 第一部分　石油化工装置典型事件

"11·13"双苯厂苯胺车间和原料车间应急处置事件 …………………………… 3

"6·28"40×10⁴t/年气体分馏装置应急处置事件 ……………………………… 9

"9·11"化工一厂裂解新区精馏单元应急处置事件 …………………………… 19

"2·6"4.5×10⁴t/年碳四抽提丁二烯装置应急处置事件 ……………………… 26

"1·19"重油催化装置应急处置事件 ……………………………………………… 33

"7·16"1000×10⁴t/年常减压蒸馏装置应急处置事件 ……………………… 46

"8·17"140×10⁴t/年重油催化裂化装置应急处置事件 …………………… 57

"12·11"输油管线应急处置事件 ………………………………………………… 68

"5·16"供排水车间污水缓冲池应急处置事件 ………………………………… 73

"5·29"苯胺装置应急处置事件 …………………………………………………… 80

"8·14"重油催化裂解装置应急处置事件 ……………………………………… 85

▶ 第二部分　石油石化储罐典型事件

"10·26"3×10⁴m³外浮顶油罐应急处置事件 ………………………………… 95

"11·28"液态烃罐区应急处置事件 ……………………………………………… 103

"1·7"液态烃球罐应急处置事件 ………………………………………………… 109

"7·16"油库外浮顶油罐应急处置事件 ………………………………………… 121

"8·29"2×10⁴m³内浮顶柴油储罐应急处置事件 …………………………… 127

"6·2"10×10⁴t/年苯乙烯装置配套储罐应急处置事件 …………………… 134

"9·21"液化石油气储罐应急处置事件 ………………………………………… 145

"6·2"5000m³内浮顶石脑油储罐应急处置事件 …………………………… 151

▶ 第三部分 长输管道典型事件

"12·30"渭南支线柴油泄漏事件 …………………………………………… 157

"11·11"庆铁新线原油泄漏事件 …………………………………………… 163

"6·30"新大一线原油泄漏着火事件 ……………………………………… 167

"7·16"输油管道原油泄漏爆炸着火事故 ………………………………… 172

"11·22"东黄输油管道原油泄漏爆炸事故 ……………………………… 177

"7·19"铁大线油气燃爆事故 ……………………………………………… 183

"1·17"燃气公司管道燃气泄漏爆炸事故 ………………………………… 186

"6·23"昆明东支线天然气泄漏事件 ……………………………………… 190

"5·26"樟树—湘潭联络线天然气着火事故 ……………………………… 193

"9·21"兰州—定西输气管道火灾事故 …………………………………… 196

"6·10"中缅输气管道天然气泄漏燃爆事故 ……………………………… 200

"7·28"地下管道丙烯爆燃事故 …………………………………………… 204

▶ 第四部分 井控典型事件

清溪1井井控事件 ……………………………………………………………… 209

DHODAK DEEP#2 井井控事件 ……………………………………………… 222

邛崃1井井控事件 ……………………………………………………………… 227

狮58井溢流险情处置事件 …………………………………………………… 232

高石001-H27井溢流险情处置事件 ………………………………………… 243

高石001-X28井第一次井控事件 …………………………………………… 247

高石001-X28井第二次井控事件 …………………………………………… 250

塔中726-2X井井控事件 ……………………………………………………… 252

狮63井井控事件 ……………………………………………………………… 262

狮41H1-2-511井井控事件 ………………………………………………… 265

高石001-X45井高套压事件 ………………………………………………… 267

双鱼001-H2井高套压事件 ………………………………………………… 272

第一部分

石油化工装置
典型事件

"11·13"双苯厂苯胺车间和原料车间应急处置事件

2005年11月13日13时40分,石化消防支队调度室接到报警,有机合成厂发生火灾,支队调度室迅速调派辖区消防一大队赶赴现场。13时43分,支队总指挥与一大队全体人员到达火灾现场后,立即进行火情侦察。同时支队其他值班人员迅速前往双苯厂火灾现场。应急事件发生位置如图1-1所示。

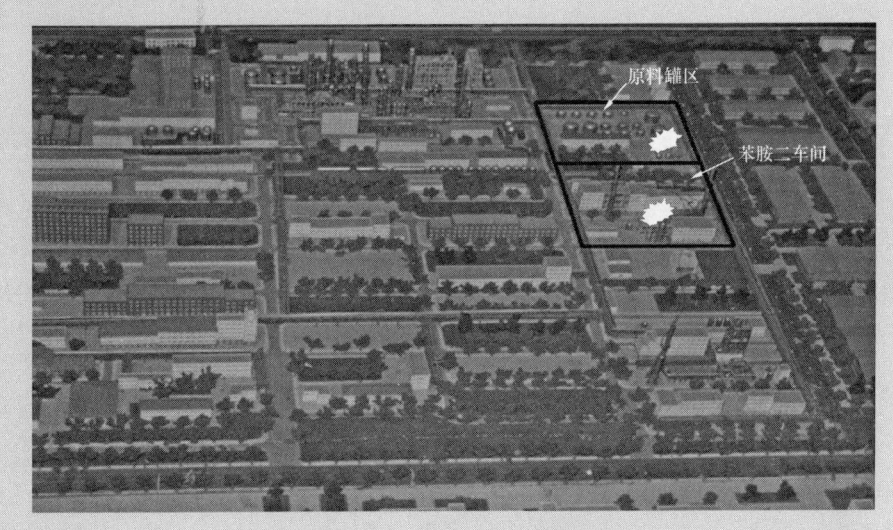

图1-1 应急事件发生位置

一、处置经过

1. 第一阶段

第一力量到达现场后,通过了解得知有机合成厂乙烯车间F-108号(8号)裂解炉裂解气出口管线,因遭到五百余米以外的双苯厂苯胺二车间装置爆炸坠落物的撞击造成断裂泄漏,并因高温而起火(750℃左右)。通过外部观察,小乙烯装置8号裂解炉高21m处的裂解气管线断裂,物料在巨大的压力作用下呈喷射状燃烧,火焰高达数十米,并伴随巨大尖叫声。与此同时，双苯厂方向升起巨大浓烟，火势很大。支队总指挥立即向支队调度室通报火场情况，命令调出二、三、四、五大队及特勤大队全部力量，四大队、特勤大队前往有机合成厂增援，二、三、五大队前往双苯厂苯胺二车间火灾现场实施救援。支队调度室在调派力量的同时，迅速将火灾情况向正在出差的其他支队指挥员进行了汇报。

13时50分，四大队、特勤大队相继到达有机合成厂火灾现场，有机合成厂现场总指挥根据火场实际情况和现有的灭火力量，进行如下战斗部署：（1）用大量水冷却装置，防止灾害扩大；（2）采取工艺灭火措施，关闭泄漏管线阀门，切断着火源；（3）四大队为特勤大队高喷车供水，强攻火点；（4）迅速联系工厂给消防水管网加压。各大队接到命令后，一大队继续用4门水炮对受火势威胁的装置进行冷却，特勤大队和四大队迅速开始强攻火点（图1-2），在强大水流的攻击下，火势明显减弱，工厂立即组织技术人员关闭管线阀门，随后火点逐步熄灭，整场灭火战斗持续30min。

图1-2 强攻火点

14时10分，在管线火点被扑灭后，战斗转入冷却降温阶段。现场指挥员随即命令一大队指挥员和支队其他指挥员乘指挥车赶往双苯厂协助灭火指挥工作。一大队、特勤大队、四大队留部分力量继续冷却，其他大型水罐车及指战员转移到双苯厂火灾现场。

14时35分，支队总指挥正在从有机合成厂调集灭火力量时，接到支队调度室通知，中部生产基地异丁烯罐区受双苯厂火灾爆炸威胁，情况危急。总指挥当即命令四大队两名指挥员分别前往双苯厂和中部生产基地异丁烯罐区进行救援。接到命令后，四大队四号车前往双苯厂罐区支援，其他五辆消防车前往异丁烯罐区，当车辆行至距离中部生产基地异丁烯罐区300m时，双苯厂方向再次发生爆炸，浓烟夹杂着爆炸碎片飞起数百米高，将处在下风方向，正在行驶的消防车辆笼罩，能见度极低，并伴有窒息威胁。为避免出现窒息伤亡，指挥员命令各车加速前进，迅速突出烟雾重围。14时43分，队伍终于到达异丁烯罐区，立即组建侦察小组对火情进行侦察。经侦察，异丁烯罐区内无被困人员，罐区南侧厂房正处于猛烈燃烧阶段，如不及时控制，火势将威胁异丁烯罐区安全。指挥员迅速布置展开战斗，与此同时，双苯厂方向发生第三次爆炸，异丁烯罐区浓烟弥漫，爆炸崩起的砂石从空中不停地坠落，现场指战员面临严重高空坠物威胁，情况十分危险。爆炸过后，队伍马上命令组织清点人数，查看车辆的损坏情况，经查人员无伤亡，指挥车风挡玻璃及右后尾灯被爆炸冲击波击碎，车顶部严重变形；三号水罐车风挡玻璃被震碎；二号水罐车、三号水罐车工具箱卷闸门严重变形。随后，现场指挥员立即命令二号水罐车出 2 支水枪对着火的厂房实施扑救，一班人员负责查找水源，其余人员、车辆撤离至安全地带待命。图 1-3 为罐区总攻现场。经过近两个小时的全力扑救，大火被扑灭，在确定异丁烯罐区没有危险后，中队指挥员向支队调度室请示战斗任务。16 时 20 分，接到支队调度室命令，四大队在中部生产基地所有灭火力量转移到双苯厂火灾现场。

图 1-3 罐区总攻

16 时 50 分，原料库罐区火灾基本扑灭，指挥部决定留部分力量扑救残火，防止复燃。将灭火力量重点转移到苯胺装置区。

19 时 05 分，支队调度室接到报警，苯胺装置北侧农药厂在撤退清点人员时发现 1 人失踪，请求消防支队帮助搜救。总指挥立即命令特勤大队 8 名战斗人员组成搜救小组前往营救。经搜救，在坍塌的包装车间桶堆内，发现被困人员，特勤大队迅速组织人员施救，经过 40min 的紧张营救，终于将被困人员成功救出，并及时送往医院进行救治。

2. 第二阶段

19 时 10 分，出差归队的各级指挥员下飞机后第一时间赶到火灾现场。在听取了现场汇报后，指挥部成员亲自进入火场内部观察了火灾情况，为保证信息准确，指挥部成员反复深入火场内部进行侦察。经侦查，装置区东侧管廊完全塌落，直径 600mm 的氢气管线被炸断，燃烧的氢气伴随高压蒸气呈喷射状燃烧并发出刺耳尖叫；地面铺满装置碎片残骸、精制、废酸等岗位装置设备已全部倒塌；硝化工段二层的硝化锅还在燃烧，如不及时冷却还有爆炸的可能。总指挥部结合现场情况，制订了冷却降温、放空燃烧、保护环境的战术措施。指挥部命令：由机关科室组织人员在还原岗位二层平台出1门移动水炮对硝化锅进行冷却降温；西部管线火点由三大队利用出1门移动水炮进行冷却降温；对东部管线火点采取保护燃烧的战术措施，其他参战大队保证供水，确保不再发生爆炸，保证现场作战人员的绝对安全。

部分队员在长时间的灭火战斗中出现了不同程度的中毒反应，被指挥部及时送往医院救治，简单处置后回归岗位继续战斗；支队后勤迅速组织人员采购食品和等防护药品，并送至战斗一线，为火灾扑救提供了有利的后勤保障。

3. 第三阶段

14日1时25分，异丁烯球罐区毗邻平房火灾被扑灭，一大队在返回双苯厂火灾现场途中，接到报警，重铆车间后侧仓库再次起火。一大队指挥员立即向支队调度室报告情况，支队调度室调一大队一、二号车前往灭火。车辆到达火场后，副大队长命令一号车出1支水枪对起火部位进行灭火，大火很快被扑灭，没有造成更大的损失。

14日8时，消防支队根据公司总体部署，下达了调整力量强攻灭火的命令。指挥部各级指挥员迅速组成突击队，进入火场内部，接近燃烧罐泄漏点出1支水枪进行强攻灭火。由于泄漏物料过多，火势复燃，为保障人员安全，指挥部命令突击队撤回，继续采取冷却降温、放空燃烧、燃尽物料、保护环境的战术措施，在厂房二层硝基苯罐南侧分别由一大队、四大队、特勤大队出3门移动炮实施冷却（图1-4），降低燃烧罐内压力，使罐内物料放空自燃，大火于12时08分全部扑灭。

图1-4 全力冷却装置

二、经验总结

（1）做好打硬仗、打恶仗的思想准备。

加强经常性战备，时刻做好打硬仗、打恶仗的思想准备，这次事件是一次最好的检验。但回过头来看，这次大火是不是已经是最危险、最复杂的情况？绝对不是。如果现场情况进一步恶化，爆炸源更多、范围更广、燃烧面积更大，移动炮还能否发挥作用？所以，下一步对这一类化工装置进行调研熟悉、制订响应程序、组织演练时，一定要做好各种思想准备，如：作为主管大队如何进行初战，如何避免人员伤亡，如何组织攻防转换的训练。

（2）熟悉辖区情况，提高灭火技能。

针对此次化工火灾，要进一步加强对辖区重点单位的调研，做到"六熟悉"，狠抓灭火基础工作，掌握第一手资料，制订响应程序，及时掌握辖区灭火对象的变更情况。同时结合形势发展，按照"仗怎么打，兵就怎么练"的指导思想，不仅要加强应用项目和实战能力训练，还要加强在有毒环境下的自身防护，以及如何准确运用灭火剂，如何有效变换射流等方面的研究，从而进一步提高支队对化工火灾的扑救能力。

（3）勇敢顽强，不怕牺牲。

此次化工火灾波及范围广，处置难度大，安全风险高，支队各级指挥员在面对火灾爆炸时，全部坚持在灭火作战第一线，无人退缩；队伍救援装备差，防护不到位，救援期间部分人员出现中毒情况，人员经过简单处置后继续返回战斗岗位，充分展现新时代专业化队伍勇敢顽强、不怕牺牲、勇于奉献的铁军精神，充分展现新时代党的队伍不忘初心、牢记使命、坚决保卫人民群众生命财产安全的根本初衷。

三、存在不足

（1）消防通信指挥系统不满足应急救援需求。

火场通信比较混乱，给火场指挥带来不便。支队目前无线通信已建成"二级组网"，每台执勤车辆都配有车载电台。火场上多部电台同时使用，造成频道占用，信息传输不畅，加上现场噪声大、干扰多等问题，给火场指挥带来不便；许多情况下，只能靠指挥员手势和口头传达命令，顾此失彼。

（2）未建立有效的指挥体系。

火灾初期现场组织指挥层次不分明，队伍之间协同作战能力不够，现场比较乱，没有形成有效的指挥体系，出现多头指挥现象，各级指挥员缺乏扑救大型恶性火灾的处置经验。

（3）消防个人防护专业性不强。

个人防护意识不强，防护装备差，不具备长期作战的条件；在急于救援的心理下，人员未做任何防护就直接进入现场参加救援，造成多名队员出现中毒现象；空气呼吸器配备不足，没有现场充气能力，长期现场作战潜在风险极大。

（4）消防供水动力系统不合规。

供水没有有效体系。发生爆炸后，现场消防水和用电全部中断，固定消防设施全部停水，消防救援人员采用运水供水的方式实施救援，现场消防战斗十分被动；灾害面积大，战斗力量分散，供水实施十分困难。

（5）移动装备不满足实战供水需求。

器材装备老旧，灭火剂载量低，供给强度差，在面对灾难性危化品救援事故时力量明显不足；没有建立有效的供水战术体系，在消防设施损坏、断水断电的情况下，救援现场难以保障连续供水。

四、改进措施

（1）改善消防供水动力系统。

改善固定消防设施。目前的固定消防设施在发生大型火灾爆炸事故时出现断电，造成固定消防设施无法使用，建议厂区对消防设施供电进行改造，保障消防设施正常使用；因当前消防装备逐步大型化，灭火剂消耗量较大，同时期望提升消防设施供水强度，以满足当前消防救援供水需要。

（2）补充远程供水系统。

炼化企业装置大部分建成时间较长，固定消防设施已经不能满足当前消防队伍应急救援需要，建议危化品消防救援队伍扩充装备专业远程供水系统，增强队伍机动灵活远程供水能力，确保各类火灾供水需要。

（3）强化业务培训。

危化品救援队伍应经常性开展专业培训，各级指挥员、战斗员应对辖区生产装置、工艺流程、应急处置、工艺措施熟练掌握；实施危化品应急救援时，各级战斗人员能够及时对事态发展做出正确预判，能够立即做出正确应急决策，能够快速完成战斗部署，实施有效救援，确保应急救援有序进行。

（4）配备自动化救援装备。

危化品应急救援队伍应当不断加强车辆装备建设，特别要根据辖区消防设施特点、消防道路特点增加供水车、高喷车、泡沫车、专勤消防车的配备；针对生产装置生产工艺及物料理化性质特点合理部署各类干粉、泡沫等救援灭火剂，确保各类灾害的有效救援。

"6·28" 40×10⁴t/年气体分馏装置应急处置事件

2006年6月28日3时左右，炼油厂40×10⁴t/年气体分馏装置进料开车，4时左右，塔2（脱乙烷塔）开始进料循环。7时30分，操作人员在巡检过程中发现塔2塔顶换热器（E-507）封头泄漏，立即通知人员进行处理，人员到现场做施工准备过程中，发现泄漏处突然喷出大量液体和蓝色气体，而且响声剧增，人员迅速撤离现场。8时05分，人员刚刚下平台，E-507泄漏处着火，操作人员立即报火警。

一、处置经过

1. 第一阶段

第一阶段的灭火抢险力量调集正确，为全面控制火势发挥了决定性作用。

（1）接警及时，出动迅速。

2006年6月28日8时06分，支队指挥中心接石化公司炼油厂40×10⁴t/年气体分馏装置发生火灾报警，在接到报警电话的同时，责任区特勤大队、一大队、气防一分站8台消防车、1台气防车立即出动，第一出动力量于8时09分到达现场。前期到达的参战指战员全力以赴，组织了初期火灾扑救，使用车载炮、移动炮、水枪对着火部位E-507换热器进行冷却降温，同时对E-507换热器相邻部位的塔釜群、液态烃储罐、换热器、空冷器、机泵进行冷却保护，如图1-5所示。指挥中心同时命令支队直管的三个消防水泵房立即启动消防水泵加压，使厂区消防水管网的压力达到了1.2MPa。

8时12分，支队指挥员、战训科人员随第一出动力量先后到达现场，根据E-507换热器所处的部位、相邻设备的安全距离、储存物料的理化性质，立即意识到火灾事故的严重性，当即指令支队指挥中心启动支队灭火抢险应急响应程序，并向公司生产运行处汇报灾情，指令再次调集二、三、四、五大队，气防二、三分站所有消气防车辆，携带移动炮火速赶往气体分馏装置增援，现场消防前沿指挥员根据灾情向市消防支队发出紧急增援请求。支队战训科通过对当班职工询问和对火场全方位的火情侦察，确认是 40×10^4t/年气体分馏装置 E-507 换热器头盖发生泄漏着火（换热器内介质为液态烃），毗邻 5m 距离的 2 个 $25m^3$、1 个 $50m^3$ 和 2 个 $100m^3$ 液态烃回流储罐已受到严重威胁，如不及时进行冷却降温分隔，随时可能造成储罐超温泄漏，甚至造成罐体超压破裂引起连锁爆炸，消防前沿指挥部立即部署了战斗力量，对着火部位及相邻设备进行了车载炮、移动炮阵地部署，出 2 门移动炮对 E-507 换热器泄漏处的火焰进行控制，其余车辆使用车载炮、移动炮、水枪对装置区 5 个框架结构内的机泵、塔、储罐、换热器、空冷器进行冷却降温保护。

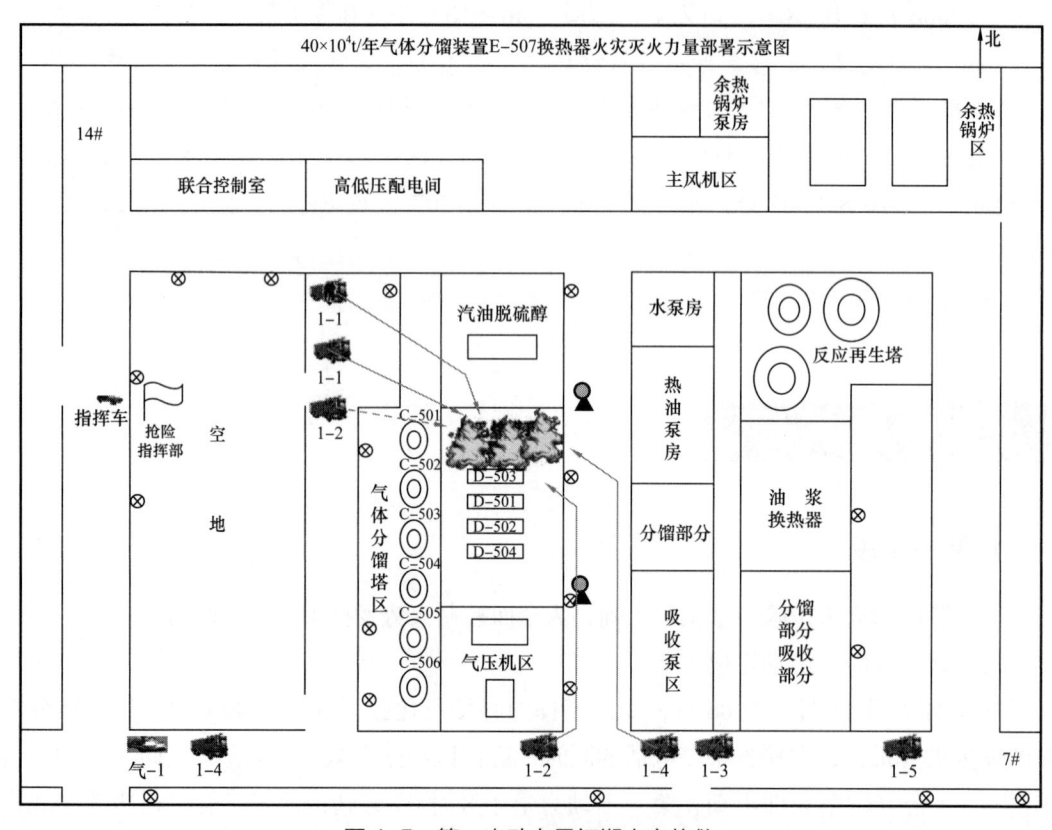

图 1-5　第一出动力量初期火灾扑救

8 时 15 分，消防人员用水枪、移动炮掩护，协助装置生产人员采取切断物料、切油降压、装置紧急停工措施，关闭了所有与气体分馏单元相关的上下游阀门、电源，在工艺上采取了积极有效的措施。公司主要领导相继赶到火灾现场，根据公司重特大事故应急响应程序和环保应急响应程序，成立了以副总经理为总指挥的"应急抢险指挥部"，指令石化消防支队为灭火前沿指挥，"应急抢险指挥部"根据灾情立即启动公司重特大事故应急响应程序和环境保护应急响应程序。公司各救援指挥部各专业小组根据职责分工，立即组织人员采取措施封堵雨排系统，抢险人员设立现场围堰，对所有进入黄河的排放口进行了封闭，将火灾事故扑救使用的消防冷却水引入炼油厂污水处理厂，经污水厂处理后排入油污干线，同时启用了 $3\times10^4\text{m}^3$ 应急调节池，使消防泡沫混合液、消防冷却水未排入黄河。环保检测人员定时进行大气与水质取样分析，气防站、石化总医院急救人员做好了紧急抢救伤员的准备工作。

（2）及时调动内外部增援，合理部署抢急救力量。

根据消防前沿指挥的指示，在8时15分左右，消防二、三、四、五大队和气防二、三分站的增援车辆相继赶到，根据增援力量车型和装备重新对燃烧区、保护区进行了部署。按照"四面出击、重点扑救、强制冷却、控制燃烧、逐步消灭"的原则，消防前沿指挥命令增援各队人员车辆根据现场阵地部署和分工，从东南西北四个方向以E-507换热器着火部位为中心部署车载炮、移动炮、水枪阵地。车载炮以框架外围塔釜群、换热器、空冷器为重点进行冷却保护，移动炮、带架水枪、直流水枪以框架内部着火部位E-507换热器及相邻液态烃回流储罐、换热器、空冷器、机泵为重点进行冷却保护。气防站3台气防车和2台备用车分别停于东、南、西三个方位，准备好器材装备做好抢急救准备，支队灭火抢险力量集结部署完成后，各科、室、队、站立即根据指令实施了灭火抢险行动，18门移动炮和7个车载炮分别从东、南、西、北四个方向对E-507换热器及相邻设备喷射大流量消防水压制火势和冷却保护关键设备区，如图1-6所示。

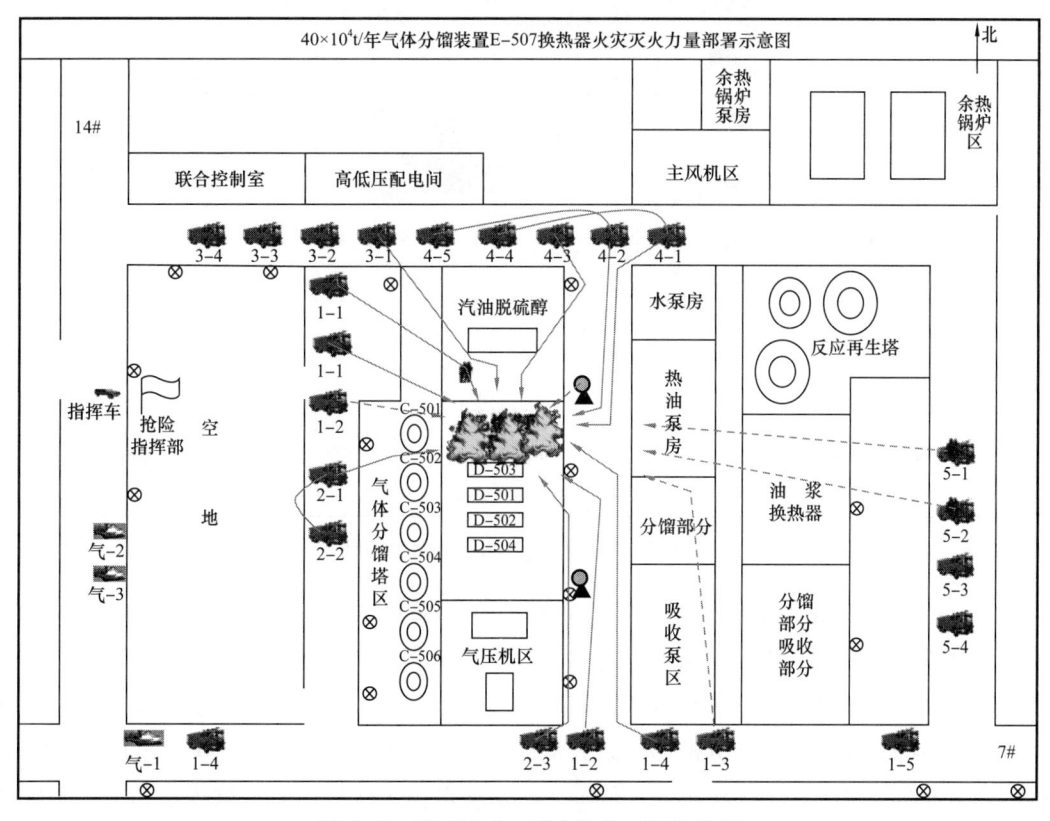

图 1-6 四面出击，重点扑救，强制冷却

地面力量部署完成后,特勤大队、五大队3个班穿越东面框架一、二区部署1门移动炮、1支泡沫管枪、1支水枪,准备实施高点压制冷却方案保护三层空冷器、冷凝器、换热器,就在铺设水带的过程中,8时40分左右,着火部位E-507换热器上部一条直径250mm的气相管线突然爆裂,大量可燃气体泄漏后迅速扩散,在东部框架二层上部发生闪爆,如图1-7所示。在E-507换热器西、南、北三个方向地面执行冷却保护任务的消防员紧急撤离,而在东面框架上执行任务的特勤大队、五大队消防人员,因受风向、环境及高度的影响,未能及时撤离到安全地带,在场的其他消气防人员冒着生命危险冲进框架区将10名受伤人员紧急救助到安全区,气防医疗抢急救人员分别用气防车、120救护车及支队指挥车及时将伤员分别送往石化总医院救治。

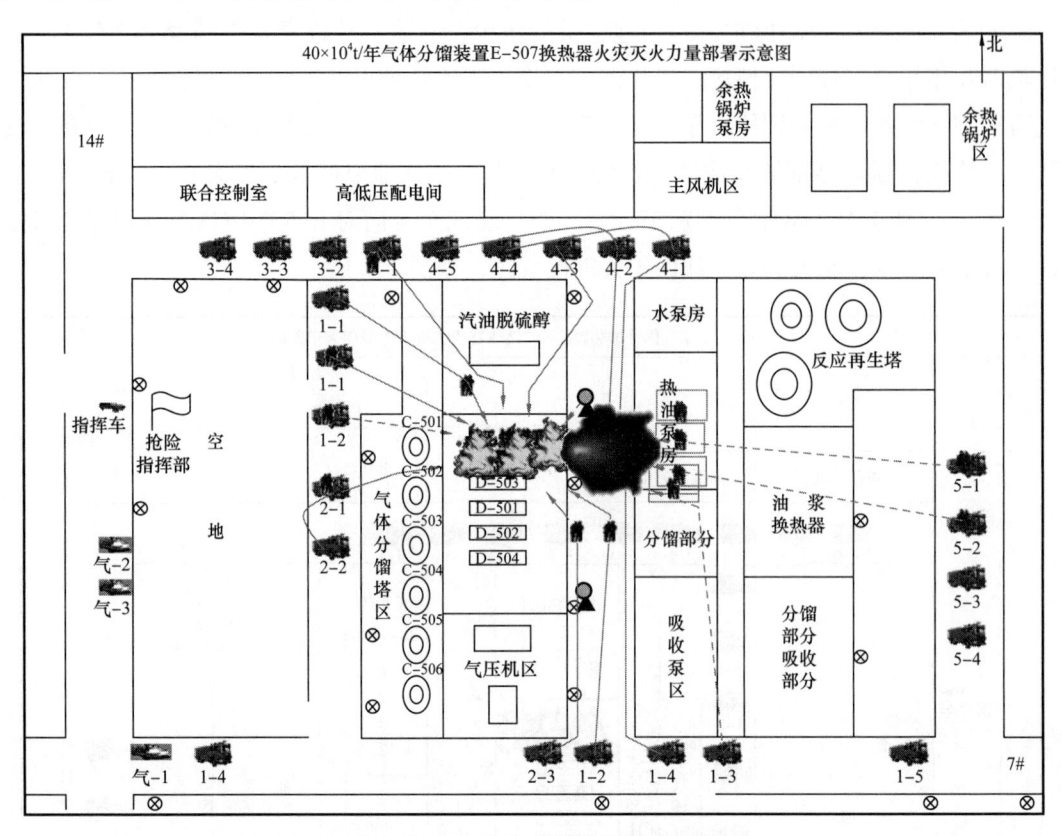

图1-7 东部框架二层上部发生闪爆

灭火抢险指挥部在成功救出受伤人员后,命令各参战大队清点确认现场人数,特勤大队反复清点后发现本队一名同志下落不明,随即向消防前沿指挥部汇报,消防前沿总指挥在组织第二次力量恢复消防水冷却控制后,指令消气防人员强行登上东部框架二楼进行搜救。第一批由气防站教导员带领气防人员进行了二楼第一区的搜寻;第二批由支队安全科长带领气防人员进行了二楼第二区的搜寻;第三批由支队战训科长带领特勤大队人员进行了二楼全范围搜寻;第四批由特勤大队副大队长带领特勤大队人员进行了搜寻。9时40

分，在东部框架三层北侧发现了下落不明的同志，抢急救人员及时用担架将其转移到地面送往医院抢救，经医院积极实施抢救措施无效，该同志以身殉职壮烈牺牲。

（3）地企联合，同步实施灭火抢险方案。

8时45分，市公安消防支队某中队的4台消防车到达现场，指挥部根据火场力量布置需要，将该中队4台增援的泡沫消防车部署在装置西侧，实施车载炮冷却保护以C-501脱乙烷塔为重点的塔群冷却战术。9时05分，市消防支队支队长带领市支队6个中队相继赶到现场增援，在听取了前沿指挥部的汇报后，对石化支队实施的战术原则、灭火方案、力量部署、车辆摆位、移动炮阵地进行了检查。根据现场情况综合分析后决定市支队再出12门移动炮和7个车载炮加强石化支队的移动炮、车载炮阵地，继续对着火部位和周围的邻近机泵、塔、储罐、框架进行冷却保护和扑救，如图1-8所示。

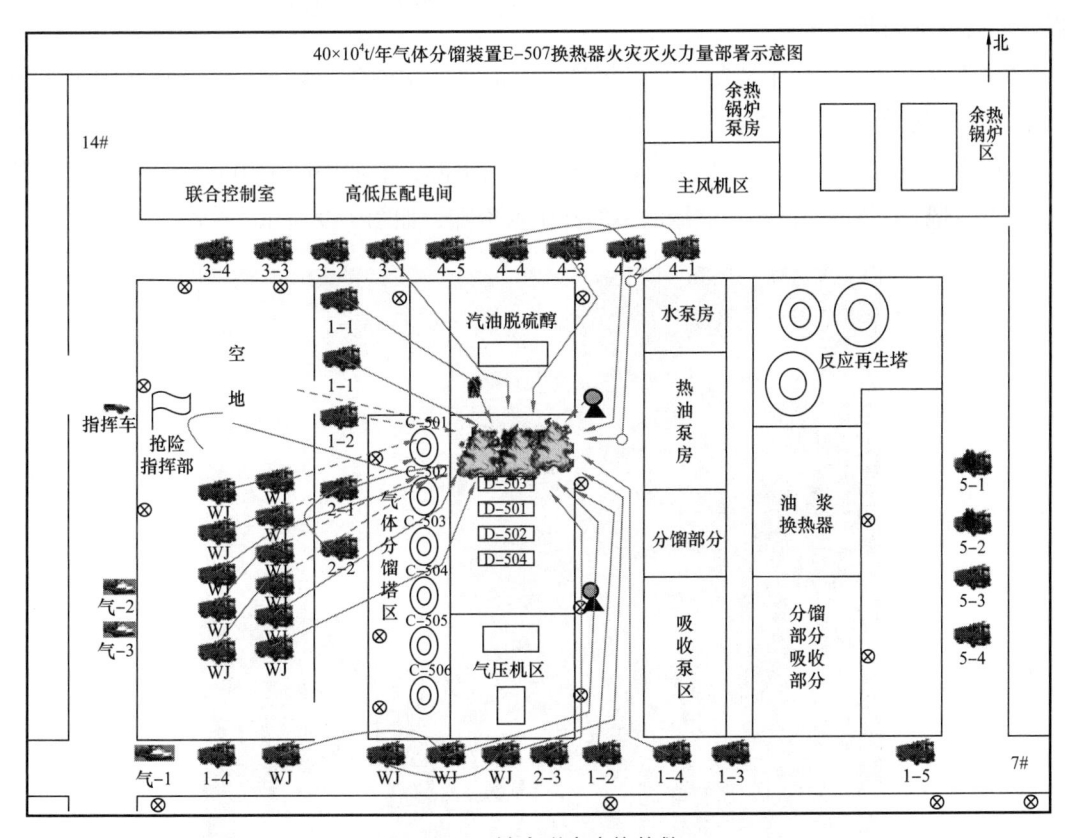

图1-8 地企联合实施扑救

考虑到装置火炬管线、紧急泄压管线已断裂，C-501脱乙烷塔在工艺上未设切断阀门，初步计算C-501脱乙烷塔物料稳定持续燃烧时间在10h以上，公司组织参战指挥共同商定，在人员、燃油、药剂、水源、后勤、照明等方面做好打持久战的准备。支队装备科及时调来备用水带、清水泡沫液，公司抽调油气分公司某加油站1台5t油罐车和某销售公司15t油罐车在10时左右到达现场，为参战消防车辆及时补充油料9t。

（4）综合协调，全力保障火场供水。

石化消防支队指挥部根据着火物料理化性质，认真分析了现场着火部位和相临罐重点保护的机泵、塔、储罐的火灾危险性和次生事故后果严重性，认为要保证冷却战术措施的奏效，不间断保证消防水的供给是关键。火场30门40L/s流量移动炮、14个100L/s大排量车载炮消防冷却水间断式供水每小时也需3000~4000m³的排量。

考虑到火灾扑救的艰巨性和持久性，认真估算了消防水的使用量和储备量，消防总指挥及时召集生产运行处处长和动力厂厂长现场研究，制订了4项措施：

① 及时切断炼油厂区其他装置的12个用水线，集中厂区水源供给消防水加压站水罐，保证消防水泵不间断工作。

② 请求市供水集团支援，将补充水压从日常0.3~0.4MPa供水压力提高到0.6~0.7MPa，以保证火场不间断供水。

③ 要求支队直属3个消防水泵房每半小时汇报一次消防水罐水位、补充水的水压和水量，并准确计算消防水的延续使用时间。

④ 要求石化支队、市支队参战单位合理使用水源，框架外围采用间断冷却战术，保证框架内部着火部位和液态烃储罐的不间断供水冷却，如图1-9所示。

图1-9 对框架进行冷却保护和扑救

主管供水的副支队长负责实施 3 个消防加压站之间的切换和每个水泵房 2 个水泵之间的切换，密切观察补充水压、水量和加压泵的运转，并根据现场消防水使用量适时调整 7 台消防水泵串并联供给，动力厂和生产运行处在 20min 之内切断了厂区 12 个装置的生产用水，保证 215、216、216-1 这 3 个消防水泵房能随时保持火场 3400m^3/h 左右的消防水需求（使用量最大时达 4600m^3/h），确保了整个灭火抢险过程消防水始终保持高压供给，对有效冷却控制火势、冷却保护相临储罐及相临设备起到了重要保障作用。从 8 时 06 分开始实施扑救到 21 时 35 分彻底扑灭，共计使用消防水约 $5.6 \times 10^4 m^3$。

2. 第二阶段

第二阶段的灭火措施得当，为夺取灭火抢险最终胜利赢得了主动权。

在石化消防支队和省市消防的共同努力下，全体参战消气防人员，发扬一不怕苦、二不怕死的英勇奉献精神，坚持科学的态度，制订严密细致的方案，沉着冷静地处置突发事件，对着火点周边的设备进行降温冷却，9 时 40 分火势得到有效控制，使燃烧区控制在了 E-507 换热器与 D-503# 回流罐管线断裂处。

（1）抵进前沿，侦察火情，重点控制，逐步消灭。

10 时 10 分左右，省消防总队长和参谋长赶到火灾现场，并立即成立了以省总队长为总指挥的灭火抢险指挥部，省总队长在认真听取在场有关人员对火灾现场的情况汇报后，召集市消防支队、公司消防支队、公司相关工程技术人员对火灾现场情况进行了综合分析。

在对火灾现场进行综合分析后，省总队长亲自带领市消防支队、公司消防支队火场指挥员、工艺技术人员于 11 时深入装置内部贴近着火部位察看火情，现场指挥员仔细观察着火部位和相邻关键保护设备后，再次对火灾现场灭火力量进行了调整补充。又先后 3 次派出市消防支队、公司消防支队前沿指挥及战训科人员、车间工艺人员进行火情侦察，确认 D-503 回流罐板式液面计受热破裂，与 D-503 回流罐相连的物料管线全部拉断，现场堵漏、阀门切断、紧急排空已无法实施。

面对这种情况，为防止着火罐超温发生罐体破裂产生空间爆炸，指挥部慎重研究做出了 3 项决定：

① 继续实施对邻近的机泵、塔、储罐进行冷却保护的战术，对着火部位周围框架用移动炮形成水幕，阻止火势向着火区旁边的东、西两面框架区蔓延。

② 指派市支队战训参谋、石化消防支队战训科参谋保护车间技术人员从框架竖梯爬上储罐区平台，实施强行关闭 D-503 着火罐及相邻储罐之间的进料阀和出料阀门方案。

③ 在 4 门移动炮的保护下，抢险作业人员爬上储罐平台，冒着风险顶着烈焰，依次关闭了 D-501、D-502、D-503、D-504 回流储罐进出料阀门和储罐之间的连通阀门，为控制物料泄漏做出了突出贡献。

14时10分，指挥部组织第三次火情侦察，发现D-501回流罐上部出现燃烧，市消防支队、石化公司消防支队前沿总指挥及战训科人员、车间工艺人员再次进入现场进行现场观察确认，贴近着火部位后确认是D-501回流罐的仪表管线断裂泄漏，指挥部经过反复论证，决定由中队长、石化消防支队战训科参谋及车间技术人员从塔架竖梯爬上去关闭D-501回流罐上的仪表管线阀门，随即D-501回流罐上部的明火被扑灭。

（2）消防战术和工艺措施相结合，科学组织灭火抢险。

采取相关措施后，燃烧区始终被控制在换热器管线断裂处和D-503回流罐的液面计断裂处，灭火抢险指挥部再次召集有关人员综合分析现场情况，从集结的灭火抢险实力上分析，如果灭火，10min之内就可以实施干粉灭火—消防水冷却战术迅速解决战斗，但指挥部考虑，D-503回流罐与换热器、塔泵等相邻的管线已经被拉断破坏，如果将明火扑灭，液态烃继续泄漏不能得到有效控制，可燃气体无序扩散的后果不堪设想，因此指挥部果断发出指令，要求各参战单位坚守车载炮、移动炮原位阵地，继续实施大流量冷却保护战术，控制着火部位使之形成稳定燃烧，直至D-503回流罐物料燃尽。

17时左右，指挥部通过塔罐泄漏物料燃烧时间计算，如冷却控制稳定燃烧D-503回流罐物料，可能会延续到夜间才能燃尽，考虑到夜间不便队伍行动和观察现场情况，决定在天黑之前解决战斗，根据D-503回流罐物料燃烧时间估算罐内物料轻组分基本燃尽，决定停止对D-503回流罐的罐壁冷却，靠燃烧热辐射促使罐内重组分加速挥发，对D-503回流罐实施冷却的移动炮立即停止射水，两门移动炮转移保护相邻设备。

19时左右，石化公司总经理在现场从工艺措施分析，随着E-507换热器、D-503#回流罐物料减少、火势减弱，与D-503回流罐、E-507换热器相连的C-501脱乙烷塔可能会产生负压，如果C-501脱乙烷塔形成负压回火，C-501脱乙烷塔内残存的可燃气体可能在塔系爆炸，必须尽快采取工艺措施。指挥部立即召集工程技术人员现场研究实施方案，炼油厂工程技术人员迅速架设临时管线从塔底往塔内注入氮气，注入的0.3MPa惰性气体保持了C-501塔始终处于正压状态，有效防止了塔系回火爆炸。

20时左右，冷凝器管线断裂处明火熄灭，D-503回流罐管线断裂处还在继续燃烧，指挥部又先后3次对D-501、D-502、D-503回流罐进行了检查确认，证实除D-503回流罐管线断裂继续泄漏燃烧外，D-501回流罐的安全阀起跳，罐内可燃气体沿物料总管继续泄漏燃烧。

（3）继续冷却，确保安全。

明火熄灭后，考虑到经过十三个多小时的燃烧，所有设备还处在高温状态，因此，所有的移动炮继续在原阵地继续冷却相关设备。23时，灭火抢险指挥部再次派人逐罐、逐塔检查确认已无火灾爆炸危险后决定停止射水，除石化公司消防支队一、二大队和公安中队一个班留守外，其他车辆全部返回。29日2时左右，再次进行火灾爆炸危险安全风险评价后，决定石化公司消防支队一、二大队继续留守监护，市公安消防支队撤离现场。

二、经验总结

（1）炼油区责任区特勤大队、一大队、气防一分站出动及时，3min 内到达现场，内部第一力量调动及时，15min 内公司内部所有力量集结到位。

（2）火灾危险性分析判断准确，初期火灾的力量部署正确，实施的消气防战术原则及车载炮、移动炮阵地部署符合石化火灾消防战术要求。

（3）根据火势发展请求外援力量及时，公安消防增援力量在控制火势、现场统一指挥中发挥了重要作用。

（4）现场指挥员充分考虑到了现场的复杂性和水源的重要性，启动供水响应程序及时，水泵加压站切换、补水及时，公用工程和消防高压水系统到位，保证了 13h 的连续供水，为灭火抢险提供了充足的水源保证。

（5）公司启动重特大事故应急响应程序和环保应急响应程序及时，根据消防水的排污量及时果断采取措施封堵雨排井，引导消防水沿化污管线排放，防止了水质和大气环境污染。

（6）消防战术和工艺措施密切结合，对控制燃烧防止次生事故发生起到至关重要的作用。车间工程技术人员主动介绍现场情况和采取的工艺措施，对指挥人员决策和调整战术方案提供了重要参数。

（7）火灾扑救当中，后勤保障工作及时到位，石化公司及时将饮用水、食品送到现场，保证了参战人员长时间作战的体力恢复。

（8）在整个火灾扑救过程中，支队指挥员和战训科、防火科、安全科、装备科、综合办公室人员及所有参战消防员一起并肩战斗，大队长（站长）、教导员、副大队长与消气防员一道坚守各自阵地实施灭火抢险。防火科人员积极疏导交通，以便增援车辆能顺利进入火灾现场，装备科及时补充灭火抢险器材药剂，气防站、办公室积极协助抢救伤员，后勤保障工作到位。

（9）气防抢急救力量调动及时，现场布局合理，器材装备准备充分。在爆炸发生后第一时间及时将 10 名伤员抢救至安全地带，经简单处置后转送石化总医院，为积极抢救负伤消防员赢得了时间。

（10）广大指战员发扬一不怕苦、二不怕死的英雄团队精神，自始至终坚守在火场第一线。特别是在突发爆炸后人员出现伤亡的情况下，无所畏惧、英勇顽强，冲进火海抢救一线伤员，继续坚守各自阵地直至彻底降服火魔，是这次总结大树特树的集体楷模。

三、存在不足

（1）缺乏特种消防车辆。

总结本次火灾，大功率泡沫消防车、30m 以上的高喷车、平台车等消防保障力量匮乏，扑救大型油罐、联合装置、液态烃等环境复杂、装置密集、条件限制火灾的多功能泡沫消防车不足，不能形成立体交叉的有效控制。

（2）消防通信指挥系统不满足应急救援需求。

① 现有的对讲机、车载台、基地台无线通信频点各不相同，火场不能达到相互沟通，指令不能有效传达到位，火场出现异常后，消防前沿指挥的紧急撤退命令不能有效传达到位。

② 缺乏现场事故广播系统，无线通信系统解决的是消防力量的统一指挥，发生较大事故，生产人员、抢修人员、后勤保障人员的统一指挥调动，需要车载高音喇叭集中调度。

（3）对炼化装置的工艺掌握不够。

炼化企业关键装置的生产工艺流程，原料、产品的理化性质，关键设备参数，装置内各部位危险程度等基本情况，是企业支大队消防指挥员、基层指挥员的必修课。只有做到生产工艺和消防战术的有机结合，才能做到有的放矢。

（4）缺乏现场风险辨识意识。

在缺乏举高设备冷却的情况下，在着火部位下风向平行二层框架部署灭火力量缺乏科学性，着火部位 E-507 换热器上部直径 250mm 物料管线突然爆裂，可燃气体沿下风向平行扩散，相邻 9.5m 距离的东二框架风冷器风扇又使可燃气体形成局部循环，20s 后发生闪爆造成东二框架风冷器下爆炸性混合气体集中部位的 11 名部署移动炮阵地消防人员伤亡，是本次灭火抢险行动应当认真反思和总结之处。

四、改进措施

（1）加强对炼化装置工艺、设备的熟悉和掌握。

各级指挥员应加强炼化企业关键装置的生产工艺流程，原料、产品的理化性质，关键设备参数，装置内各部位危险程度等基本情况的学习，定期请车间技术人员进行现场工艺流程授课。加强现场"六熟悉"工作。

（2）增强现场风险识别意识。

研究现场各类物料和介质在泄漏及火灾事故情况下对消防应急处置人员带来的危害，并根据各类危害加强消防应急处置人员的个人防护及培训。

"9·11"化工一厂裂解新区精馏单元应急处置事件

> 9月11日11时42分38秒,随着"砰"的一声闷响,裂解新区精馏工段突发生产事故,一股浓烟猛然升起,瞬间火焰高达六十余米,冲击着浓烟腾起百余米。

一、处置经过

1. 紧急调集增援力量

11时43分,石化公司消防支队辖区二大队接到火灾报警,立即出动奔赴火场。执勤队长在奔赴火场途中,根据浓烟和火焰情况,判定事态较大,立即请求支队增援。支队长闻讯后,在奔赴火场的途中,命令三大队4台特种消防车、四大队2台和一大队4台大型消防车火速增援。11时58分,支队长、副支队长赶到火场,与率先到达的公司党委书记、副总经理即刻成立一线灭火指挥部,在抢险指挥部的统一指挥下,增援力量陆续投入到灭火救灾中。市公安消防支队、公司消防支队闻讯于13时55分先后赶到现场增援;经过全体参战消防官兵的奋力扑救,火势于14时30分被完全控制。

2. 抑制火势,防止次生爆炸

11时48分,公司消防支队辖区二大队7台消防车赶到现场。此时,化工一厂裂解车间裂解新区精馏工段1000m² 范围内三十多条管线及上方多台空冷器被大火吞没;甲醇罐、脱甲烷气体塔、EH1802脱甲烷换热器、ET1921、ET1922脱乙烷塔、EH1811、EH1812、EH1813脱甲烷预冷器、EV1920甲烷罐、EV1903乙烯罐、EV1351、EV1352丙烯罐被大火舔食着;爆燃点邻近的压缩机厂房、容器、冷换器、塔等动静设备都在大火的烘烤中;火势如同脱缰的野马失去控制,不断伴有"嘭嘭"的爆燃声……如不及时控制火势,消除次生爆炸,后果不堪设想。

消防二大队到达现场后,在西侧用车载炮、移动炮,在东侧、东北侧用移动水炮压制火势,冷却被大火吞没的塔、罐、换热器等设备,抑制火势,防止次生爆炸。具体部署如下:

2010#车占据西侧检修路，用4条水带干线接两个消火栓，出大流量车载炮抑制火势，强制冷却被烈火吞噬的EV1353和EV1354丙烯罐、H管廊及空冷器；保护EV1900、EV1901、EV1903乙烯罐及压缩机厂房。

2012#车占据西侧检修路，利用吸水管接消火栓，出1门移动炮强制冷却被烈火吞噬的H管廊及空冷器、ET1921、ET1922脱乙烷塔、EH1811、EH1812、EH1813脱甲烷预冷器、EV1920甲烷罐。

2002#车占据火点东北侧，接消火栓，出1门移动炮强制冷却被烈火吞噬的H管廊及空冷器、EV1353、EV1354、EV1351、EV1352丙烯罐；保护压缩机厂房。

2003#车占据东侧，利用两条水带干线接消火栓，出1门移动炮强制冷却被烈火吞噬的EV1001甲醇罐、EV1802、EV1803、EV1804脱甲烷分离罐、H管廊及空冷器；保护ET1801脱甲烷塔、EH1802脱甲烷换热器。

此时火灾异常猛烈，接连不断的爆燃声、管线爆裂飞溅物、破裂蒸汽管线的尖叫声，以及强烈的热辐射，无不考验着现场的消防官兵……但是，他们临危不惧，在生与死的考验面前，选择了勇往直前、冲锋陷阵——在第一时间，在最紧要关头、最关键时刻，伴着"嘭嘭"的爆燃声，躲避着管线爆裂飞溅物，顶着强烈的辐射热，一次次冲进火场，将移动水炮布置到距火点20m处，为抑制火势，控制局面，防止发生次生爆炸赢得了时间。

公司领导多次指示：控制火势，保护重点，防止发生次生爆炸，一定要保障消防官兵人身安全。消防指挥员贯彻指令，一线只留少量人员操纵、调整水炮，保证水炮有效发挥冷却保护作用。4门移动（车载）水炮的强大水流射向被大火烧烤的塔、釜、换热器，抑制了火势，火场的爆燃声逐渐减少，次生爆炸的可能得到遏制，但火势仍然异常猛烈，多个火点火焰呈喷射状，高达三十余米，形成立体交叉式燃烧。英勇的消防官兵与火魔对峙着，顽强地坚守着阵地。

公司领导一面指挥灭火，一面指挥紧急停车。与此同时，化工一厂启动消防泵房升压，开启南侧2门、东西侧各1门固定水炮压制火势，启动压缩机厂房、球罐区蒸汽幕；同时采取工艺措施配合灭火，工艺技术、操作人员首先将3台压缩机紧急停车，停止脱甲烷系统进料，同时逐个切断老区与新区互通的阀门，切断与罐区相连的物料管线，紧急泄压、放空。一切都按抢险响应程序紧急有序地进行。

3. 阻止火势蔓延保重点

事故发生后，有公司领导及机关部门参加的抢险指挥部随即成立。增援的10台大型消防车陆续赶到现场，精馏工段北侧紧邻压缩机厂房，火焰已将压缩机厂房南侧的墙体和窗户烧烤变形。抢险指挥部指示，一定要保住压缩机厂房。支队长按抢险指挥部要求，根据火场情况，果断下达战斗命令：扫外围阻止蔓延，防止发生次生爆炸；压制火势，强制冷却容罐和换热器，阻断发生次生爆炸可能；利用高喷车形成水幕屏障，隔断火焰，死保压缩机厂房。具体部署如图1-10所示。

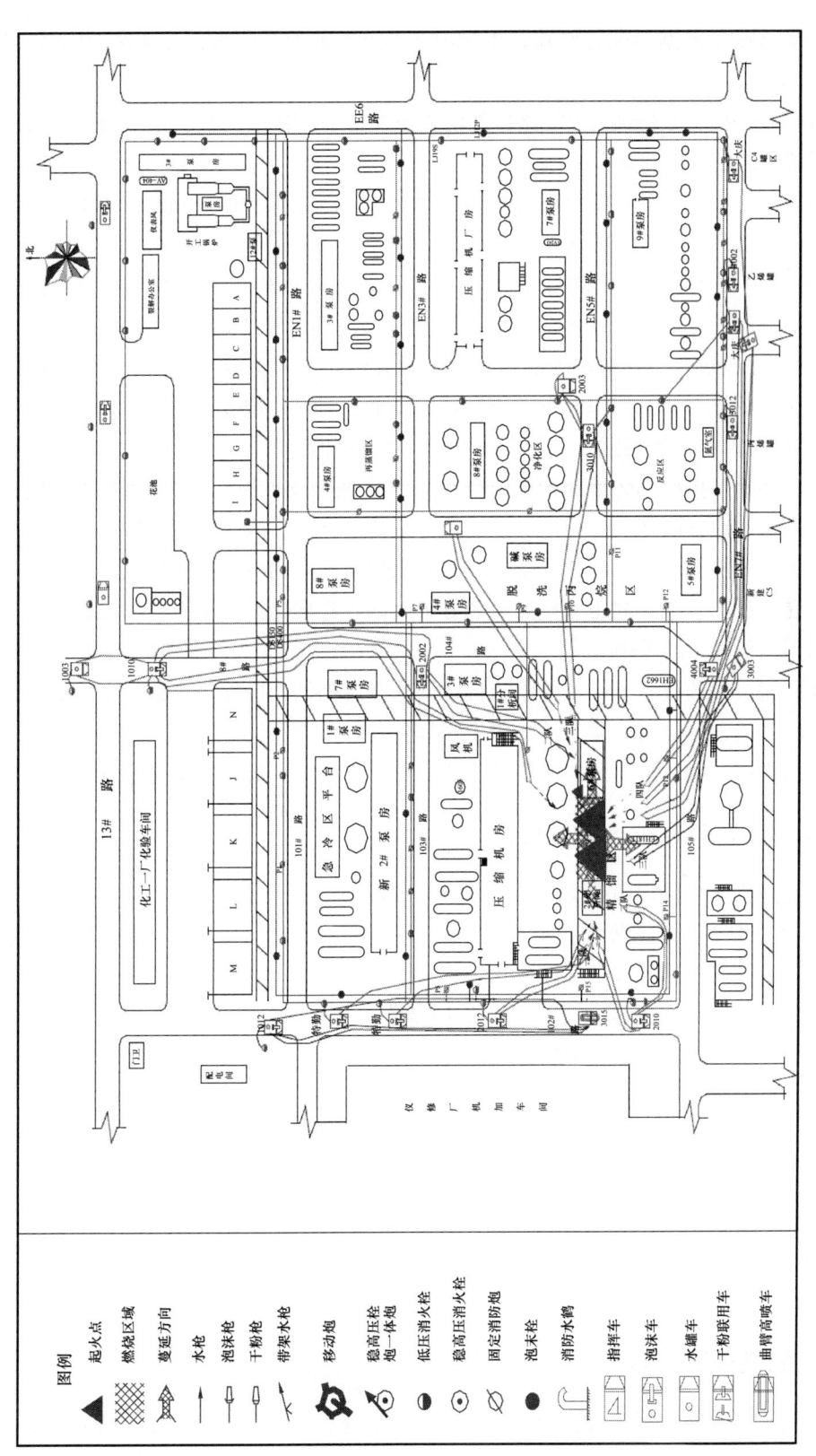

图 1-10 作战部署

三大队高喷车占据西侧检修路，由3010#车出3条干线供水，冷却保护压缩机厂房，压制火势。

3001#车在火点西南侧的丁字路口处出2条水带干线接消火栓，出1门移动水炮压制火势，对脱乙烷塔进行保护。

4004#车在火点南侧出1门移动水炮压制火势，冷却保护脱甲烷塔，3012#车用吸水管接消火栓出2条干线给4004#车供水。

1012#车在压缩机厂房的东北侧增设1门移动水泡冷却急冷管线和空冷器，同时出1条水带干线给2002#补水。为压缩机厂房东南侧设一道保护屏障。

1006#车、1001#车分别占据2号路两个消火栓同时为1012#车供水。与此同时，指挥员根据火场变化，调整2010#车停止车载炮改出2门移动炮分别对脱乙烷塔回流泵EP-1920和"B框架"上的脱乙烷冷凝器EH1920进行冷却保护。

至此，在抢险指挥部的统一指挥下，经过一系列的调整部署，火场形成了8门移动水炮和1门高喷水炮三面围攻、一面保护、上下设防的格局，强大的水流冷却，阻止了火势的蔓延，保住了被大火吞噬的脱甲烷塔区、脱乙烷塔区内的塔、罐、换热器、泵等多处重点部位，受大火严重威胁的压缩机厂房和6个丙烯、乙烯罐得到了有效的保护，灭火的主动权夺回到消防官兵的手中。

与此同时，工艺技术人员按抢险指挥部要求逐台确认，确保塔、罐不形成负压，采用注入氮气的办法，保护塔、罐，防止次生爆炸发生；采取一切办法控制物料泄漏量，凡是能够切断的物料一律切断，凡是能够导出的物料一律导出，抢险工作有序进行。

4. 增援配合争夺灭火控制权

公安消防支队、公司消防支队闻讯赶到火灾现场后，按抢险指挥部的要求，公司消防支队出6台大型消防车，分别在火点的东、西、南三个方向增设4门移动水炮，特102#车在着火部位西侧出1门移动炮压制火势；特101#占据13号路在东侧出1门移动炮冷却EV1351/1352及H管廊爆裂的管线组；宏103#车、宏106#车在火点南侧各出1门移动水炮，分别对"B框架"南部和进料分离罐进行冷却保护；另有特222#车、特221#车及公安消防支队1台车分别为其供水。

至此，火场形成了12门移动水炮、1门高喷车水炮的强大攻势，火场形势发生了根本的转变，火灾被牢牢控制在100m²范围内，形成3个固定燃烧点。参战全体消防官兵，临危不惧，经过2h47min的生死激战，切断了火灾蔓延的途径，阻止了次生爆炸的发生，有效地保护了压缩机厂房和大部分空冷器及脱甲烷塔区、脱乙烷塔区等重点关键设备。14时30分，大火被完全控制。

5. 控制燃烧防止环境污染

爆燃与火灾致使精馏工段管线、法兰、容器千疮百孔，泄漏出的物料四处喷射，火舌发出刺耳尖鸣叫声。系统内存有大量的乙烯、乙烷、丙烯、丙烷、甲烷等易燃物料，为防止易燃易爆物料泄漏后发生大面积空间爆炸，指挥部决定采取全面冷却降温、控制燃烧、冷却保护相邻设备的灭火抢险措施，没有最高指挥员命令，不能灭火。

在此期间，抢险指挥部先后估算了系统内物料的数量及燃尽时间；根据燃尽时间确定了现场供水方案，并有效地组织了实施；采取向系统内依次注入氮气置换残存物料，就地控制燃烧；实施有效的排污措施，防止环境污染；组织现场补给，确保消防车燃油供应。至12日3时，系统内物料基本燃尽。

整个火灾抢险过程持续15h17min，到场46台消防车，21台大功率、大排量车参战，其中，石化公司14台，油田消防支队6台，公安消防支队1台。参战消防官兵150余人。

正常生产过程中突发事故，整个系统物料都处于饱和状态，抢险指挥部明示：在确保安全的情况下，将紧急情况下切断隔离的容器、塔、罐中的物料导入安全地带；由于排放火炬管线已被破坏，指挥部决定临时焊接氮气管线，逐一用氮气吹扫置换系统内残余物料，并提出环保要求，物料不准落地，空间不准超标，随时监测大气质量，做到万无一失。消防官兵发扬连续作战的作风，日夜监护在现场，配合生产部门处置残余物料。

二、经验总结

可以说裂解精馏工段火灾没有工艺措施配合是救不灭的，也不能随意扑灭；但是没有消防官兵不顾一切地冒死扑救，采取工艺措施的机会就会失去，后果是不堪设想的。板块副总经理对消防队火灾扑救高度评价：生产突发意外事故，组织抢险有条不紊，特别是消防官兵非常优秀，扑救非常到位，灭火扑救措施非常得当，作战非常英勇顽强，火势得到及时控制。总结火灾扑救全过程，主要有以下成功经验：

（1）各级领导亲临一线指挥，与消防官兵并肩作战，为成功灭火提供了坚强保障。

事故发生后，中国石油天然气集团有限公司（以下简称"集团公司"）领导通过电话询问现场情况，对灭火抢险工作做出重要指示和批示，专业公司领导亲临现场指导抢险救灾工作，市委书记、市长等领导及时赶到现场协调指挥，专业分公司领导当日赶到现场，指挥协调事故处理。石化公司领导及时赶赴火场，适时成立了灭火抢险指挥部，对一线灭火人员提出了加强自我防护的要求，对灭火战略战术做出了明确决断。尤其是公司主管领导始终坚守在灭火救援的第一线，和灭火救援人员一起研究制订措施，从而坚定了救援人员的必胜信心。

（2）合理调集战斗力量，为火灾扑救提供了先决条件。

火灾发生后，支队指挥调度系统做到了处乱不惊，及时调集增援力量，辖区二大队准确判断火情，及时请求增援，为抑制火势，防止次生爆炸争取了时间，增援部队快速反应，按应急响应程序迅速赶赴火场，为控制火灾赢得了时间。

（3）灭火主攻方向明确，控制和避免了事态进一步扩大。

在抢险指挥部的领导和安排部署下，火场指挥员对"抑制火灾，避免次生灾害，死保压缩机厂房"的战略意图非常明确。一线指挥员据此及时组织力量，在保障消防官兵人身安全的前提下，合理应用战术，采取得力措施，保住了塔、罐、反应器，特别是压缩机厂房，避免了次生灾害的发生。

（4）全体消防官兵临危不惧，置生死于不顾，快速反应，勇敢救灾，这是灭火抢险成功的关键所在。

第一出动、最先到达现场的消防指战员，冒着接连不断的爆燃，躲避着空中不断飞舞的管线保温材料异物，深入前沿铺设水带、架设移动炮阵地，采取先期压制火势、冷却临近设施等抑爆措施，准确判断火情，在极其复杂的事故环境下，既切断了火势的发展蔓延，又抑制了次生爆炸的发生，保护了压缩机厂房等重要部位，救援人员无一伤亡。同时，四十余名休班在家人员闻讯后迅速赶赴火场参加战斗；各级指挥人员身先士卒，冲锋陷阵在一线；全体参战人员服从命令，听从指挥，这些都是灭火救援顺利实施的关键。

（5）大量采用车载炮、移动炮，科学布置水炮阵地是成功灭火最有效的战术措施。

采用大流量、远射程的车载炮、移动炮进行冷却降温，对防止次生爆炸起到了至关重要的作用。同时，简便的操作降低了救援人员的劳动强度，为长时间作战提供了条件。另外，设置移动炮后，人员及时撤离现场，在爆燃接连不断的事故现场，有效地保障了救援人员的安全。

（6）合理利用水源，保障灭火供水，为成功灭火提供了必要条件。

火灾突发初期，移动消防力量较弱，及时启动固定消防水炮，对控制火灾起到了重要作用；现场用水量最大时达到600L/s，超过了设计供水能力，采取远距离供水方式，实现了车与车之间不争水、不抢水，保证了12门移动水炮、1门高喷炮不间断供水。

（7）工艺技术、生产操作人员紧密配合，为成功灭火奠定了基础。

紧急停车切断进料，逐一关阀，切断塔、釜、罐泄漏物料，关闭阀门，加装盲板，新区与老区、罐区隔离，充氮保压防止形成负压，氮气吹扫清除残余物料等工艺措施，紧急有序、有条不紊的配合，为成功灭火奠定了基础。

（8）几点体会：

① 出动迅速、增援及时、控制得当是成功扑救火灾的关键。辖区大队接警后，快速反应全员出动，执勤队长在奔赴途中根据烟雾状况立即请求了增援，及时增加了灭火力量。到场后通过侦察了解重点，出车载炮、移动炮保护了塔、罐、换热器、压缩机厂房等重要设备，为控制火势进一步发展提供了保障。

② 指战员不畏风险，靠近作战和坚守阵地是灭火成功的保障。面对大火的高温和不断的爆炸声，一线指挥员没有退缩，躲避着爆裂飞溅物，一次次冲进火场，将移动水炮近距离布置，为控制火势，防止发生次生爆炸赢得了时间。

③ 一方有难、八方支援，区域联防、协同作战，是灭火成功的坚强后盾。各方消防力量及时赶到火场，迅即投入灭火战斗，增添了有生力量和坚强后盾。

④ 良好的消防装备是灭火成功的必备条件。由于化工火灾的特殊性，长时间作战不可避免，此次火灾扑救中，个别车辆连续运转38h，参战的21台大功率消防车没有一台发生故障。

三、存在不足

（1）消防个人防护专业性不强。

个人防护意识不强。由于长时间作战，个别指战员深入一线，不戴毛线帽、手套，不佩戴空气呼吸器和滤毒罐。

（2）消防通信指挥系统不满足应急救援需求。

现场无线通信不畅，影响了战斗命令的贯彻执行。由于现场猛烈燃烧和破裂的蒸汽管道发出刺耳的呼啸声，特别是前方作战人员都佩戴着个人防护装具，严重影响了现场通信效果。许多情况下，只能靠指挥员手势和口头传达命令，顾此失彼，给火场指挥带来不便。

（3）移动装备不满足实战供水需求。

此次火灾扑救明显看出移动炮配备数量不足，性能较差。扑救石油化工火灾没有移动炮等于战士没有枪，急需配备高质量便携式自摆移动炮，适当配置便携式大流量移动炮。

四、改进措施

（1）设置专职安全人员。

设立专职火场安全员，由专人负责灭火救援现场安全防护措施的监督与落实。

（2）完善应急指挥通信方法。

加强旗语、手势、哨声等通信联络方式的培训及应用，保障在无线通信联络不畅时信息的传达。

（3）增配移动灭火装备。

处置石油化工火灾，一线人员的风险比较高，增加移动炮和移动遥控炮的配备，可降低人员风险，增加控火效能。

"2·6" 4.5×10^{4}t/年碳四抽提丁二烯装置应急处置事件

2月6日15时15分，石化公司消防支队指挥中心接到合成橡胶厂碳四车间发生火灾的报警后，立即派出化工区消防三、四大队的14台消防车（1台32m高喷车、1台16m多功能车、12台泡沫车）、84名消防官兵，以及气防总站、二分站、三分站3台气防车、12名气防人员作为第一出动及时赶赴现场。15时21分，支队领导班子带领战训科及第一增援力量特勤大队1台42m举高平台车、2台大型干粉车、60名消防官兵，第二增援力量一、二、五大队及气防一分站的人员迅速赶赴火灾现场。

事故发生后，公司总经理、党委副书记、副总经理、公司安全副总监及石油化工公司总经理等领导相继赶到火灾现场及时了解现场情况。依据险情相继启动石化公司和地企紧急事件灭火抢险应急响应程序迅速展开灭火抢险救援，在股份公司、石化公司、省市消防部门的正确领导下，石化公司消防支队与市消防支队参战指战员共同努力，以科学的态度，精心组织、团结协作，发扬大无畏的奉献精神，在1h之内完全控制了火势，经过31h的连续奋战，于2月7日21时成功扑灭火灾，有效保护了相邻单元及周边装置的安全，最大限度地降低了国家财产损失。

此次火灾的成功扑救，是由于消防支队接警后出警迅速，制订了有针对性的应急灭火抢险响应程序，采取了合理有效的灭火战术，各参战单位服从灭火抢险指挥部统一指挥，有效控制了火灾的进一步扩大。

一、处置经过

从2007年1月25日开始，合成橡胶厂碳四车间发现脱重塔再沸器加热效果不好，经过车间调度会讨论分析，怀疑是再沸器底部U形弯管存留亚硝酸钠水溶液造成换热效果差，并决定对再沸器进行检查确认。2007年2月6日15时左右，车间主任、生产副主任、工艺技术员、高级技师、当班操作人员等共6名员工进入现场进行检查确认。首先切断了再沸器的进料，在再沸器底部倒空线放空处加装排空阀门后，由生产副主任打开再沸器底部倒空线排空阀（DN50）约2~3扣缓慢排液，发现有淡黄色无味带泡沫状液体排出，约5min后发现有少量气相物料排出即关闭排空阀门。为排净残余液体，约5min后，生产副主任再次打开倒空线排空阀排液（阀门开度很小），发现有气相物料排出并夹带少量液体，随即关闭排空阀门。15时15分左右，当6人正在现场讨论下一步处理方案时，突然发生着火。在场人员撤离后，再沸器内部发生剧烈反应，压力迅速增加，造成上封头崩开，并导致再沸器进脱重塔管线损坏，同时引起丁二烯萃取精馏塔部分法兰、人孔憋压泄漏，引发第一萃取塔及脱重脱轻塔再沸器及与塔连接管线处着火。事故现场如图1-11所示。

图1-11 事故现场

2月6日15时15分，消防支队四大队接到石化公司合成橡胶厂碳四抽提丁二烯装置火灾报警，立即出动4台消防车赶赴现场。在四大队接到报警电话的同时，三大队、气防二分站、气防三分站听到闪爆声，立即出动6台消气防车增援，前期到达火灾现场的三、四大队指挥员到达火灾现场后，根据火势强度和储存物料的理化性质，意识到火灾事故的严重性，依据碳四装置抢险救援响应程序，在装置南北两侧部署了5门移动炮、1门多功能车载炮，全力以赴对着火部位再沸器及相邻部位实施冷却降温，对相邻部位的塔、釜、罐进行冷却保护，对地面流淌火实施扑救，同时四大队又调动本大队2台备用消防车赶赴现场，并向支队指挥中心紧急救援。

15时19分，支队指挥员接到报警后，立即命令指挥中心启动支队灭火抢险应急响应程序，向公司生产运行处汇报灾情，指令特勤大队随支队指挥人员赶赴火场，指令指挥中心组织第二增援力量一、二、五大队，气防一分站所有消气防车辆携带移动炮火速赶往碳四装置增援，并根据灾情向市消防支队紧急求援。支队指挥员、战训科人员到达现场后，及时组织战训科作战参谋对火场进行全方位的火情侦察，根据塔及再沸器、储罐所处的部位，相邻设备的安全距离，确认是碳四抽提丁二烯装置塔、再沸器设备之间管线全部拉断，同一流程的塔釜、再沸器内烃类或烃类混合物，如不及时进行扑救冷却分隔，随时有可能造成塔系、再沸器、储罐超温，混合碳四、丁二烯、过氧化物在高温下极不稳定，燃烧产生的辐射热会造成设备强度下降，如出现抽提塔倒塌，从而造成连锁爆炸的严重后果。

消防前沿指挥部立即对大队部署的战斗力量进行了调整，将特勤大队2辆奔驰车调到前沿，利用大功率车载炮对塔实施大流量消防水强制冷却，并在着火部位及相临设备的周围部署了7门移动炮和一辆32m高喷车载炮、一辆16m多功能车载炮，对着火区进行控制。

由于立体燃烧区冷却用水量大，合成橡胶厂内的消防水量和压力明显不足，现场指挥部命令石化消防、市支队消防组织增援车辆全部异地取水，全力以赴保证主战车辆供水。现场消防力量初步部署到位后，公司、厂、车间三级领导、工程技术人员、消防指挥人员研究工艺控制、环保控制、生产组织、后勤保障、伤员救治等措施后确定以下战术：

（1）调度指令碳四装置附近500m之内所有炼化装置紧急停车，倒空物料、紧急泄压，防止波及相邻装置。

（2）安全环保部门组织封填碳四装置界区四周马路雨排井，并用沙袋设立围堰，防止消防冷却用水、残余物料直排黄河造成污染。

（3）指令消气防突击队组织精干人员，保护车间操作人员进入设备区，逐一检查确认与燃烧区相邻的塔、釜、泵、罐设备状况，协助工艺处理人员切断碳四抽提装置相关的所有物料管线，防止火烧连营。

（4）指令消气防突击队组织精干人员，协助车间操作人员身着隔热服进入装置区，在消防水枪、移动炮的掩护下，打开装置火炬紧急排放阀，紧急排放系统液态烃压力，防止二次闪爆发生。

（5）指令前沿消防力量始终保证南北两侧有两门移动炮，以喷雾水的方式不间断驱赶乙腈不完全燃烧烟雾，防止下风向人员中毒和大气污染。

（6）指令战训科组织特勤、一大队人员，利用手抬机动泵、中型消防车，将循环水池二次水以接力方式转输主战消防车。

（7）调整前沿消防用水量，控制非主战车用水，将12门移动炮、4个大排量车载炮调整为4门移动炮，始终保持前沿4门移动炮用水，全力保证不间断对全厂性公用工程管架、塔区、液态烃储罐、再沸器冷却。

（8）由公司调度协调供水集团，提高补充水的压力以保证火场不间断供水，保证有效冷却控制火势，冷却保护相邻塔及设备的持久性。

在石化消防支队和省市消防的共同努力下，全体参战人员发扬一不怕苦、二不怕死的英勇奉献精神，坚持科学的态度，制订严密细致的方案，沉着冷静地处置突发事件，对着火点周边的设备进行降温冷却，1h后火势得到有效控制，使燃烧区控制在塔、再沸器断裂处、塔顶破裂处、火炬排放等5个部位，形势趋于稳定。灭火抢险指挥部再次召集有关人员综合分析现场情况，从集结的灭火抢险实力上分析，如果灭火，10min就可以实施干粉灭火—消防水冷却战术迅速解决战斗，但指挥部考虑，塔釜换热器断裂处、塔顶破裂处、火炬回路处等燃烧的几个部位已经无法堵漏，如果将明火扑灭，烃类及烃类混合物继续泄漏不能得到有效控制，可燃气体无序扩散的后果不堪设想，因此指挥部果断发出指令，要求各参战单位坚守车载炮、移动炮原位阵地，继续实施不间断冷却保护战术，控制着火部位，使之形成稳定燃烧，直至物料燃尽。

2月7日14时，随着塔内物料减少，火势减弱，火场指挥员分析塔如出现负压，有可能造成负压回火，塔内残存的可燃气体可能在塔系爆炸，必须尽快采取工艺措施。指挥部立即召集工程技术人员研究实施方案。一方面，由合成橡胶厂工程技术人员迅速架设临时管线，从塔底往塔内注入氮气，注入的惰性气体使塔内始终处于正压状态，有效防止了塔系回火爆炸；另一方面，加大移动炮冷却阵地冷却用水，防止注入塔内的氮气顶出大量的可燃气体再次形成大面积的火灾。并向已经熄灭的塔内充入蒸汽进行置换，经过惰性气体置换，火势已经很微弱。但指挥部经过再次研究，认为此时还不能将火熄灭，应继续保持冷却，直至物料燃尽。17时，根据现场情况，决定市消防支队车辆全部撤回，20时，一、二支队和特勤大队的车辆全部撤回，现场只留三、四大队5台消防车继续对着火部位实施冷却，直至2月7日21时燃烧控制区明火全部熄灭，灭火抢险战斗结束。只保留2门移动炮继续对设备进行冷却，4台消气防车现场监护持续一周，残余乙腈彻底倒空，危险源消除，消防监护力量撤出。

二、经验总结

（1）碳四装置针对液态烃火灾制订的灭火抢险响应程序，需要工艺参数等基础资料掌握得全，历次险情处置总结到位，指战员在处置过程中心中有数，不同阶段措施到位。

（2）责任区四大队出动及时，增援力量及时集结到位，火灾危险性分析判断准确，初期火灾的力量部署正确，实施的消气防战术原则及车载炮、移动炮阵地部署符合消防战术要求。

（3）根据火势发展，现场指挥员充分考虑到了现场的复杂性和水源的重要性，启动供水响应程序及时，组织消防车转输补充水源、机动泵补充水源、请求供水集团提压措施到位，保证了31h的连续供水，为灭火抢险提供了充足的水源保证。同时，根据现场实际需要适时调整前沿出水量。

（4）石化公司启动紧急事件应急响应程序和环保应急响应程序及时，根据消防水的排污量，及时果断采取措施封堵雨排井，引导消防水，防止污染。

（5）消防战术和工艺措施密切结合，包括切断相邻装置物料来源、火炬紧急放空、系统充氮控制系统正压、反复供停再沸器蒸汽，对控制燃烧降低辐射热和液态烃蒸发量防止次生事故发生起到至关重要的作用。

（6）火灾扑救当中，后勤保障工作及时到位，公司及时将饮用水、食品送到现场，保证了参战人员长时间作战的体力恢复。

（7）广大指战员发扬一不怕苦、二不怕死的英雄团队精神，自始至终坚守在火场第一线，在整个火灾扑救过程中，支队指挥员和战训科、防火科、安全科、装备科、综合办人员和所有参战消防员一起并肩战斗，大队长（站长）、教导员、副大队长与消气防员一道坚守各自阵地实施灭火抢险。

（8）防护措施到位，避免抢险救援期间人员中毒等次生事故发生。扑救后期，乙腈重组分不完全燃烧，有毒烟雾随风向漂移，现场一线人员全部使用空气呼吸器防护，紧急调运200套过滤式防毒面具，配备给外围警戒人员、后勤服务人员、抢修人员。

三、存在不足

（1）未建立有效的指挥体系。

"2·6"火灾发生后，省总队队长、市支队队长到场后，接管了现场指挥权。在不了解工艺流程、装置基本参数的情况下，调集市及临近市四十余台消防车，石化和公安消防共计68台消防车围集装置四周，公安消防以装置南侧为主采用1台32m高喷车对着火部位107塔喷水降温，石化消防以装置北侧为主对再沸器、丁二烯储罐、机泵区、全厂性物料管线、着火部位107塔及相邻6个塔釜，采用6门移动炮、1台16m多功能车冷却降温。

当时，双方对主攻路线、战术方法、阵地布局、消防用水、紧急避险措施交换意见时产生异议。近4h不能形成共识，影响队伍统一行动。

（2）消防供水系统不合规。

石化化工区（橡胶厂、石化厂）消防水采用临时高压制，消防水池容量2000m³，3台消防水泵1开2备，全厂性消防水泵房（306泵房）由石化厂管理。原设计（306泵房）2000m³消防水池，事故状态紧急可用4000m³循环水池串供，以保证6h最大用水量，因改造时担心循环水带物料切断两水池互供管线。本次事故明显感到冷却水量不足，主要原因：一是消防车多，取水量大，水池容量小，补水缓冲时间不足；二是相邻单位看到火势大，担心蔓延，均打开了装置自保喷淋，造成水量分流；三是因指挥权问题，仅有的水资源没有充分利用到重点部位。

通过本次事故反思：第一，该街区消防水设计选用临时高压系统不符合设计规范；第二，消防水量设计选用规范取值下限，没有充分考虑该区域生产改造扩容实际用水量；第三，水泵设计3台，1开2备，用水量实际核算2开1备，刚刚接近实际使用量；第四，消防水池容量2000m³，2开1备缓冲及补水量不足，形成间歇式供水。此次事故突出反映出公用工程消防水系统不能满足实际需要的问题。

（3）内外部无线通信频点不同。

公安消防使用350MHz公安无线专用频点，石化消防使用400MHz民用无线频点，因频率不同，现场指挥命令、调动指令、紧急避险信号不能有效地直线传达到一线阵地。抢险救援前期，为便于紧急避险撤离，双方商定以消防警报为统一信号，执行过程中外地增援车辆到达造成现场无序、紧张。为此，双方商定再遇紧急事件，双方各出一名参谋，贴近两位主官同时传达一线指令。

（4）移动装备不满足实战供水需求。

自摆式消防水炮数量少，对应液态烃类火灾强制设备冷却，靠人工方式操作炮幅角度风险很大，一旦再沸器、塔釜超压，液态烃闪爆冲击波、热辐射易造成现场消防人员伤亡。

（5）火灾处置手段单一。

"2·6"火灾扑救存在处置炼化装置火灾手段单一问题，强制冷却水源不足，没有补充冷却手段，工艺系统处置连续30h充氮气，全厂性气源供应不足。从突发性大型自然灾害波及范围、灾害程度预防考虑，应该研究配备机动补充手段。

（6）气体防护用品不满足实战需求。

个人防护装备除配备空气呼吸器外，还应配备部分消防氧气呼吸器、过滤式防毒面具。现场3台空呼单机泵连续充气不能满足需要；进入装置关阀、搜救人员、贴近掩护，空呼40min有效时间不够；非作战人员一定范围内个人防护应考虑消防过滤式防毒面具。建议基层建设达标硬件部分增加消防氧气呼吸器、过滤式防毒面具、空呼充填泵机组。

四、改进措施

（1）加强地企统一指挥。

地企双方就化工装置事故处置的指挥权、协调、联合作战等事项制订统一指挥方案，明确双方的职责分工。

（2）完善消防供水系统。

积极研究稳高压供水系统可行性研究方案，筹措资金，积极加强稳高压供水系统的建设。

（3）补充特种消防车辆。

引进氮气消防车作为特殊火灾补充手段。

"1·19"重油催化装置应急处置事件

2011年1月19日9时23分,由于重油催化装置稳定单元重沸器壳层下部入口管线(DN500)上低点排凝阀(DN80)阀杆螺母压盖及阀杆螺母脱落,造成阀门失效,脱乙烷汽油泄漏(解吸塔操作压力为1.45MPa,温度为118℃),喷射产生静电,发生闪爆。

辖区二大队话务室接到报警后,迅速出动10台泡沫消防车、1台救援车、1台干粉车、1台水罐车,74名指战员赶赴火场;同时,石化消防支队由副支队长召集班子成员立即率领支队机关相关部室同志共计44人赶赴火场。9时30分,支队火警受理中心根据副支队长命令,先后调派腈纶分队3台泡沫消防车、一大队5台泡沫消防车、三大队5台泡沫消防车、洗化分队2台泡沫消防车,共计82人赶赴火场实施增援。

这起火灾,石化消防支队共出动消防战斗车辆28台、指战员200人。

灭火用时22h18min,总用水量约23070t,泡沫液26t。

一、处置经过

9时26分,二大队出动力量到达火场后,经外部观察发现装置破坏严重,火势燃烧异常猛烈,火场时有闪爆现象发生,火场内部情况不明,二大队大队长随即命令所有人员和车辆做好战斗准备,并迅速组织侦察小组,由战训员带领2名班长对火场进行侦察。与此同时,公司和支队领导相继赶达火灾现场,迅速启动公司应急响应程序,成立了由公司总经理、党委书记、副总经理任总指挥,公司各职能部门参加的火场总指挥部,并由副支队长担任火场前沿总指挥。

通过现场火情侦察,起火中心位于装置西侧的吸收稳定区,火场有多处火点,闪爆导致南侧轻质油泵房、东侧换热区、北侧精制泵房、露天泵房和西侧地沟管廊等区域同时发生燃烧,过火面积大约七千平方米,火焰高度达150m左右,整个重油催化装置西部一片火海;稳定区南侧的主风机厂房、气压机和北侧的脱硫泵房、精制泵房损毁严重,现场环境极为复杂。其中:西部,多处重油管线被炸断,流淌的重油从地沟向外扩散,流淌火严重威胁西侧15m之隔的91单元汽油罐区和厂系统循环管带；北部，脱硫泵房火势严重威胁精制区的干气脱硫和液化气脱硫区域的塔和容器；中部，换热器区的火势正在向分馏塔区蔓延；南部，轻质油泵房火势正在向东侧热油泵房方向蔓延，现场情况万分危急。

指挥部根据侦察结果和二厂领导的介绍，结合当时火势和风向，判断火势蔓延和发展趋势，按照"先重点，后一般"的原则，确定了冷却控制稳定吸收塔区燃烧，防止火势蔓延，全力冷却保护重催分馏、反再、精制装置区和吸收塔及厂系统循环管带，防止发生爆炸起火和倒塌等次生灾害，控制火势扩大的灭火作战部署。将先期到场的消防力量重点布防在装置东侧，防止火势向装置东侧区蔓延，同时命令增援力量从西门进入火场，重点布防在重催西侧，控制西侧火势，保护厂系统循环管带和成品油罐区。成立东西两个前沿战斗段，东侧由作战训练部长带领一名战训员负责组织；西侧由作战训练部2名战训员负责组织，主要任务是堵截火势，防止火势的继续蔓延和发生爆炸，同时控制前方参战人员数量。

1. 第一阶段

第一阶段主要是：积极防御，堵截火势，冷却防爆，防止火势蔓延扩大。

由于整个火场的燃烧面积较大，火场中心情况不明，火势向外扩散的威胁极大，指挥部根据"确保重点，冷却防爆，固移结合"的原则，迅速布置战斗任务，同时开启装置内的3门固定水炮，对分馏塔和反再系统进行冷却。

首先，204P（卢森堡亚）从仪表室北侧靠近火场，占199号栓，出车载炮对脱硫泵房、换热器区上部硫化氢罐和液化气罐进行冷却，防止爆炸，并控制火势向脱硫泵房蔓延。

随后在换热区和精制泵区中间，利用201号消火栓在换热区和露天泵房的位置出2台布利斯自摆水炮，对油气分离器和精制泵房的火势实施冷却控制。

9时29分，203P（斯太尔）在距离西侧渣油管线爆裂火点15m处，架设了1门布利斯自摆水炮，随后又利用195号地上消火栓架设1门克鲁斯移动炮，消灭地沟火势。重点冷却保护厂系统循环管带，防止系统管带受大火烘烤发生爆裂，同时堵截火势，防止火势威胁成品油罐区。

209P（斯太尔泡沫）车占仪表室路口北侧206号消火栓，出1门克鲁斯移动炮对干气脱硫、液化气脱硫区域的塔和容器进行冷却保护；并开启仪表室南侧、精制泵房东侧3门固定水炮，对装置区和燃烧区进行冷却。

211G（斯太尔水罐）车占装置仪表室东侧消火栓为204P（卢森堡亚）车供水。

212J（56m高喷）车占189号和188号消火栓，出车载炮对装置换热区、热油泵房上部进行冷却保护。

206J（32m高喷）车占201号消火栓，出车载炮压制火势，并对稳定区东侧干气、液化气脱硫塔进行冷却保护。安排205P（斯太尔泡沫）车为其供水。

同时利用装置北侧198号、199号消火栓，架设2门布利斯水炮冷却干气脱硫、液化脱硫区域，防止火势向脱硫塔区域蔓延。

214J（42m 云梯）、215F（干粉）停在重催东侧五号路，负责协助前方车辆供水。

9 时 45 分，第一增援力量腈纶分队到场，根据指挥部的命令，部署 402P（斯太尔泡沫）车在重催西侧架设 1 门布利斯水炮，扑救地沟流淌火和保护厂系统循环管带，403P 车负责供水；401P 消防车利用 194 号地上消火栓架设了 1 门布利斯自摆水炮，保护西侧管带和气压机附近的储罐。

通过各阵地大功率水炮的强行压制，有效阻止了火势进一步向外扩散和蔓延。至此，初期达到火场的参战力量部署完毕，如图 1-12 所示。

10 时 20 分，第二增援力量一大队 5 台战斗车辆到达火场，大队指挥员向指挥部请示任务后，安排本队 103J（32m 高喷）出车载炮对吸收稳定塔和西侧换热区 D-2301 分液罐实施灭火和冷却保护，防止 D-2301 发生爆炸和吸收塔因长时间的燃烧发生倾斜或倒塌。

同时，命令 106P（斯太尔）出 1 支 PQ16 泡沫枪，对管线地沟内高温渣油进行泡沫覆盖。并同时安排 107P 消防车和 108P 消防车利用乙苯装置 2 台消火栓为 106P 和 103P 消防车（32m 高喷）供水。

10 时 23 分，第三增援力量三大队 5 台消防车从西门进入到达火场。大队指挥员与火场指挥部取得联系，指挥部命令控制消灭重催西侧火势，保护受火势威胁的汽油罐区。到达火场后，大队指挥员命令 305J（16m 高喷）在装置西面设置阵地，出车载炮压制火势，重点冷却保护 D-2505 液化气罐、R-503 反应器及周围管线，防止火势烘烤发生爆炸，同时命令 301P、302P 消防车利用 300 号地上消火栓负责给 305J 消防车供水，其他车辆占三号路消火栓为前方参战车辆供水。

10 时 30 分，第四增援力量洗化分队 2 台泡沫车到达火场，分队指挥员及时向火场指挥部报到并领受战斗任务，指挥部根据现场实际情况，命令洗化分队 502J（16m 高喷）进入装置内换热区北侧替换二大队 32m 高喷（32m 执行其他任务），出车载炮扑救换热区火灾并冷却保护分馏塔附近管线和设备，阻止火势向换热区和分馏区蔓延。考虑到前方灭火的 204P（卢森堡亚）用水量大，指挥部要求 503P 占装置东北角消火栓，铺设 12 盘 80mm 水带负责为 204（卢森堡亚）供水。

10 时 40 分左右，火场东侧和西侧的阵地战斗力量都已部署妥当，火场已经形成堵截包围、上下合击、四面夹攻的态势，火势可能蔓延的方向已被架设的水炮阵地堵截，火场已经得到有效的控制，如图 1-13 所示。

11 时 40 分，指挥部从火场观察员和装置工艺人员那了解到，火灾现场有多处漏点，火势凶猛并威胁多个容器和卧罐，现场仍然随时有发生爆炸的危险。火场指挥部根据了解到的信息，研究部署第二阶段的战斗任务。

同时，根据现场火势和估算战斗持续时间，由副支队长负责前沿灭火指挥，政委和另两位副支队长分别负责协调集团公司和省市公安消防负责同志，以及公司和支队机关部室同志，进一步落实到场增援力量、人员饮水就餐和装具器材及油料物资补给供应等相关工作。

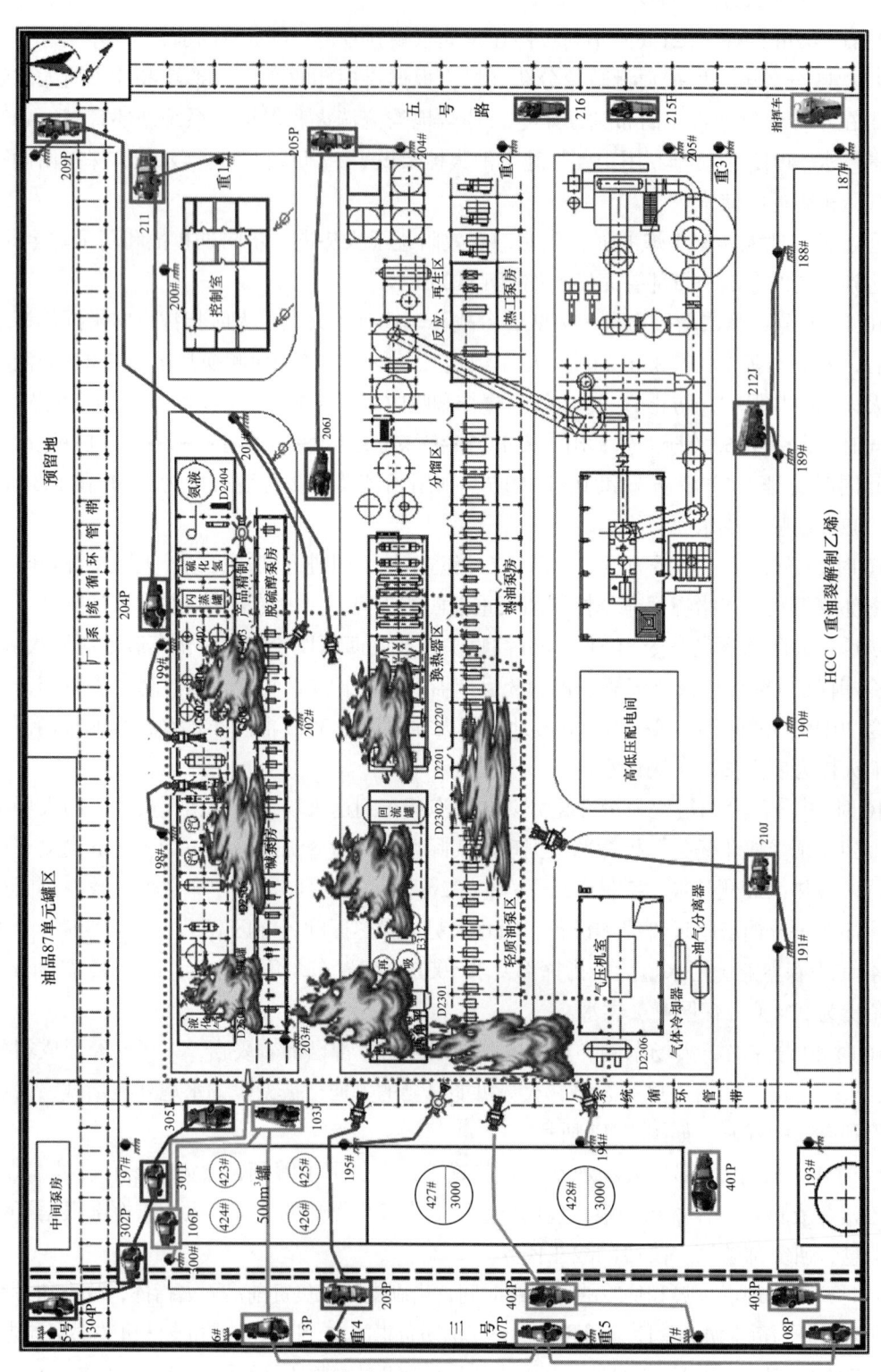

图 1-12 初期到达火场力量部署

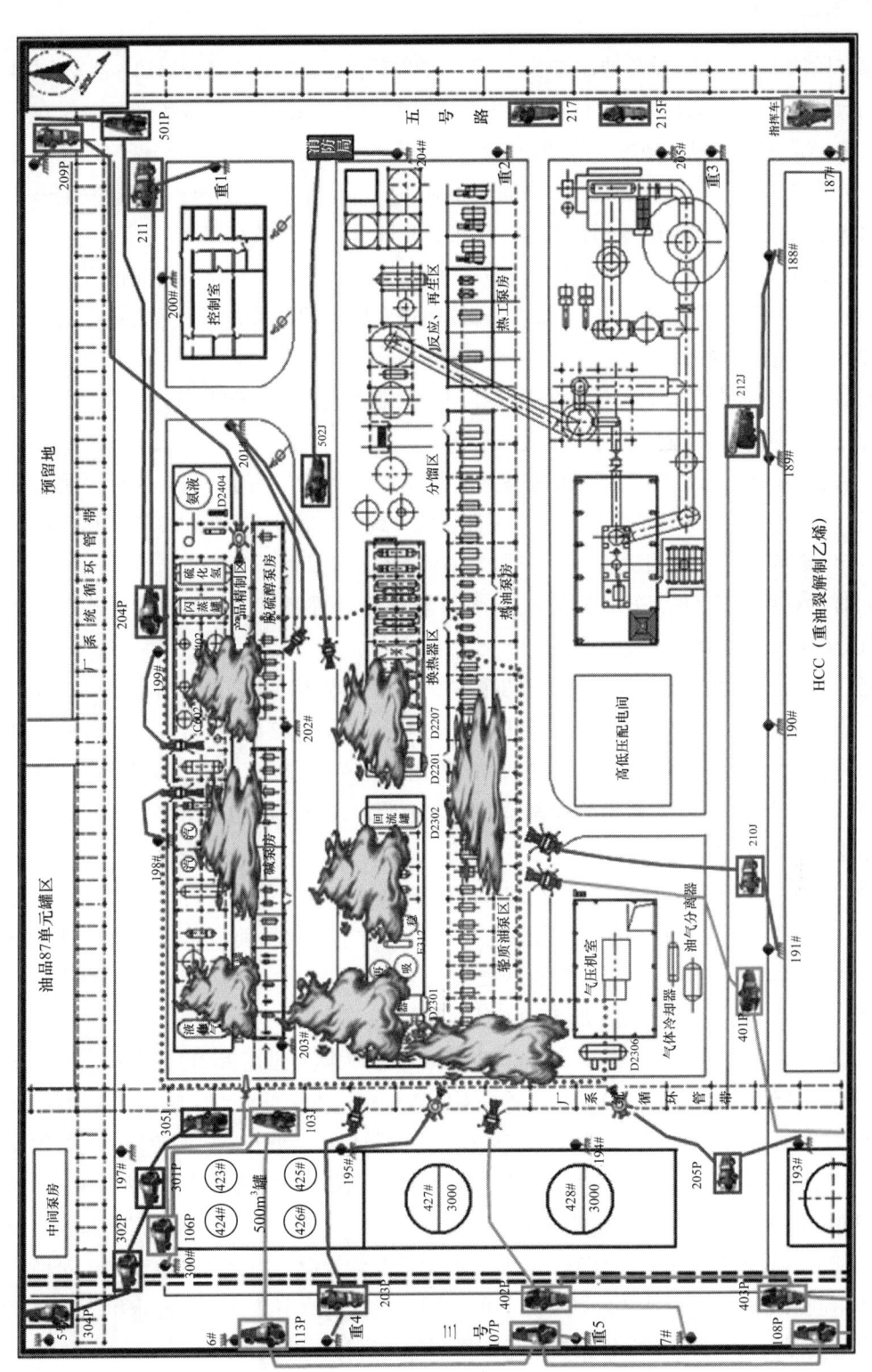

图1-13 第一阶段全部消防力量部署

2. 第二阶段

第二阶段主要是：调整阵地，加强重点部位的冷却保护，防止设备倒塌和容器发生爆炸。

闪爆发生后，巨大的威力将管线炸得几乎全部断裂，设备、容器和管线中充满了物料，火势异常凶猛，根据现场火势威胁情况，指挥部将阵地力量进行适当调整，并制订下一阶段战斗任务为"严防死守，稳步推进，加强重点部位保护，防止设备容器发生爆炸"。前沿灭火指挥段的指挥员根据指挥部这一决策，立即进行了调整和部署。

首先，将204P（卢森堡亚）车从199号消火栓调整至198号栓，向前推进30m，用车载炮控制消灭脱硫泵房的火势，同时冷却脱硫塔和四周的设备管线。后方由市局1台消防车和501P消防车供水。

而后，作战训练部组织人员将装置内2门布利斯水炮向火点推进20m，重点冷却保护油气分离器，防止发生爆炸。

随后将205P（斯太尔泡沫）车调整到193号消火栓，出1门布利斯炮对轻质油泵区火势进行扑救；作战训练部带领人员在重催西侧（地沟小桥上），架设1门布利斯自摆水炮，冷却D2306富气放火炬凝液罐和扑救轻质油泵区火势。

同时，利用洗化502J车出2支PQ16泡沫枪扑救装置换热区和油气分离器火势，防止油气分离器发生爆炸。

随着灭火战斗的进行，各个火点逐步被消灭，水炮阵地稳步前移，各战斗段指挥人员密切注意和观察各阵地的战斗情况，随时对阵地进行调整。12时15分左右，指挥部接到火场观察员的报告，火场中心部位的吸收塔向东侧倾斜大约10°，指挥部根据这一重要情况迅速做出决策："通知各水炮阵地调整好移动炮后，人员快速撤离出装置，同时加大吸收稳定塔的冷却力量"。

当时，吸收稳定塔西侧有一大队32m高喷正在对吸收稳定塔进行冷却灭火，东北方向有1台市消防局的云梯车也在对吸收稳定塔进行射水，火场前沿总指挥员通过现场观察，发现吸收塔上部50m和65m处有两处火点燃烧猛烈。由于距离较远，市消防局的云梯车充实水柱射流达不到火点，起不到最佳冷却效果。

根据火场实际情况，命令作战训练部部长和二大队大队长迅速将212J（56m高喷）车从南侧阵地调整至装置北侧占199号消火栓，对吸收稳定塔中上部火点实施压制并冷却塔壁，防止吸收塔变形倒塌扩大事故灾害，造成火场扑救人员伤亡。另外，协调市消防局的领导将云梯车向后撤，给56m高喷车让位；同时，安排211G消防车和市消防局的车为其供水。

13时40分左右，西侧的地沟和管廊的火势基本被扑灭，指挥部迅速调整部署，命令一大队利用一大队103J（32m高喷）在吸收稳定塔北侧架设1门克鲁斯移动炮，对稳定塔底部和精制泵房火灾进行扑救。随着火势的逐渐控制，后改出2支19mm水枪，近距离扑救吸收塔底部火灾，15时20分左右将稳定塔底部火灾扑灭并撤出。

第二阶段消防力量部署如图1-14所示。

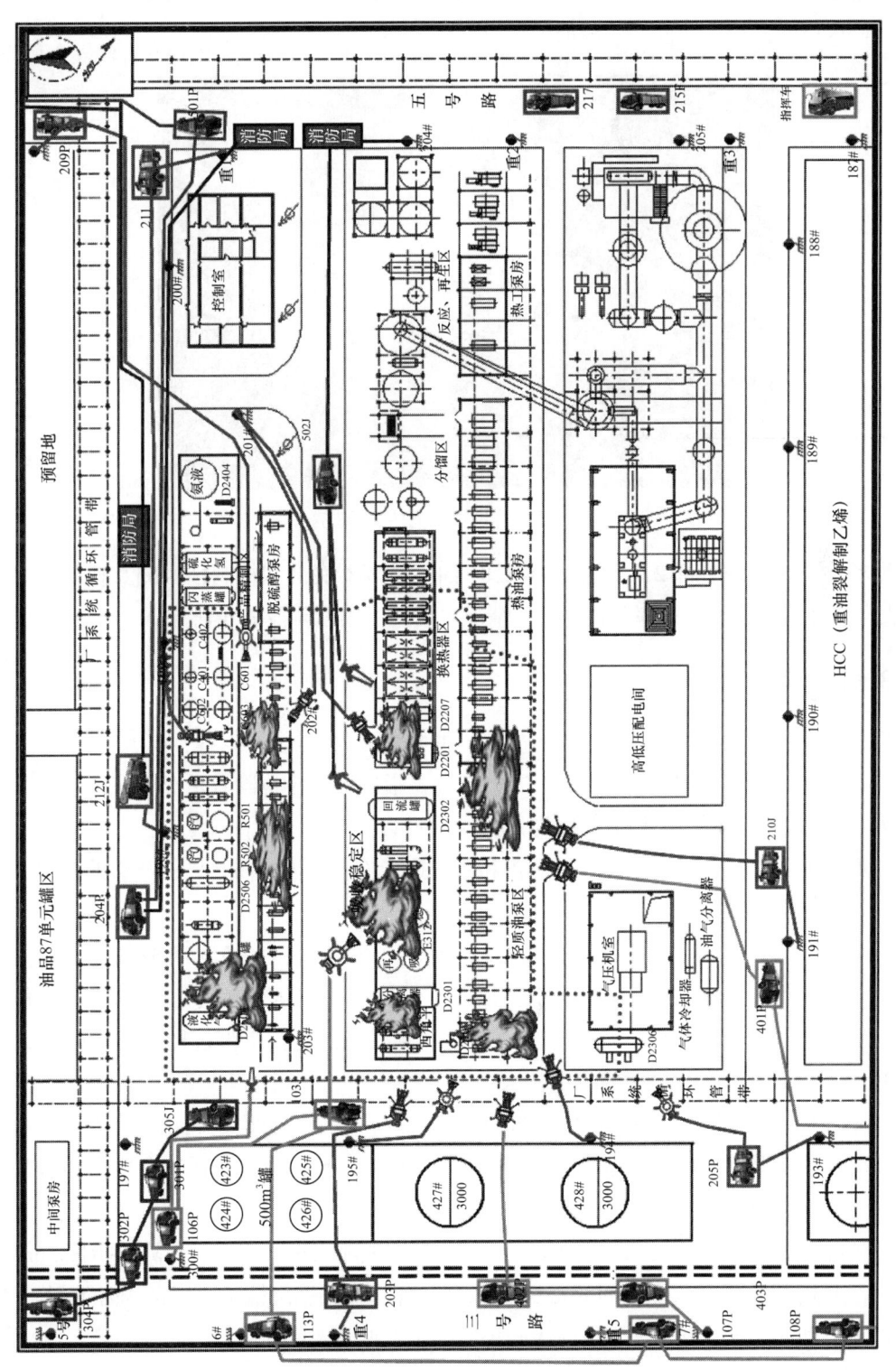

图1-14 第二阶段消防力量部署

至此，整个火场已被彻底控制，各个阵地逐步向中心区域靠拢，如图1-15所示。16时左右，火场的火势大部分已经被消灭。

图 1-15 阵地逐渐向中心靠拢

现场还有吸收塔上部2个火点、D-2201油气分离器底部和精制区西侧及轻质油泵区4处火点仍在持续燃烧，指挥部根据这一情况，下达了第三阶段战斗任务。

3. 第三阶段

第三阶段主要是：抓住战机，扩大战果，彻底歼灭火灾。

为了保证灭火战斗的顺利进行，17时15分，指挥部安排抢险救援车，在精制区北侧负责火场照明，并协调二厂相关部门为火场提供照明。

西侧阵地一大队、三大队继续对设备和管线进行冷却降温，防止已被扑灭的大火发生复燃。

23时40分左右，指挥部跟装置工艺人员研究，利用水封的方法将油气分离器火扑灭。指挥部调派二大队203P（斯太尔）出1条干线，并安排2名消防员和车间操作工人登上装置换热区四层平台，从油气分离器上部管线阀门连接水带进行水封灭火。20日3时36分左右，油气分离器火被彻底消灭。

20日1时25分左右，调集二大队205P（斯太尔）在轻质油泵房再出1台布利斯自摆炮（此时阵地上共有3门移动炮），对轻质油泵区火势发起猛攻。并于3时38分将轻质油泵区内火点彻底消灭。

北侧阵地，副支队长在-28℃的寒冷天气下，同战斗人员一起并肩作战，指挥56m高喷车向吸收塔射水压制火点，同时密切观察吸收塔的火势燃烧情况。直至4时15分，吸收塔的火被彻底扑灭，随后又继续对吸收塔冷却了近两个半小时。

第三阶段消防力量部署如图1-16所示。

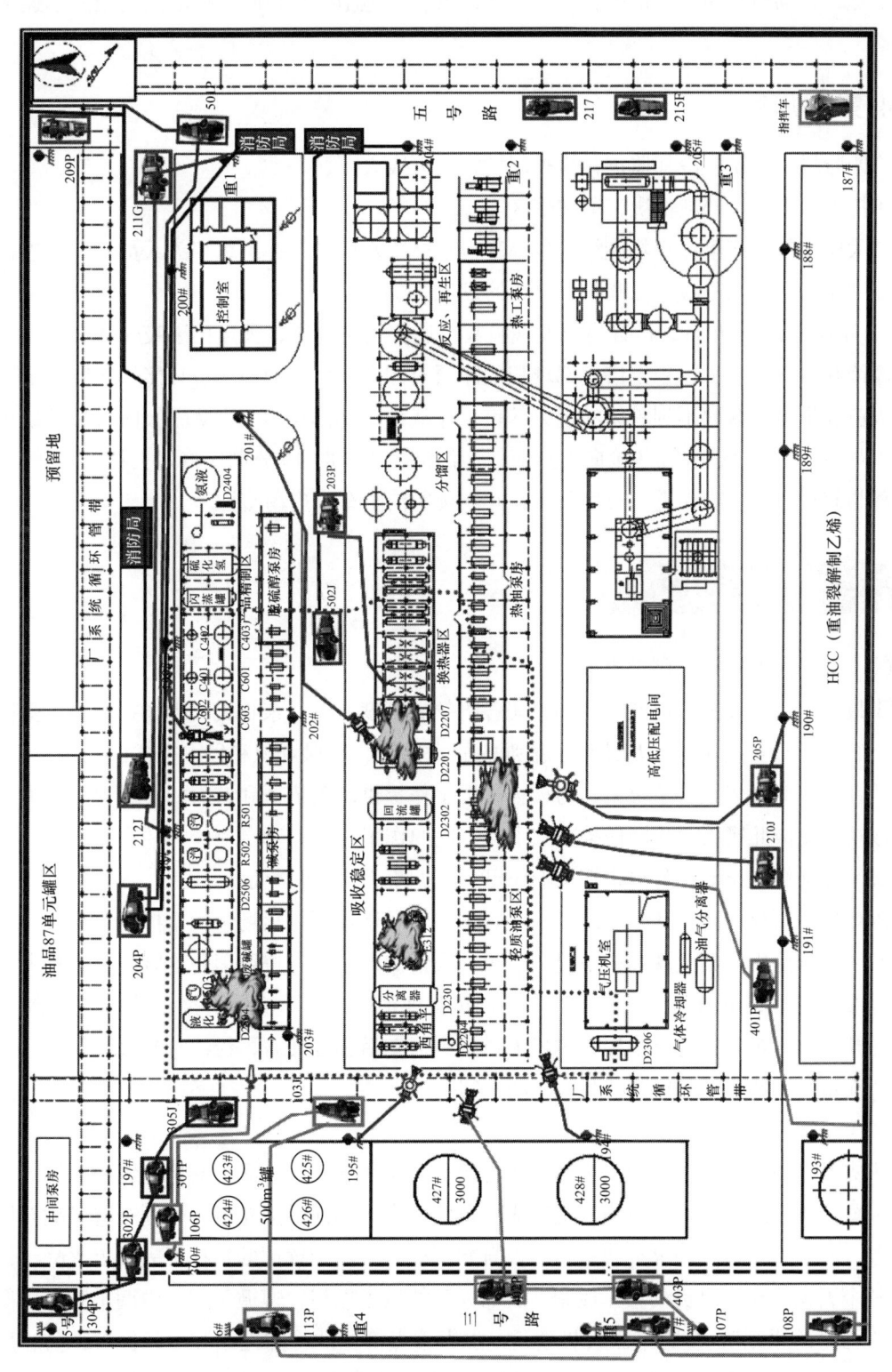

图 1-16 第三阶段消防力量部署

至此，火场所有明火全部被扑灭。指挥部安排其他增援单位陆续撤离火场归队迅速恢复战备。

4. 第四阶段

第四阶段主要是：冷却监护，检查现场，消灭残火。

指挥部根据现场扑救情况，留守辖区。

二大队留战斗车辆在现场继续对危险部位进行冷却监护，并组织相关人员对现场进行全面仔细排查，消灭隐蔽火点和防止复燃的发生。

20日6时50分左右，排查当中发现吸收塔底部发生复燃，火点位于吸收塔底，由于天气原因和冷却水量大，稳定塔底部堆积的冰层有四米多厚，消防人员只能从冰层外部观察到火苗和烟雾，观察不到具体的起火部位，作战训练部部长和二大队副大队长带领现场监护人员迅速利用PQ16泡沫枪向火点喷射泡沫液，于7时40分彻底将残火扑灭。随后，指挥部与起火单位负责人进行火场移交，并继续留消防车辆现场监护。

二、经验总结

（1）领导高度重视，科学决策。

事故发生后，集团公司及省市和公司各级领导高度重视，亲临火灾现场指导灭火救援工作，整个灭火救援工作中都体现了很强的战术意识、环保意识和以人文本的安全意识。组织严密、审时度势、科学决策，为灭火救援工作提供决策依据和有力的技术支撑，为顺利、成功地完成此次灭火救援任务起到了决定性的作用。

（2）加强第一出动，各级指挥员响应迅速，调集力量及时充足。

闪爆后，石化消防支队领导班子带领各部室人员迅速赶赴火场组织指挥灭火作战。副支队长在火场途中观察到现场的情况，意识到火情的严重性，按照消防支队应对重特大火灾最高级别处理，迅速通知火警受理中心调集其他消防站力量立即增援。当战斗开始后，各队通知休班人员到场进行增援，休班人员接到通知后相互转告，纷纷赶赴火场投入灭火战斗。充足的战斗力量是成功扑救大火的坚实基础。

（3）指挥果断正确，战术运用得当。

火灾发生后，公司迅速成立火场总指挥部，支队领导到达火场，立即组织对火场展开火情侦察，研究对策、采取措施。迅速成立东西两个火场前沿战斗段，分别布置各战斗段的任务，有条不紊地实施灭火救援行动，自始至终在火场指挥部的指挥下完成灭火战斗任务。整个灭火战斗坚决贯彻"先控制，后消灭"的战术思想，遵循了"集中调集和集中使用灭火力量的原则"，全力堵截火势蔓延，加大重点部位的冷却控制和冷却保护，防止爆炸和倒塌，抓住战机一举歼灭火灾。根据火情变化随机应变、科学应对，适时调整阵地，及时调集56m高喷重点保护吸收塔，一系列的战术措施果断而有成效。

（4）重点突出，任务明确，战果显著。

指挥部成立后，确定四个保护重点：一是东部分馏、反再系统；二是西部厂系统循环管带和91单元汽油罐区；三是北部产品精制脱硫系统；四是稳定吸收塔作为控制保护的重点。根据火势的变化灵活运用各种战术和措施，加强保护，通过全体指战员奋力扑救，最大限度地降低了火灾损失，成功保住了分馏、反再系统，西部循环管带、成品油罐区，气压机、热油泵房和产品精制区等装置，有效阻止了火灾蔓延态势，防止了稳定、吸收塔倒塌，最大限度地扼制了次生灾害的发生和造成环境污染，全体参战官兵实现了零伤亡。

（5）联动响应及时，协同作战能力得到了进一步的提升。

火灾发生后，石化消防支队立即启动了支队区域联合作战响应程序，一次性调动支队内部各大队、分队执勤力量赶赴火场增援作战，同时向公安消防增援力量及时介绍火场情况和采取的灭火战术措施。在上级指挥员到场后，石化消防支队立即移交了火场指挥权，战斗中与公安消防队密切配合、通力合作，在阵地移交、信息互通及进攻时的相互衔接配合上都有条不紊，相互间的协同作战能力得到进一步锻炼和提升。此次火灾扑救共动用了省内7个市的消防力量，火灾扑救工作在总指挥部的协调指挥下有序进行。

（6）全体指战员充分发扬了英勇顽强、不怕牺牲的奉献精神。

面临随时可能再次发生爆炸的危险，全体指战员没有惧怕，依然勇往直前，顶着凛冽的寒风和烈焰的烘烤，指战员们接受着"冰与火的双重考验"。指挥员靠前指挥，哪里最需要就出现在哪里，哪里最危险就战斗在哪里，临危不惧、镇定自若。消防指战员在极为恶劣的艰苦环境中体力急速下降，直到透支，但他们用坚强的毅力和顽强的斗志书写了可歌可泣的战歌，用实际行动诠释了"忠诚、勇敢、团结、执行"的石化消防精神。

（7）充分发挥器材装备优势，为灭火提供有力保障。

近几年公司在消防装备的建设上投入了大量的资金，购置了一大批技术性能先进的车辆和器材，在本次火场主要使用了布里斯自摆水炮、克鲁斯泡沫炮，发挥了先进器材的灭火效能，同时又降低了参战人员在前方的危险性。抢险救援车及时为火场提供照明，保证了夜间作战的需要，特别是56m、32m、16m高喷消防车，充分发挥优势，在压制火势上起到了巨大的作用，牢牢控制了火场的制空权，尤其是在保护吸收塔的作战上，为防止吸收塔的倒塌造成事态扩大，56m高喷车发挥了关键作用。

（8）有效的保障，为成功扑救火灾提供了支援。

事故发生后，指挥部意识到此次灭火战斗的艰苦性和持久性，按照火场责任分工，由机关各部室，从油料物资补给、防寒用品配发、人员食品饮水供应、作战行动安全和信息沟通等方面进行了统一指挥调配，指挥部成员能够各司其职、通力协作，有效地为参战人员提供了各项后勤保障服务工作。

三、存在不足

（1）消防通信指挥系统不满足应急救援需求。

表现出通信器材失效，前后联络衔接不上，给火场各级指挥员命令下达和阵地之间的联络带来了极大困难。

（2）侦检器材不满足实战需求。

表现在本次火灾现场有多处泄漏的火点属易燃易爆有毒气体（液化气、瓦斯、硫化氢等），由于缺少侦检设备，在灭火战斗后期对火场进行排查阶段，人员无法确认和辨别危害性，给参战官兵生命安全带来威胁。

四、改进措施

（1）强化业务培训。

针对此次火场，支队将加强对严寒条件下的日常训练和培训工作，并就冬季车辆出水后现场处置进行一次系统全面的培训；同时，针对大型复杂条件下的火场应对能力有待提高、响应程序体系建设有待深化的问题，突出实战性练兵，加强车辆编程训练，开展实战模拟条件训练，从而不断提高各级指战员应对突发情况和灭火作战能力。

（2）加强通信指挥系统建设。

以适应大火场实战需要为目标，进一步更新和完善支队通信指挥系统和通信器材，保证在火场噪声和复杂情况下，各项战斗命令能及时下达到位，达到能够迅速传达组织起灭火进攻和紧急避险行动的命令。

（3）建立物资储备库。

进一步健全和完善支队后勤保障系统。以公司东西部生产格局为中心，建立东西部战区战备物资储备库，加强灭火剂和灭火作战器材及个人防护装备储备的管控，以满足大型火场灭火作战的需要目标。

（4）完善车辆装备种类。

建议支队配备消防工具车辆、泡沫运输车辆和加油车辆，保证大型火场灭火剂、油料和消防灭火器材装备供给充足，切实达到火场补给保障有力。

（5）补充特种消防车辆。

根据公司千万吨炼油和百万吨乙烯建设规模，面对生产装置建设日益高大化等特点，结合本次火灾扑救，建议公司根据企业安全实际需要，购进70m以上的高喷泡沫消防车。同时，对新建、改建装置安装固定自动喷淋冷却系统，在事故状态下减少对移动消防装备的依赖，有效地保护生产装置。

（6）增配侦检器材。

为基层作战大分队配备便携式可燃气体和有毒气体便携式侦检设备，保证进入火场消防员的生命安全；同时，为各基层单位配备高效的火场照明系统，为夜间灭火作战创造有利条件。

"7·16" $1000×10^4$t/年常减压蒸馏装置应急处置事件

2011年7月16日14时24分,消防支队接到生产运行处通知,三蒸馏车间换热器E1007需要消防支队安排车辆监护,值班员请示值班队长后,在通知辖区中队三中队出车监护时发现装置方向有火光,并立即发警。三中队、一中队、特勤中队迅速出动。二中队通过电台得知火情后,立即赶往增援。

生产运行处立即启动公司级应急响应程序,公司各级领导立即赶到现场,成立火场指挥部。

消防队达到现场时,整个换热器区浓烟滚滚,已经陷入火海,火借风势不断蔓延,周边的火炬分液罐和轻烃回收装置受到火势的严重威胁,现场随时都有发生二次爆炸的危险。换热器区火灾现场如图1-17所示。

图1-17 换热器区火灾现场

一、处置经过

1. 第一阶段

（1）责任区三中队首先到达火场，302车、301车站在换热器东北侧，302车利用车载炮对二层、三层换热器实施冷却灭火。301车为302车打补助水，安排人员开启固定消防炮对换热器二层东北侧实施冷却保护，同时出2支水枪对轻烃回收受火势威胁的设备实施冷却保护。303车、304车站在换热器西侧和西北侧，303车支臂利用高喷对换热器四层、五层实施冷却灭火，304车为303车打补助水，并出1门移动炮对换热器一层实施冷却保护。

（2）特勤中队随后到达现场，特2车、特3车到达东三路，特2车站在三蒸馏轻烃回收南侧东三路，特3车倒车进入换热器火炬分液东南侧，支臂对换热器三层、四层灭火，特2车出2支水枪对分液罐及特3车进行冷却保护，特勤人员打开换热器东南侧固定炮进行冷却。

（3）一中队到达现场后，101车、102车、103车、104车站在换热器西侧。102车、104车支高喷出泡沫灭火，冷却换热器装置西侧。101车、103车人员为102车、104车打补助水，同时103车出1门移动炮冷却火炬罐。利用101车出移动水炮冷却一层机泵、管排。

（4）14时35分，二中队经东一路到达现场，202车、203车站在初馏塔北侧，202车出高喷车冷却三层换热器东北角及初馏塔顶部，203车出2门移动炮对换热器底部机泵及302车进行冷却保护。

第一阶段力量部署如图1-18所示。

2. 第二阶段

（1）随着换热器北侧火势得到有效控制，302车调整灭火阵地，向南侧前移，继续对换热器二层实施冷却，压制火势。301车利用车载炮对换热器东北侧实施冷却灭火。

（2）特3车炮臂由于现场火势加大，炮臂线路短路进行紧急收臂，撤离到三蒸馏轻烃回收南侧东三路与特2车站在一起，特2车2支水枪改为2门移动炮对火炬罐冷却，另从特3车出1门移动炮在换热器东南侧对一层、二层进行灭火，公安消防车进入特3车位置用炮灭火，特勤中队协助公安队进车打5口补助水。

（3）地面地沟有流淌火，103车出1支泡沫枪消灭地面地沟流淌火。102和104高喷车继续灭火。102车、104车同时出3门移动水炮对机泵、管排继续冷却。

（4）202车前移出高喷冷却轻烃回收装置，201车站在1#配电所北侧出2门移动炮至四层空冷，冷却轻烃回收塔区，204车出2门移动炮对塔底机泵冷却保护。

第二阶段力量部署如图1-19所示。

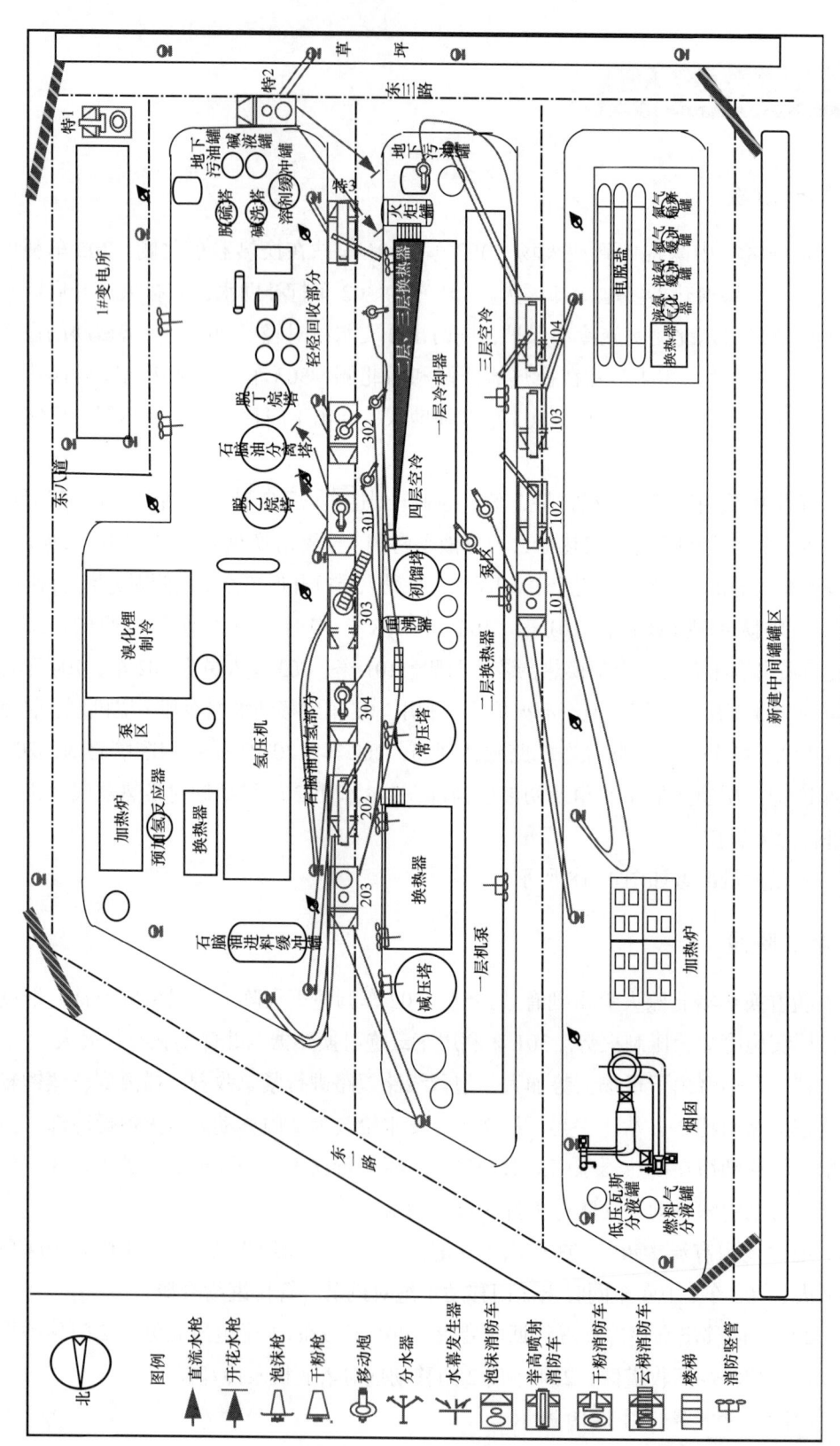

图 1-18 第一阶段力量部署

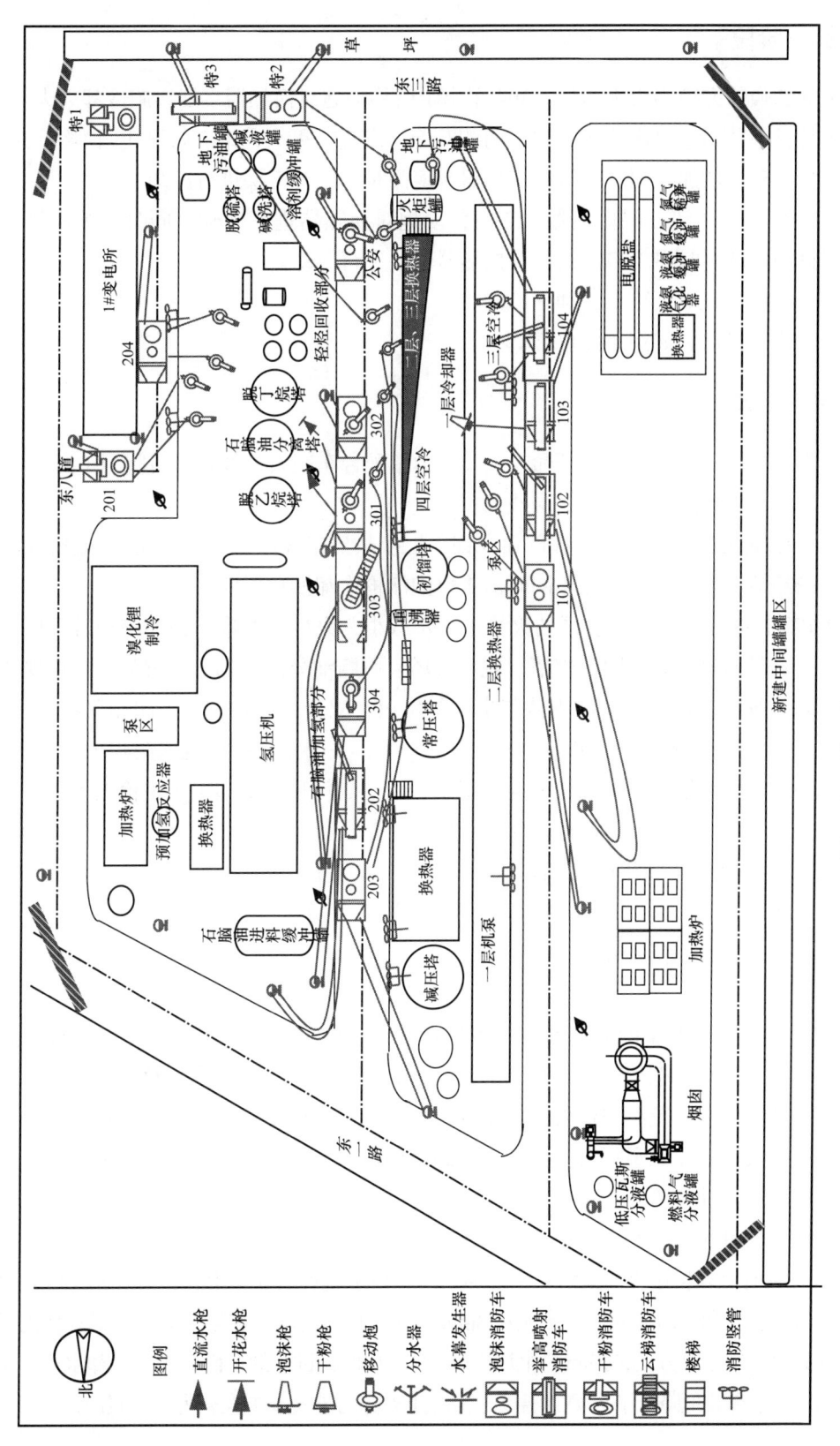

图 1-19 第二阶段力量部署

3. 第三阶段

（1）为加强前方冷却灭火力量，304车出1门移动炮对换热器二层实施冷却灭火。

（2）特勤中队出1口水枪至二层东南侧对着火点进行灭火，第二阶段3门炮继续加强冷却，从特3车又增加1门移动炮在换热器东南侧对二层、三层进行冷却。

（3）一中队人员到三层换热器出3门移动炮对换热器进行冷却，同时保护换热器框架，并安排102车同时出1口泡沫枪对换热器四层进行冷却。

（4）二中队坚守灭火阵地，加强冷却。

第三阶段力量部署如图1-20所示。

4. 第四阶段

（1）特勤中队根据现场指挥部命令，安排力量配合车间人员处置中转阀门（图1-21），并出1口水枪消灭换热器东南侧一层残火。

（2）一中队人员按照现场指挥部命令到三层换热器出3门移动炮对换热器进行冷却，同时保护换热器框架。安排102车同时出1口泡沫枪冷却换热器四层。

（3）17时50分，随着燃烧区的火势进一步减小，火炬分液罐、初馏塔和常压塔的塔顶回流罐、轻烃回收单元的脱乙烷塔、脱丁烷塔、石脑油分离塔的危险解除。根据现场情况，公司总指挥部决定，由消防支队与事故单位相互配合，进入火场关闭相关物料阀门。消防支队成立了2个抢险组，在车间人员的指导下，关闭了包括燃烧区附近的阀门50多个。与此同时，在一层出1支水枪，与三层平台上的3门移动炮和1支水枪上下合击，集中攻打着火点。19时55分，余火被彻底扑灭。

第四阶段力量部署如图1-22所示。

二、经验总结

这起火灾是一起典型的大型联合装置立体火灾。装置各单元之间的距离较近，装置的跨度大，设备密集，框架的承重构件为钢结构，耐火时间短，着火物料热值高，泄漏量大，着火点的位置高，且纵向位置偏向中间部位，现场风向变化频繁，这些不利因素客观上使这次灭火成为近年来最艰苦、最复杂、最危险的灭火行动之一。总结火灾扑救的全过程，主要有以下成功经验：

（1）出动展开迅速，有力保证了冷却水投放准确及时。

消防支队值班队长在得知火情后，立即果断调出了就近的3个中队，厂外的二中队也闻警出动，值班队长和一出动的3个中队在3min内先后抵达现场，在第一时间将最有效的灭火力量投放到火场的主要方面，15min内实现了主要冷却保护目标的全面布控，冷却水投放量将近600L/s，快速有效地降低了火场的温度，为防止火势的进一步扩大赢得了宝贵时间。

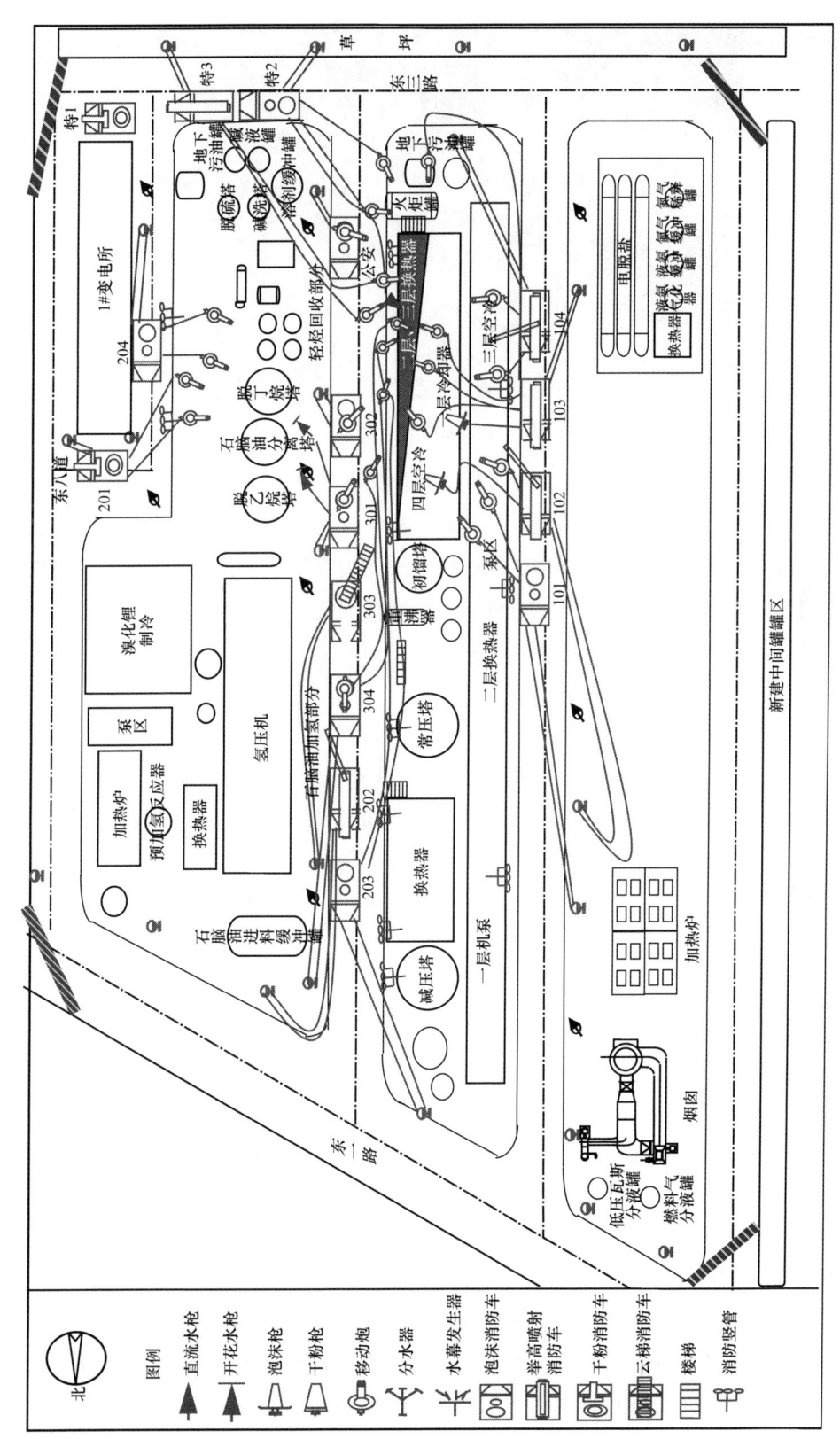

图1-20 第三阶段力量部署

图 1-21　特勤中队配合车间处置中转阀门

（2）始终坚持冷却，有效防止了设备爆炸和框架坍塌。

消防支队的指挥人员对现场情况判断准确，科学制订了用车载水炮对受火势威胁的设备进行全面冷却，防止发生二次爆炸，向燃烧区及周边大量射水，降低火场温度，防止钢结构框架坍塌的战术措施。灭火的全过程，自始至终围绕"冷却"这个中心任务，不断调整完善力量部署，不断前移阵地位置，不断加大冷却水量，有效防止了受火势威胁设备的爆炸和装置钢结构框架的进一步坍塌。

（3）优化装备使用，极大地提高了冷却和灭火效力。

战斗中优先选用了举高喷射消防车和大流量的车载炮，5台举高类消防车、1台普通消防车车载炮的成功出水，既缩短了战斗展开的时间，又提高了消防水投放速率，同时也确保了高点部位设备和钢结构框架的冷却效果。灭火期间，移动炮的大量使用减少了前沿作战人员的数量，削减了进入高温和浓烟及流淌火部位作战的风险，同时也为深入火场实施内攻创造了条件。

（4）合理组织供水，确保了火场水源供应充足、不间断。

为确保火场用水，中水泵房从14时38分开始，分别启动了第一、第二、第三台消防水泵向火灾现场供水，供水压力始终保持在0.9MPa。公司生产调度处及时与市供水公司联系，确保1500m^3/h的补水量。在火灾扑救后期，因火场长时间用水，为避免影响生产应急用水，又先后停止了中水泵房3台水泵，成功切换至五号消防泵房，对火场实行了跨区域供水。

（5）组织指挥科学合理，实现了参战力量协同有序。

石化分公司及时启动应急响应程序，公司领导亲临现场，各部门协调配合。及时采取了工艺措施，为控制火势及最终灭火提供了先决条件；及时采取了污水防控措施，防止了次生环境污染事件的发生；及时采取了交通疏导措施，确保了百余台救援车辆不发生拥堵。及时组织了火场保障，确保了灭火剂和油料不中断。

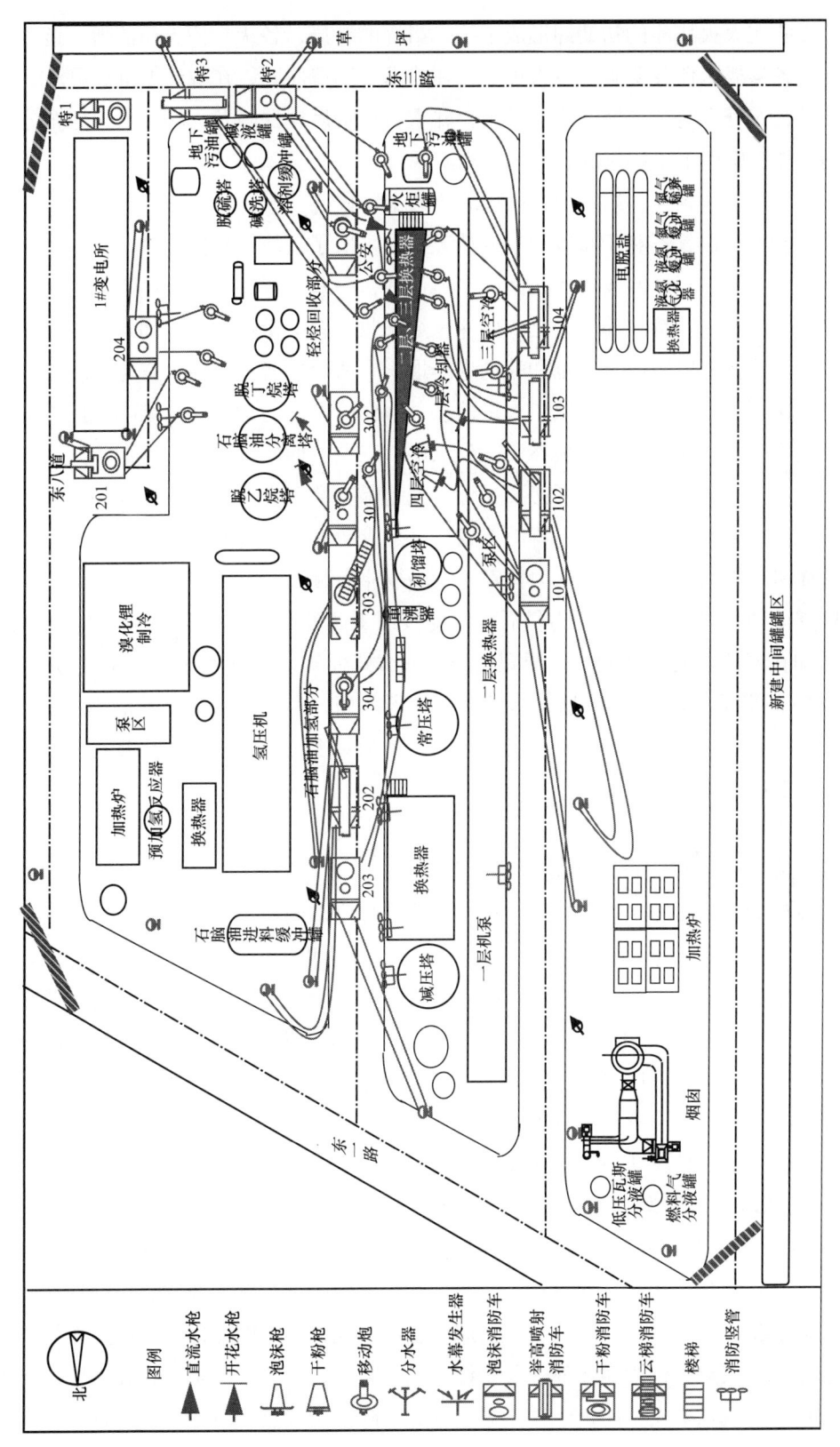

图 1-22 第四阶段力量部署

消防支队在灭火战斗的初期即形成了统一指挥的格局，各级指挥界面清晰，指挥人员分工明确；各参战队任务明确，专人负责，在战术上坚持原则，在战法上机动灵活。市消防局到场后，充分肯定了前期的战术措施，并重点负责后援保障及火场供水，地企分工明确，协同作战，确保了整体作战意图的顺利实现。

（6）指战员机敏顽强，始终把握灭火战斗的主动权。

一是在着火点位置不利于布置力量的情况下，采取了近战方式实施冷却，共有5台消防车在常减压蒸馏和轻烃回收单元之间的空地作战，一些车辆和人员与燃烧区的水平距离不足10m，在高温下坚持战斗。二是为确保轻烃回收装置关键设备的冷却效果，作战人员佩戴空气呼吸器在下风向设置水枪和移动炮阵地，在浓烟中坚持战斗。三是支队指挥员身先士卒，多次深入火场侦察，获取了大量信息，为作战方案的调整和火场决策提供了有效依据。四是不断前移作战位置，最终深入到二层、三层、四层平台上实行近距离冷却，为消灭冷却的死角，最终灭火提供了必要条件。五是除少数管理人员外，参战人员均为社会化用工，他们在火场上不畏艰险、英勇善战，也是成功灭火的关键所在。

（7）休班指战员积极参战，有力保障了火场战斗力量。

消防支队值班员在调集出动力量后，立即按照支队处置大型火灾后勤保障响应程序，用电话通知在家休息的支队领导，用短信群呼的方式通知支队其他休息、休班的指战员，整个火灾扑救期间，有86名休息、休班人员赶到现场，占参战人员总数的50.9%。这些人员的参战，有效缓解了大型装置火灾扑救时人员相对不足的问题，为长时间、大规模作战提供了可靠的人员保障。

（8）几点心得：

① 完备的响应程序是成功扑救火灾的关键。

火灾发生后，消防支队在第一时间启动了响应程序。闻警出动、快速赶赴火场、快速投入战斗，程序有条不紊；火情侦察、战斗展开、力量调整、灭火进攻，步骤自然流畅；战术措施确定后，始终如一地围绕总体战术措施展开行动，组织指挥系统运转高效；公司总指挥部成立、市消防局到场后，支队与公司及市消防局衔接有序，与相关单位协同作战；支队后勤保障响应程序启动后，通知在家的领导赶赴现场、召回休班的人员到火场参战、协调灭火药剂供应、落实后勤保障措施，整个过程忙而不乱。由此可见，完善的响应程序和经常性的演练是成功扑救这起火灾的基础。

② 扎实的培训是高效开展灭火战斗的基础。

战斗中，指挥员能够快速准确地掌握现场情况，正确确定战术措施，不断根据现场情况进行调整；消防员能够快速出动，快速到达，准确停靠车辆，快速进行战斗展开，熟练操作消防装备，合理调整作战位置；初期能全面布控，攻坚期能深入火场；作战空间狭窄时，敢于靠近火点，近距离作战；关键设备受威胁时，能够不畏艰辛，在下风向布置力量；作战时能认真做好安全防护，善于规避各类风险。指战员平时的培训和训练效果，在本次火场中得到了充分的体现。

③ 完好的装备是成功扑救火灾的保障。

自2005年集团公司统一配备消防装备以来，通过不断优化，石化消防支队的装备配备结构已经较为完善。本次火灾中，面对燃烧区位置高、装置跨度大、火焰辐射强、扑救空间受限等不利因素，5台举高喷射消防车同时使用，6门大流量车载炮快速出水，为成功控制火势赢得了时间。这得益于几年来集团公司对消防装备和操作培训的高度重视，以及支队装备管理和操作培训工作的不断加强。

④ 战例的横向交流促进了技战术水平的提高。

自2007年10月以来，集团公司质量安全环保部组织石化企业火灾案例交流，联防区还分别在每年两次的联防会上开展火灾战例的交流。通过横向交流，增强了指战员对大型石油石化火灾的感性认识，消除了恐惧感，促进了灭火战术和战法的学习与研究，这也是成功扑救这起火灾的重要因素。

三、存在不足

（1）消防通信指挥系统不满足应急救援需求。

通信工具满足不了实战要求。目前配备的手持式无线对讲机不具备防水功能，部分对讲机在战斗中进水损坏；一些佩戴空气呼吸器的参战人员，因没有配套的耳麦和头骨送话器，无法通过无线通信系统沟通火场信息；此外，现场的噪声也对通信效果产生一定的影响。上述不利因素致使中后期的战斗命令只能靠人传达，需要在今后进一步改进。

（2）火场信息采集亟待解决。

火场记录工作应进一步加强。因受定员限制，石化消防支队未配备专职火场文书，火场记录工作由火场任务繁忙的战训员、通信员兼职承担，因而无法完整准确地记录指挥员命令下达情况、下级接受和执行命令情况、各参战力量到达及作战情况、战术措施实施效果、消防装备运行情况及战斗各个阶段的时间节点等，无法全面采集战斗各个环节的影像视频资料，不利于火灾后的全面总结。

（3）举高消防车辆仪电系统不满足火场需求。

部分消防装备在火灾扑救中受损。燃烧区位置较高，现场未设置固定高架消防炮，只能依靠举高喷射消防车臂架炮尽可能向燃烧区延伸进行射水，以确保冷却保护效果。在冷却过程中，16m高喷消防车近距离作战致使臂架炮头电路部分及控制盒被烤坏。42m曲臂云梯消防车因停车位置过于靠近火场，致使控制面板进水，控制系统失灵。虽很快更换了车辆，并未对灭火造成影响，但也应认真总结，在今后战斗中加以防范。因此，今后在车辆的设计上，应扩大自保范围。

（4）缺乏现场风险辨识意识。

火场扑救的安全工作尚需探讨。因现场条件限制，本次火灾实行了近距离作战。从火灾后现场的破坏程度看，三层、四层换热器部位已经到达坍塌的边缘，可见本次战斗中存在很大的风险，但是如果不实行近距离快速出水冷却，极有可能会贻误战机，造成火势进一步扩大。因此，如何科学准确评估战时火场风险，如何科学合理地解决消防员勇敢顽强与人身安全保证的矛盾，是值得深入探讨的问题。

四、改进措施

（1）提高生产装置的消防设计标准。

一是在大型炼化生产装置设计时，框架结构的承重构件应尽可能采用耐火极限高的材料；二是在考虑节约用地、节约能源的同时，应依据装置最不利点发生事故的救援需要，适当增加生产装置不同单元之间的安全距离；三是在满足国家现行最低标准外，还应该结合装置本身的危险性和现有救援装备的实际需求，相应提高消防道路的宽度和消防供水强度。

（2）提升固定消防设施配置标准。

炼化生产装置的规模逐步趋向大型化，火势凶猛、火焰高和热辐射强等火灾特点，大大增加了装置火灾近距离扑救的危险性和艰巨性，建议适当增加要害部位固定高架消防炮的设计。

（3）增配特种消防车辆。

根据炼化生产装置要害部位风险特点，适当增加举高喷射消防车的数量和工作高度。

（4）加强炼化装置火灾扑救技战术交流研究。

针对炼化装置规模趋向大型化，火灾具有火势凶猛、火焰高和热辐射强的特点，近距离火灾扑救的必要性和危险性大幅度提高的实际，建议进一步加大火灾扑救技战术国际交流，吸取发达国家大型炼化装置火灾扑救先进经验；组织开展大型炼化装置火灾扑救消防人员人身安全风险防范研讨，建立火场风险评估机制，科学解决消防员勇敢顽强与人身安全保证的矛盾。

"8·17" 140×10⁴t/年重油催化裂化装置应急处置事件

> 2017年8月17日18时34分左右，三催化装置发生火灾，经全力扑救，18日1时40分，现场明火全部扑灭。现场保留1台重型泡沫消防车监护，其余车辆归队，历时约5h。在本次火灾扑救中，石化消防支队参战车辆共22台，213名消防指战员参战，共消耗泡沫灭火剂19.4t。

一、处置经过

1. 闻警出动

2017年8月17日18时34分34秒，三中队火警值班室接到报警，三催化分馏区原料油泵着火，着火介质为原料油，三中队车辆全部出动（三中队消防车辆4台）。三中队接警同时，支队执勤战备人员已发现三催化方向有浓烟，火警调度室发出出警指令，并分警二中队增援。一中队、特勤中队、二中队消防车辆全部出动（一中队消防车辆6台，特勤中队消防车辆6台，二中队消防车辆4台，应急通信车、通信指挥车各1台）。

一中队、特勤中队、三中队位于东厂区南端，供排水车间附近。二中队位于厂外储运车间三油品盐岛罐区，距离三催化装置约5km。

着火装置三催化周边消防水线为稳高压系统，由南区泵站负责供水，发生火灾时系统压力为1.0MPa。

2. 启动应急响应程序

18时37分，值班队长到达现场，通过火场侦察发现三催化泵区已经形成大面积流淌火，分馏区火势猛烈已经形成立体燃烧，地面流淌火向稳定区域蔓延，火势呈扩大趋势，现场无人员被困。同时，值班队长与车间人员对接现场情况，确定分馏塔、轻柴油汽提塔、回炼油罐、原料油罐、换热器框架受火势严重威胁，必须立即冷却保护防止爆炸，稳定区主要物料为液化气，流淌火已向该区域蔓延，必须立即实施扑救，防止引发稳定区火灾。

值班队长下达命令启动消防支队应急响应程序，火警值班员电话通知支队领导，向公司相关处室汇报火情，并利用短信群发系统通知休班人员立即到厂增援。

值班队长命令全部战斗力量实施战斗展开，对地面流淌火进行扑救，对着火部位及周边设备实施冷却保护，控制火势发展。

3. 成立现场指挥部，确定灭火战术

18时40分，支队总支书记到达现场，成立现场指挥部，与车间负责人员对接确定着火部位周边机泵无法启动，分馏塔无法退料，分馏塔内含大量物料；换热器受高温烘烤容易发生泄漏造成火势扩大；稳定区主要物料为液化气，火势一旦蔓延至稳定区，危险性极大。

现场指挥部结合火势及工艺处置情况，确定了全力扑救地面流淌火，以车载炮、臂架炮、移动炮为主，重点冷却保护分馏塔、轻柴油汽提塔、原料油罐、回炼油罐、换热器框架。对稳定区实施隔离保护，防止火势蔓延的战术，全面控制火势发展，防止次生灾害发生。

4. 灭火战斗全面展开

1）第一阶段

第一阶段是火势发展阶段。

（1）特勤中队：

特勤中队车辆经东六道、东五路到达现场后，05车、特1车、特4车、特5车人员下车后停东八道待命，特2车、特3车站三催化主控室门前。

消防队伍到达现场时，现场火势已达全面发展阶段，并已经向换热器框架、稳定区域蔓延。指挥员命令第一时间开启现场固定消防设施实施冷却保护，利用车载炮、臂架炮实施灭火。

① 05车人员负责现场指挥员作战命令记录，负责火场视频采集，负责空气呼吸器的运送和更换。

② 特1车人员负责开启现场固定消防炮对换热器北侧框架进行冷却。

③ 特2车、特3车利用车载炮、臂架炮实施灭火。

④ 特4车、特5车协助特2、特3车补助水操作。

火势不断发展，地面流淌火快速蔓延，严重威胁稳定区域，指挥员命令特2、特3车全力阻截地面流淌火，改用移动炮对地面流淌火实施扑救灭火。

① 特2车改用车辆出3门移动炮对换热器区域地面流淌火进行灭火。

② 特3车改用车辆出2门移动炮对分馏塔顶油气分离器和稳定塔顶回流罐进行冷却保护。移动炮阵地出水液同时，停车载炮、高喷臂架炮。

（2）一中队：

一中队车辆102车、103车经东六道、东七路到达现场，101车、104车、105车、106车经东六道、东五路到达现场。

距离火点较近的分馏塔、轻柴油汽提塔、回炼油罐、原料油罐、换热器框架（南端）已经陷入火势包围，指挥员命令利用高喷臂架炮对以上部位实施冷却保护。

102车、103车站在火场东侧，利用臂架炮对分馏塔、轻柴油汽提塔、回炼油罐、原料油罐、换热器框架实施冷却保护。

起火泵上方的管线已经烧毁，物料带压喷出燃烧，形成大面积地面流淌火，周边管线及空冷框架已被火势包围。指挥员命令一中队其他车辆负责西侧火场，利用移动炮、臂架炮对泵区、空冷框架实施灭火及冷却保护。

① 101车站在火场西侧，利用车辆出1门移动炮冷却空冷框架中部管排，出1门移动炮对机泵及周边管线实施灭火。

② 104车、106车站在火场西侧，利用臂架炮对空冷框架及管线实施冷却保护。

③ 105车站在泵区与四机厂房之间，该处为地面流淌火蔓延的主要方向，105车首先出1支泡沫枪对地面流淌火进行快速扑救，但由于着火物料泄漏量突然增大，火势增大，地面流淌火蔓延加快，105车改用1门移动炮对地面流淌火进行封堵，防止向稳定区蔓延，并出2门移动炮对着火泵房区域实施冷却、灭火。

（3）三中队：

三中队车辆经东六道、东七路到达现场。

三中队主要负责分馏塔区域火势扑救，并阻截火势向反再区域蔓延。指挥员命令利用车载炮、泡沫枪对地面流淌火实施扑救，利用移动炮加强反再区域和分馏塔的冷却保护。

① 301车站在火场东侧，利用车载炮，并出1支泡沫枪对地面流淌火进行扑救。

② 302车站在火场东侧，利用车载炮对地面流淌火进行扑救。

③ 304车站在火场东侧，利用车辆出2门移动炮对反再框架进行冷却保护，利用消火栓出1门移动炮对分馏塔底部进行冷却保护。

④ 303车站在火场东侧，利用臂架炮对换热器及框架进行冷却保护。

（4）二中队：

18时36分，二中队接到支队火警调度室分警立即出警，二中队位于厂外储运车间三油品盐岛罐区，距离三催化装置约5km。二中队经大盐路、三号岗、东四道、东六道、东七路驶往现场，并于18时50分左右到达火场南侧投入战斗。

二中队主要负责火场南侧阵地流淌火扑救及空冷框架冷却保护。由于火点上方的物料管线、蒸汽管线、空冷器已经烧毁，现场噪声极大，物料带压燃烧，流淌火蔓延。同时，大量的消防用水携带泄漏原料油顺势向东七路流淌，指挥员命令利用移动炮对流淌火实施扑救，并冷却保护空冷框架。

① 201 车站在三催化装置南侧，利用消火栓出 1 门移动炮对空冷框架进行冷却保护。

② 202 车站在三催化装置南侧，利用车辆出 1 门移动炮，对空冷框架地面流淌火进行泡沫覆盖。

③ 203 车站在三催化装置南侧，利用车辆出 1 门移动炮对空冷框架进行冷却保护。

④ 204 车站在三催化装置南侧，利用车辆出 1 门移动炮对空冷框架南侧管架进行冷却保护。

地面流淌火控制后，为增加空冷框架冷却效果，指挥员命令调整车辆站位，利用车载炮对空冷框架实施冷却保护。201 车调整站车位置至泵房与四机厂房之间，利用车载炮对空冷框架进行冷却保护，并引导公安消防增援力量消防车辆进入泵房与四机厂房之间，加强空冷框架的冷却保护。

（5）设备中队：

18 时 36 分左右，接支队火警调度室分警，设备中队南区泵站人员立即做好消防稳高压检查工作，同时报支队火警调度室南区泵站稳压状态一切正常。18 时 40 分，消防电泵相继自启供水。消防电泵运行时间 5h，总供水量 11000t。

（6）通信班：

18 时 41 分，应急通信车接生产调度指令启动应急调度流程，应急通信车到达现场，做好建立通信联络准备。20 时 21 分，接生产调度指令，与总部应急保障中心建立视频连接。

第一阶段消防力量部署如图 1-23 所示。

2）第二阶段

第二阶段，地面流淌火得到控制。

（1）特勤中队：

换热器地面流淌火得到控制后，特 2 车前移 3 门移动炮对换热器和换热器框架进行冷却保护。特 3 车前移 1 门移动炮至火点对上方管排进行冷却保护。

（2）一中队：

机泵区地面流淌火得到控制后，105 车前移，利用车载炮对机泵区及周边管线实施灭火。公安消防增援力量调配车辆进入泵房与四机厂房之间，对机泵区及周边管线实施灭火。

（3）三中队：

301 车、302 车利用车辆各出 1 门移动炮，同时利用车载炮对分馏塔、轻柴油汽提塔、原料油罐、回炼油罐周边火势进行冷却灭火。303 车、304 车出口保持不变。

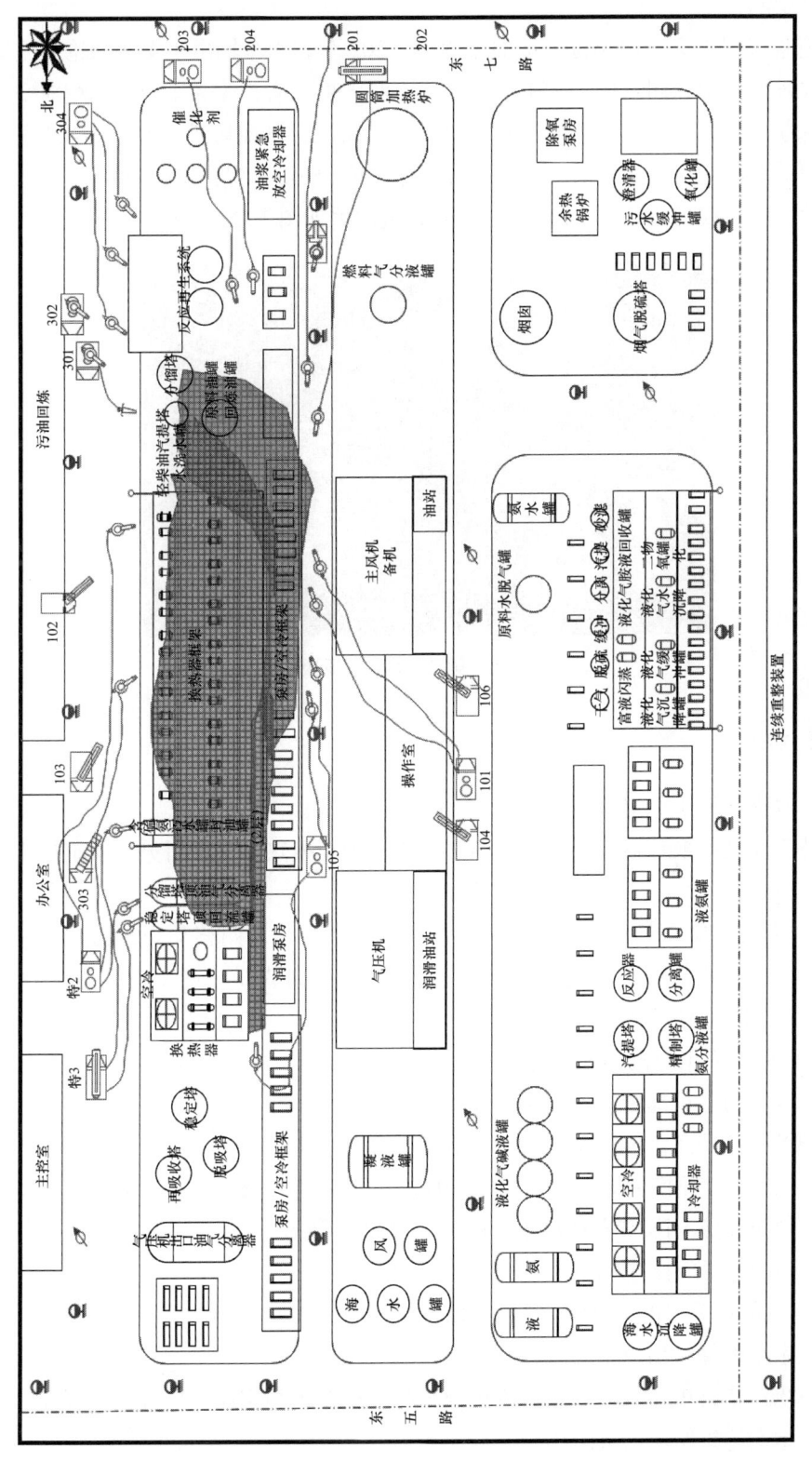

图 1-23 第一阶段消防力量部署

（4）二中队：

由于施救过程中又出现小范围地面流淌火，202 车利用车辆出 1 支泡沫枪对空冷框架地面流淌火进行扑救，同时保护 201 车安全，流淌火熄灭后，改为 1 门移动炮对空冷框架进行冷却保护。203 车利用车辆在正面增设 1 门移动炮对分馏塔进行冷却。204 车利用车辆增设 1 门移动炮对空冷框架南侧管架进行冷却保护。201 车保持出口不变。

第二阶段火灾现场如图 1-24 所示，消防力量部署如图 1-25 所示。

图 1-24　第二阶段火灾现场

3）第三阶段

第三阶段火势趋于稳定。

（1）特 2 车利用换热器框架接合器出 2 门移动炮至换热器三层对火点实施近距离冷却保护。

（2）301 车、302 车站车位置前移，继续利用车辆各出 1 门移动炮，同时利用车载炮对分馏塔、轻柴油汽提塔、原料油罐、回炼油罐进行冷却保护（图 1-26）。303 车任务保持不变。304 车移动炮阵地前移。

（3）2 中队全部出口前移确保冷却效果。

第三阶段消防力量部署如图 1-27 所示。

（4）现场指挥部命令成立 4 个关阀小组深入火场进行关阀断料（图 1-28）。

① 第一组负责关闭换热器一层、二层；反应器一层、二层；侧面管排的 19 个阀门（■）。

② 第二组负责关闭换热器四层平台的 6 个阀门（⬢）。

③ 第三组负责关闭换热器一层 14 个阀门（●）。

④ 第四组负责关闭再生反应区 11 个阀门（▲）。

（5）其余车辆保持出口不变。

灭火总攻：指挥中心发起灭火总攻指令，命令特 2 车利用换热器框架接合器在三层出的 2 门移动炮实施近距离灭火总攻。

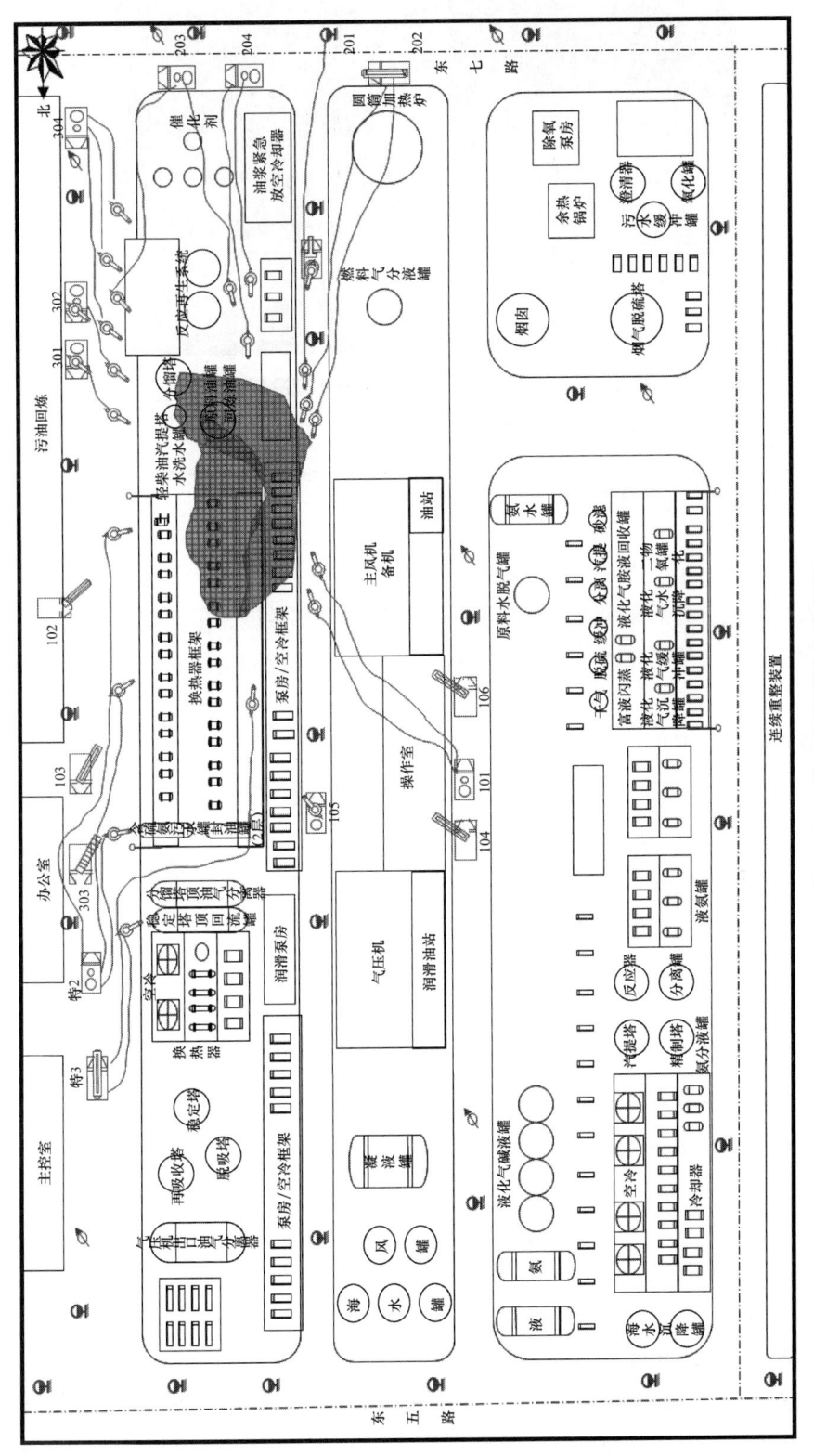

图 1-25 第二阶段消防力量部署

图 1-26　对着火部位及周边设备实施冷却保护

二、经验总结

（1）出动迅速，第一出动力量充足。

支队人员发现火警后第一时间出警，一次性调集全部救援力量赶赴现场，站车位置合理，充分发挥消防车辆的技术性能，实现重点冷却保护部位的全面布控，快速消灭地面流淌火。

（2）战术明确，保护有力。

消防支队灭火行动的全过程，始终围绕"冷却、控制"战术思想。对现场情况判断准确，实施对燃烧区受火势威胁的设备进行全面冷却，防止发生二次爆炸和钢结构框架坍塌的战术措施。不断调整完善力量部署，前移战斗位置，加大冷却水量，有效地防止了受火势威胁设备发生爆炸和钢结构框架的进一步坍塌。

（3）"炮进人出"，发挥器材装备优势。

以大流量移动炮、举高喷射消防车为主战力量，发挥器材装备在大型火场上的优势，减少前方人员暴露在危险环境下的频次。"炮进人出"，在有效完成灭火救援任务的前提下，最大程度保障参战人员生命安全。

（4）应急响应程序启动迅速。

面对大型火灾，支队应急响应程序启动迅速，共调集休班力量129人。休班值班队长到达现场后各自负责一面火场指挥，保持与火场指挥部的沟通，实现各面火场的信息共享，避免了参战队伍各自为战的问题，使各参战力量能够统一按照指挥部命令落实各项灭火任务。

（5）工艺处置、消防处置两者配合贯穿整个火场。

前期火场工艺、消防对接及时有效，明确火场重点保护部位，有效控制火情发展。消防处置全程为工艺处置争取时间、创造条件，全力配合工艺关阀断料，成功关闭反应区、

第一部分 》
———— 石油化工装置典型事件

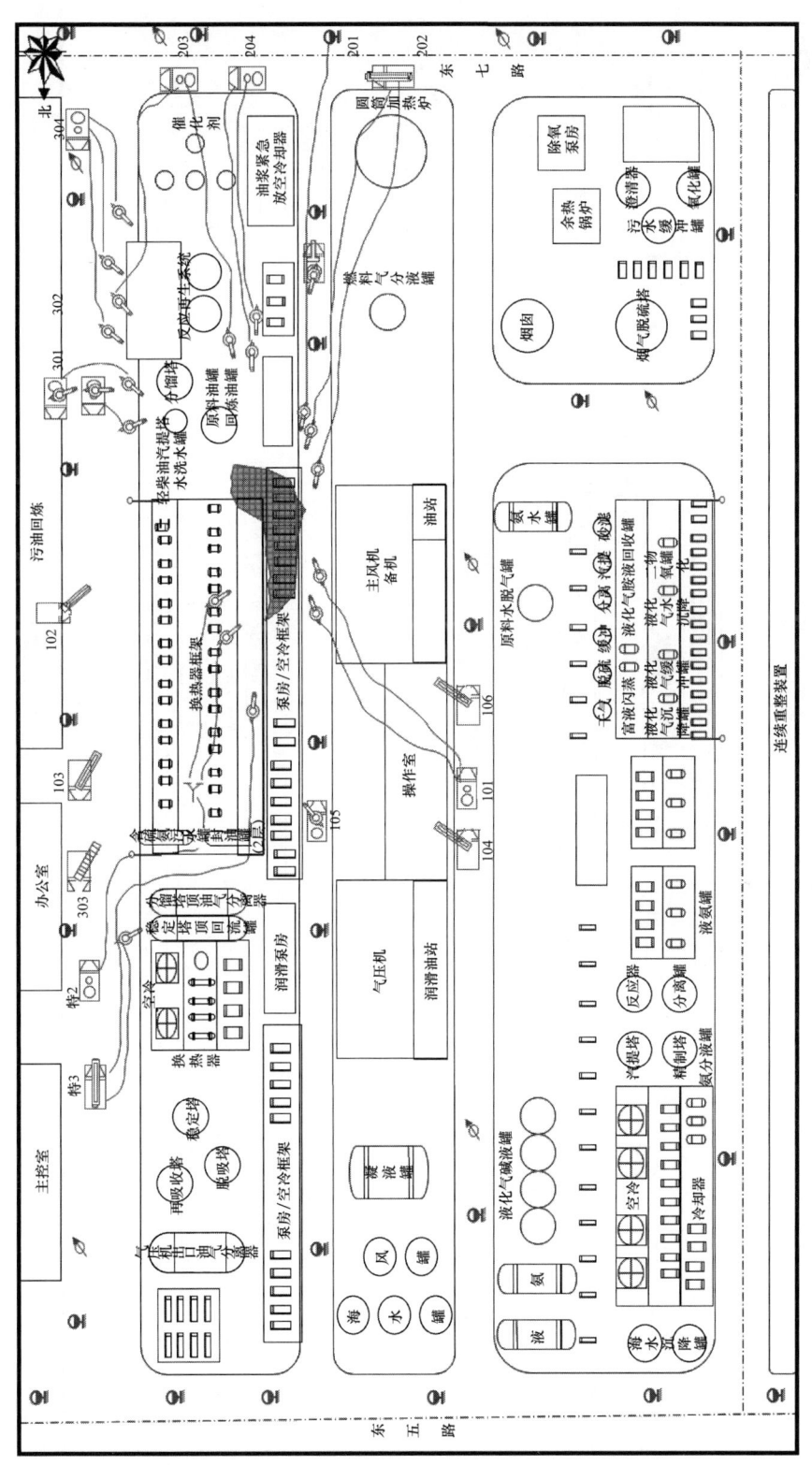

图 1-27 第三阶段消防力量部署

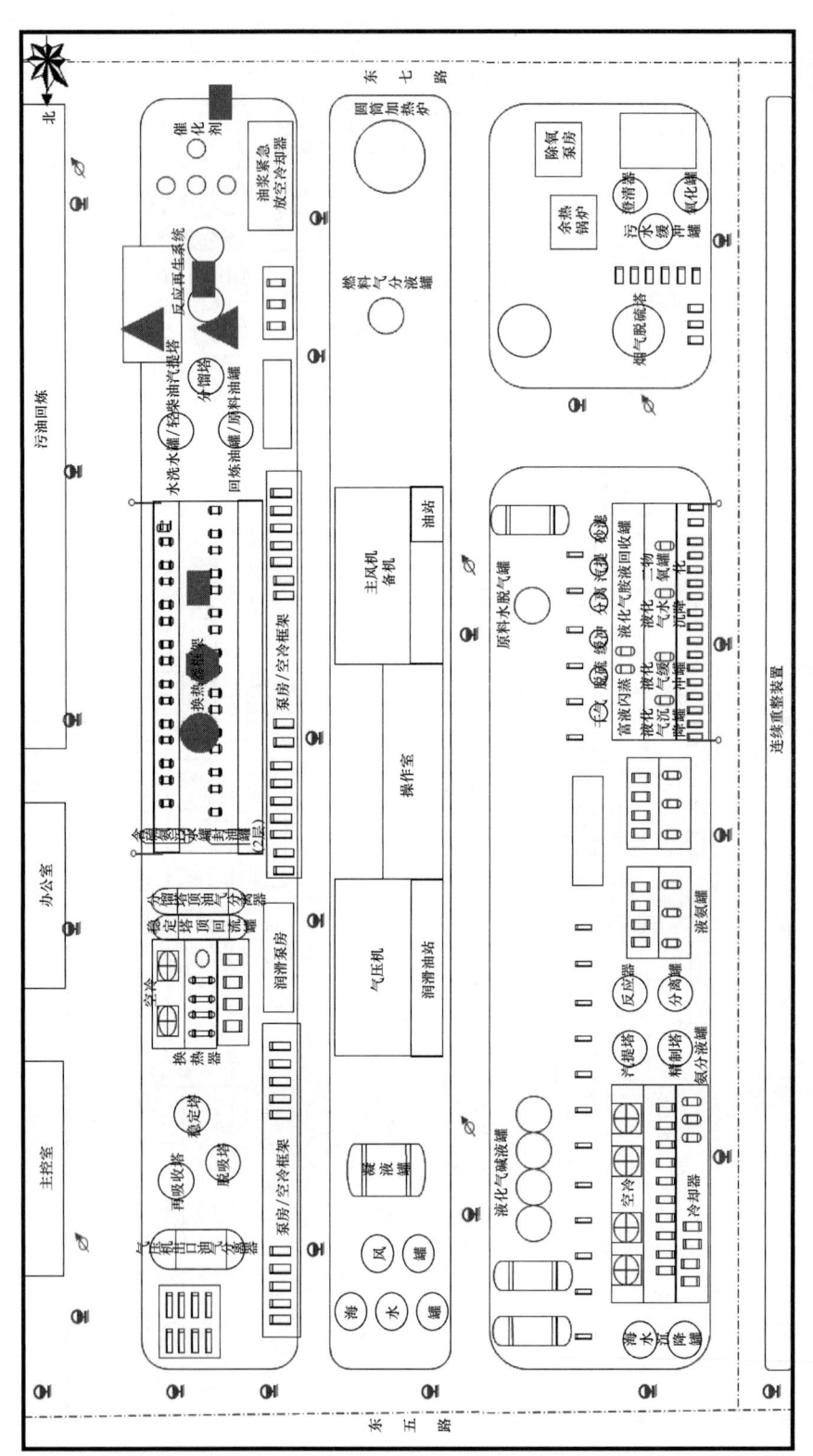

图 1-28 关阀区域示意图

分馏区、稳定区的关键阀门,将着火部位与其他重要部位隔离,为扑灭大火奠定重要基础。火势呈下降趋势后,消防处置做到科学有效,不盲目灭火,根据工艺指导实施近距离冷却保护,确保着火管线、设备微正压状态,保持火点稳定燃烧,待工艺处置完毕后实施灭火总攻。

(6)火场保障启动及时有效,灭火剂、油料的快速补给为火场不间断施放灭火剂提供了有效保障。

三、存在不足

(1)车辆油料补给措施不完善。

车辆油料补给方法落后,现场救援车辆多,加油车进出不便,调整困难,使用加油枪补给油料速度慢。

(2)未建立有效的指挥体系。

与公安持续衔接存在问题,双方的沟通及火场信息共享还有待加强。公安车辆进入火场,车辆碾压补助水,造成补水中断,影响车辆出水。

(3)消防通信指挥系统不满足应急救援需求。

通信器材不能满足火场需要。石油化工类火灾火场噪声大,当前使用的手持电台不能满足现场作战指挥需要(有线耳麦不便于行动),无线通信的命令上传下达受到影响,致使现场指挥不畅,作战车辆和作战力量任务落实受阻,直接影响现场的力量布置。

(4)消防个人防护专业性不强。

现场及周边伴随高风险火势扩大及爆炸危险,部分副班增援人员安全意识淡薄,没有对自身安全因素进行充分考虑,在参加战斗时没有按规定着消防战斗服便投入火场参加救援,增加了人员伤亡的风险。

四、改进措施

(1)研究制订有效的指挥体系。

加强与公安消防指挥层面协调演练,制订切实有效的火场信息沟通方案。针对公安车辆参与火场救援应安排专业人员负责指导开展现场救援工作。

(2)选配先进通信器材以满足火场通信需求。

加强外部交流与市场调研,选配高科技通信器材,实现火场指挥信息及时快速传达给各级指战员。

(3)做好增援人员个人防护安全管理。

制订增援人员到场方案,加强全体救援人员个人防护意识能力培养。

"12·11"输油管线应急处置事件

> 2019年12月11日21时45分,某石化公司消防支队二大队接到报警,厂区内某单元管带内输油管线起火。辖区二大队立即调派当班中队,16名指战员,共6台车赶赴火场。22时08分,通过指挥中心增派一大队、腈纶分队、三大队、特勤大队10辆消防车、46人增援火场。经过全体参战人员艰苦奋战,至11日23时58分,大火被成功扑灭,未造成人员伤亡,保住了厂区内多处成品油储罐及多条管线的安全,避免了恶性火灾爆炸事故发生。

一、处置经过

辖区二大队十三中队21时48分到场后,经现场侦察发现火点位于厂109管带管沟内,管带北侧路面有流淌火,火势燃烧异常猛烈,火场内时有爆燃现象发生,过火面积大约600m²(后经现场测量),火焰高度达十几米,现场多处成品油管线被烧断,流淌火从地沟向外扩散,火势正在威胁东侧成品油泵房和南侧紧邻的成品油罐区,北侧路面流淌火严重威胁一路之隔的另一罐区;西侧地沟内流淌火正在蔓延,现场情况十分危急,辖区二大队立即组织实施扑救。火灾现场如图1-29所示。

1. 第一阶段

第一阶段启动响应程序,设立阵地,冷却抑爆,堵截火势。

22时09分,消防支队指挥部成员陆续到场成立火场指挥部,由支队长担任火场总指挥、副支队长担任前沿灭火总指挥,通过对现场火情研判迅速做出决策,成立东、西侧两个火场前沿战斗段堵截火势,防止火势的继续蔓延扩大。指挥部根据侦察了解到的情况及当时的风向,判断火势蔓延的主要方向,将先期到场的消防力量重点布防在火点东侧和成品油泵房南侧,利用车载炮、移动炮直接向火点射水进行冷却抑爆,在火点东侧利用泡沫枪扑救流淌火,阻止火势向东侧成品油泵房蔓延;命令18m高喷车在火点西侧利用车载炮阻止流淌火蔓延,并利用车载炮冷却火点上方的管线,防止火焰长时间烘烤,造成管线爆裂使火势进一步扩大；同时安排 2 台车在北侧出 2 门移动炮，重点保护汽油罐，防止油罐长时间烘烤造成火势扩大。

第一阶段消防力量部署如图 1-30 所示。

图 1-29 火灾现场

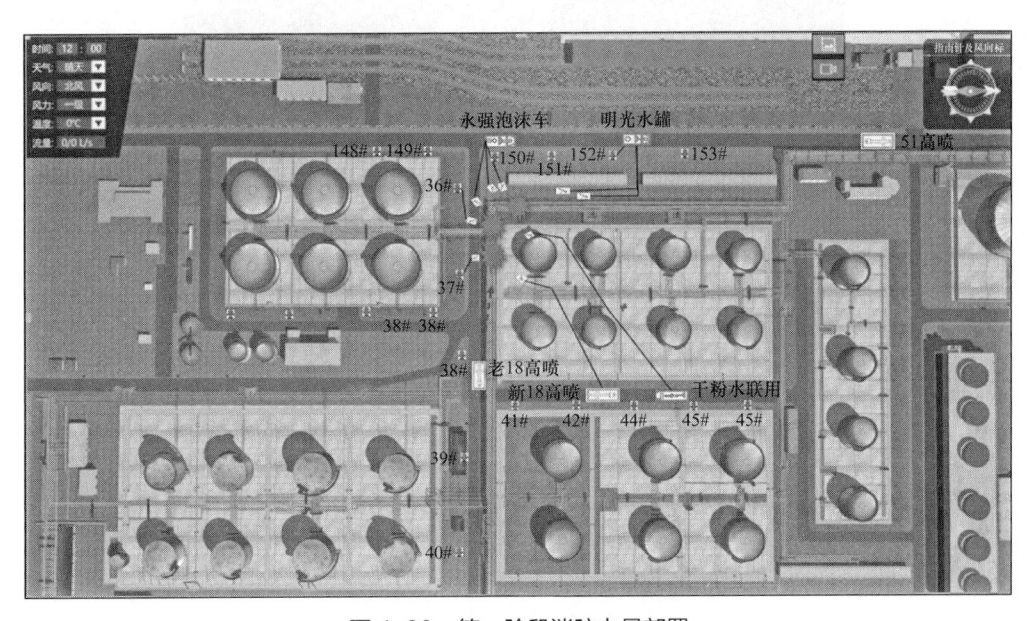

图 1-30 第一阶段消防力量部署

2. 第二阶段

第二阶段增援到场，调整阵地，严密包围，逐步缩小包围圈。

随着市应急救援支队增援力量陆续到场，指挥部向应急救援支队通报现场情况，并结合现场实际情况对火场兵力部署进行调整。指挥部命令腈纶分队在火点东北侧利用车载炮冷却火点附近阀门；命令一大队增援力量重点布防在 1100 单元北侧，阻止火势向北侧蔓延和保护 1100 单元。22 时 30 分，火场东侧和西侧的阵地战斗力量都已部署妥当，火场已经形成上下合击、四面夹攻、堵截包围的态势，火势可能蔓延的方向已被架设的水炮阵地堵截，火场已经基本得到有效的控制。为保证对火点形成合围，命令一大队加强北侧力量布控，在南侧增加 1 门移动炮；命令二大队西侧 18m 高喷车阵地向东侧挺进 50m，继续对火焰烘烤的管线进行冷却降温；命令三大队增援车辆在火点北侧利用泡沫枪扑救泄漏点处的明火（图 1-31）。随着灭火战斗的进行，主火点以外的明火陆续被消灭，水枪、水炮阵地稳步前移。23 时 20 分左右，输油泵房西侧地沟和北侧地沟的火势基本被扑灭，整个火场已被彻底控制，各个阵地逐步向主火点区域靠拢。此时，现场仅剩管带泄漏点一处火点，且由于输油管线内压力作用，火势还是异常凶猛，根据现场火势威胁的情况，指挥部将阵地力量进行适当调整。

图 1-31 扑救泄漏点处的明火

第二阶段消防力量部署如图 1-32 所示。

3. 第三阶段

第三阶段分析研判，工艺处置，抓住战机，总攻灭火。

23 时 20 分，指挥部根据现场火焰高度，安排人员与生产厂工艺人员进一步确认关闭的管线阀门，经过逐一排查，23 时 40 分确认现场阀门全部关闭，23 时 45 分，指挥部决定对火点发起总攻灭火，指挥员现场调整灭火力量，将车载炮、移动炮改为机动灵活的泡沫枪，所有灭火器具集中一点，对最后火点发起总攻。23 时 58 分，经过全体参战人员的共同努力，明火被彻底扑灭。随后，指挥部要求继续对火点处及火点上方的管线进行冷却降温，防止发生复燃。整个战斗灭火用泡沫液 12t，灭火用水 2100t。

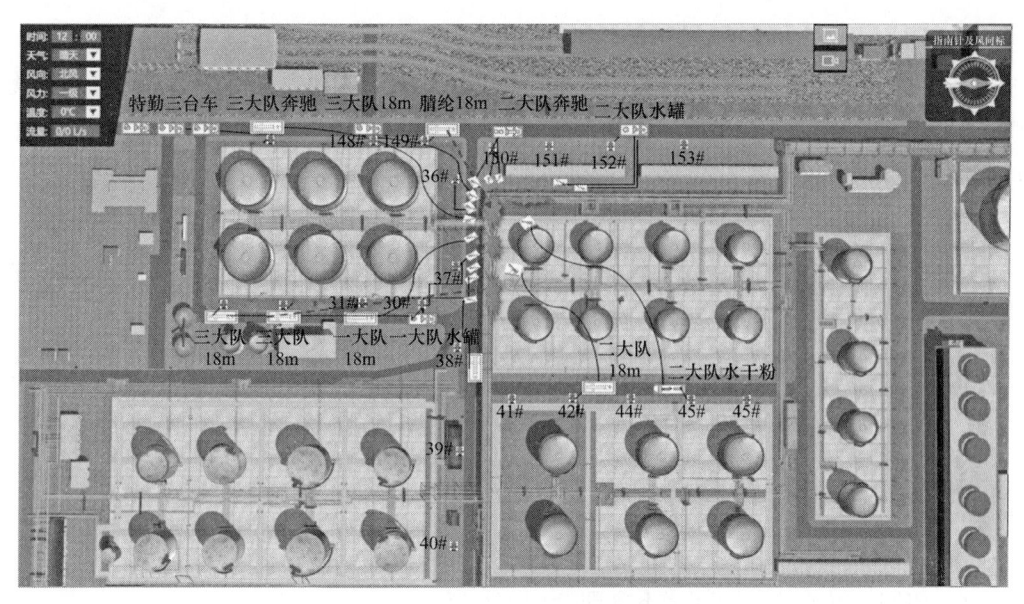

图 1-32　第二阶段消防力量部署

二、经验总结

（1）准确研判，科学施救，措施得当。

此次火灾扑救，火场指挥正确，贯彻"先控制，后消灭"的战术原则，确立"堵截包围、上下合击、冷却抑爆、关阀断料、强攻近战"的总体决策，待火势被有效控制住时，根据现场火势情况，灵活调整各战斗班任务，及时采取强攻近战彻底消灭火灾。

（2）出警及时，力量调集合理。

二大队第一时间准确受理火警并发出出动信号，当班值勤中队迅速出动 6 车 16 人，第一时间到达火场。到场后及时组织战斗展开，第一时间出水控制火势，最大限度降低火势对邻近管线、设备、罐区及现场参战人员安全的威胁。支队指挥部到场后，根据灾情及时调集一大队、腈纶分队、特勤大队、三大队到场增援。

（3）参战官兵勇敢顽强，奋不顾身。

前方参战人员火场表现勇敢顽强、奋不顾身，克服了严寒天气及现场不时发生闪爆等不利因素，参战官兵践行了"忠诚、勇敢、团结、执行"的石化消防精神。

（4）发挥车辆装备的作用，是打赢的关键。

国家危化品基地建设以来，石化消防支队采购了大批先进消防车辆和器材装备，为尽快使入列装备投入执勤、参与实战，支队本着"练兵为实战，实战练精兵"的原则，注重队伍的日常训练和实战考核，本次火灾扑救中很多装备都是第一次经历实战检验并且发挥了巨大作用。

（5）响应程序响应迅速，是灭火成功的重要保障。

各级响应程序响应迅速，由于灾害发生在夜间，第一出动力量不足，支队、大队及时启动应急召回程序，在家休班的指挥员及部分作战人员能够在最短时间内赶赴火场参加战斗，战斗力的及时补充是灭火成功的重要保障。本次灭火救援消防支队到场共112人。

（6）地企联动、协同作战发挥重要作用。

本次灭火救援市应急救援支队共到场28台消防车，190名指战员。市应急救援支队战斗作风强悍、勇敢顽强；石化消防支队作为辖区专职消防队，对现场情况了解，扑救化工火灾经验丰富。为保证相互间资源共享、优势互补，整个灭火救援过程中，指挥员之间及时有效的沟通为成功扑救火灾发挥着重要作用。

三、存在不足

（1）初期处置消防车辆部署不合理。

第一时间到场兵力部署不合理。火场西侧兵力部署薄弱，罐区东侧三号路部署4台执勤车，西侧仅部署了1台执勤车，另一台执勤车（51m双臂）没有明确及有效占位。

（2）消防供水系统不满足火场需求。

现场地上消火栓供水压力不足。由于现场消防水泵启动延缓，造成消火栓供水压力不足；同时，到场指挥员现场寻找水源意识不强，没有及时向大队电话室反馈现场水压不足，做好沟通。导致战斗车辆供水中断，未能持续对火势实施有效压制。

四、改进措施

（1）科学合理优化训练大纲，使之更加贴近实战并符合队伍实际状况。

（2）加强演练、熟悉工作，对管辖区域内道路、水源做到情况清、底数明。

（3）核准执勤力量，对不同车型战斗班人员进行调整，使之能够操纵车辆设备并发挥作用。

"5·16"供排水车间污水缓冲池应急处置事件

2020年5月16日21时29分,某石化公司供排水车间污水缓冲池遭雷击发生火灾。21时30分,当日执勤中队赶往现场进行处置。21时58分,现场明火被完全扑灭,经现场勘查无复燃、爆炸危险。现场留下2台消防车进行监护,17日0时40分,现场监护人员和监护车辆归队。此次灭火行动历时约3h。在本次火灾扑救中,市应急救援局参战车辆共34台,参战消防指战员120名,此次灭火行动共计出水120.6t、泡沫液5.4t。

一、处置经过

1. 闻警出动

2020年5月16日21时26分左右,三大队当班18中队晚点名结束后,因车库施工,中队长到室外查看车辆停放情况。21时28分左右,天空突然打起雷电,随后看见石油三厂供排水车间方向有闪光,并出现爆炸起火。发现情况后,中队长马上通知楼上和楼下各班带好个人防护、通信装具、装备迅速着装出动,并告知电话室做好接警准备。此时,外面伴着大雨和雷电。21时29分,三大队电话室接到调度室电话报警,中压加氢北侧脱盐水遭雷击发生火灾(供排水车间污水缓冲池),起火物质是油气,无人员伤亡。21时30分,由当日执勤中队长和值班员带领5车17人出动,赶往现场。厂内中队位于三厂厂区北侧,距离供排水车间大约500m。

2. 启动应急响应程序

21时31分,大队长接到电话室的通知后,马上启动大队应急救援响应,第一时间通知储运站当班23中队人员和车辆马上进入战备临战状态待命,随时增援厂内站;同时将信息上报支队相关部室和领导。21时32分左右,消防三大队18中队出动力量到达现场,当班执勤中队长命令出动车辆及人员在供排水车间污水缓冲池东南侧公路集结。通过火场侦察发现污水缓冲池呈敞开式稳定燃烧，无地面流淌火，现场无人员被困。值班中队长命令全部战斗力量实施战斗展开，对缓冲池进行泡沫扑救，对着火部位及周边设备实施冷却保护，控制火势发展。大队战训组在接到通知后于 21 时 45 分先后赶到现场，协助现场应急救援指挥工作。消防支队相关部室和领导也第一时间到达现场。

3. 成立现场指挥部，确定灭火战术

21 时 33 分，中队长和值班员连同厂相关领导和车间技术人员成立现场指挥部，与车间负责人员对接确定着火部位周围情况，发现在污水缓冲池西侧有机泵区，现场指挥部结合火势情况，确定了全力扑救污水缓冲池内明火，以车载炮、臂架炮、移动炮为主，重点对污水缓冲池内喷射泡沫，形成泡沫全覆盖，冷却保护西侧机泵区，防止火势蔓延的战术，全面控制火势发展，防止次生灾害发生。

4. 灭火战斗全面展开

1）第一阶段

第一阶段是火势发展阶段。

当日 18 中队执勤力量到场后，斯太尔泡沫消防车停于起火污水缓冲池南侧马路，双干线上水，出车载炮对起火部位进行泡沫灭火；干粉水联用车停靠在污水缓冲池东南侧马路，分别给奔驰泡沫消防车、斯太尔泡沫消防车供水；命令沃尔沃 18m 举高喷射消防车停靠在起火污水缓冲池东侧马路，利用车载曲臂出泡沫进行灭火；斯太尔泡沫消防车停靠在中压加氢装置区东侧马路，双干线给沃尔沃 18m 举高喷射消防车供水。

第一阶段消防力量部署如图 1-33 所示。

2）第二阶段

在第二阶段，污水缓冲池明火得到有效控制。

市应急救援局参战力量相继到场，主攻力量得到充实。21 时 46 分，现场火势减弱，指挥员命令奔驰泡沫消防车将作战任务更改为出阿密龙移动炮对起火点从西南侧进行近距离泡沫灭火、斯太尔泡沫消防车将作战任务更改为出布利斯移动炮对起火点西侧的机泵区和管线进行冷却，同时稀释油气浓度。

第二阶段消防力量部署如图 1-34 所示。

21 时 58 分，现场明火被完全扑灭，经现场勘查无起火、爆炸危险。当班执勤中队长命令所有车辆停水，奔驰泡沫消防车、沃尔沃 18m 举高喷射消防车留在现场进行监护，其他车辆返回值勤站点，恢复执勤战备。

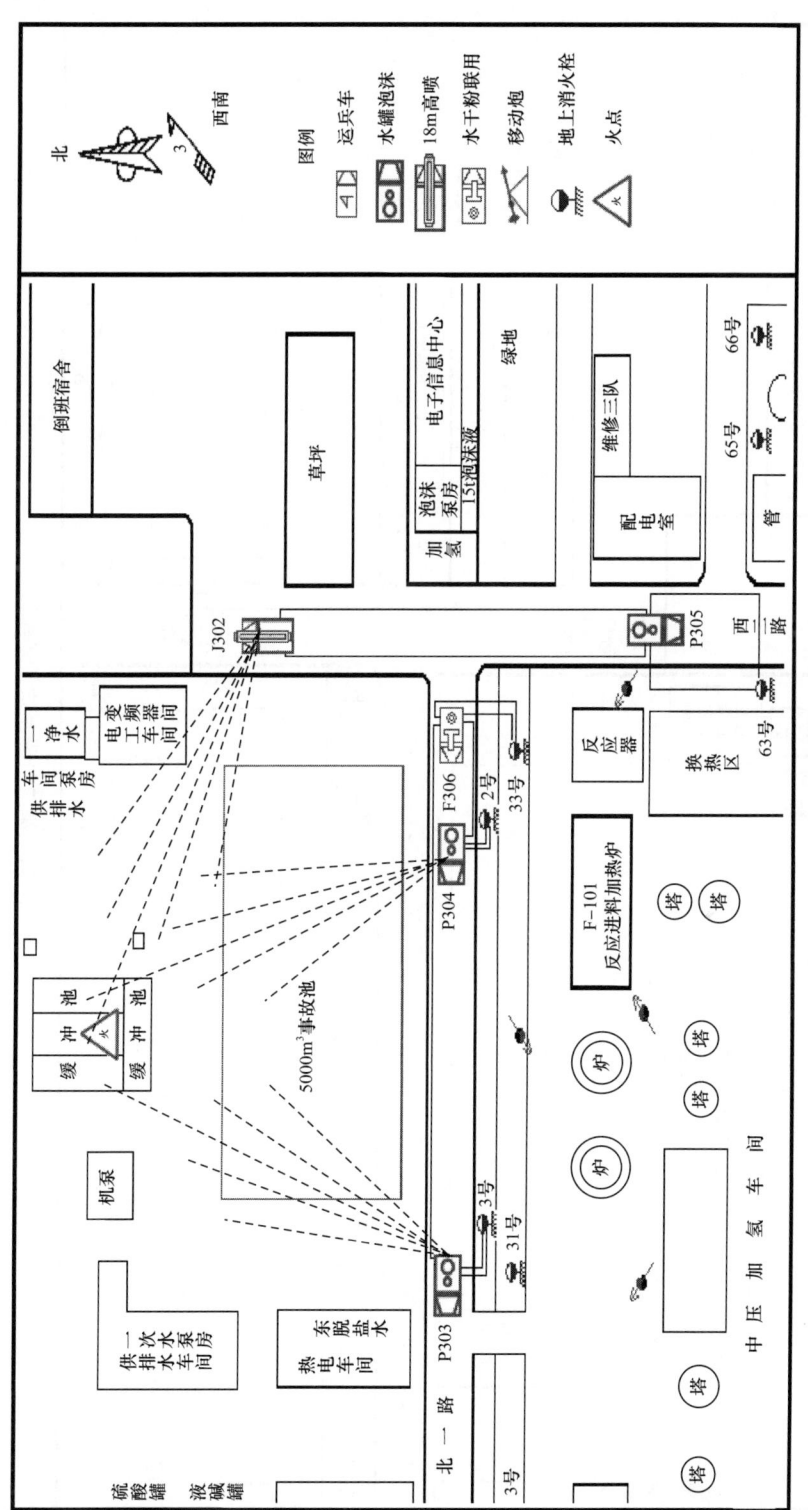

图 1-33 第一阶段消防力量部署

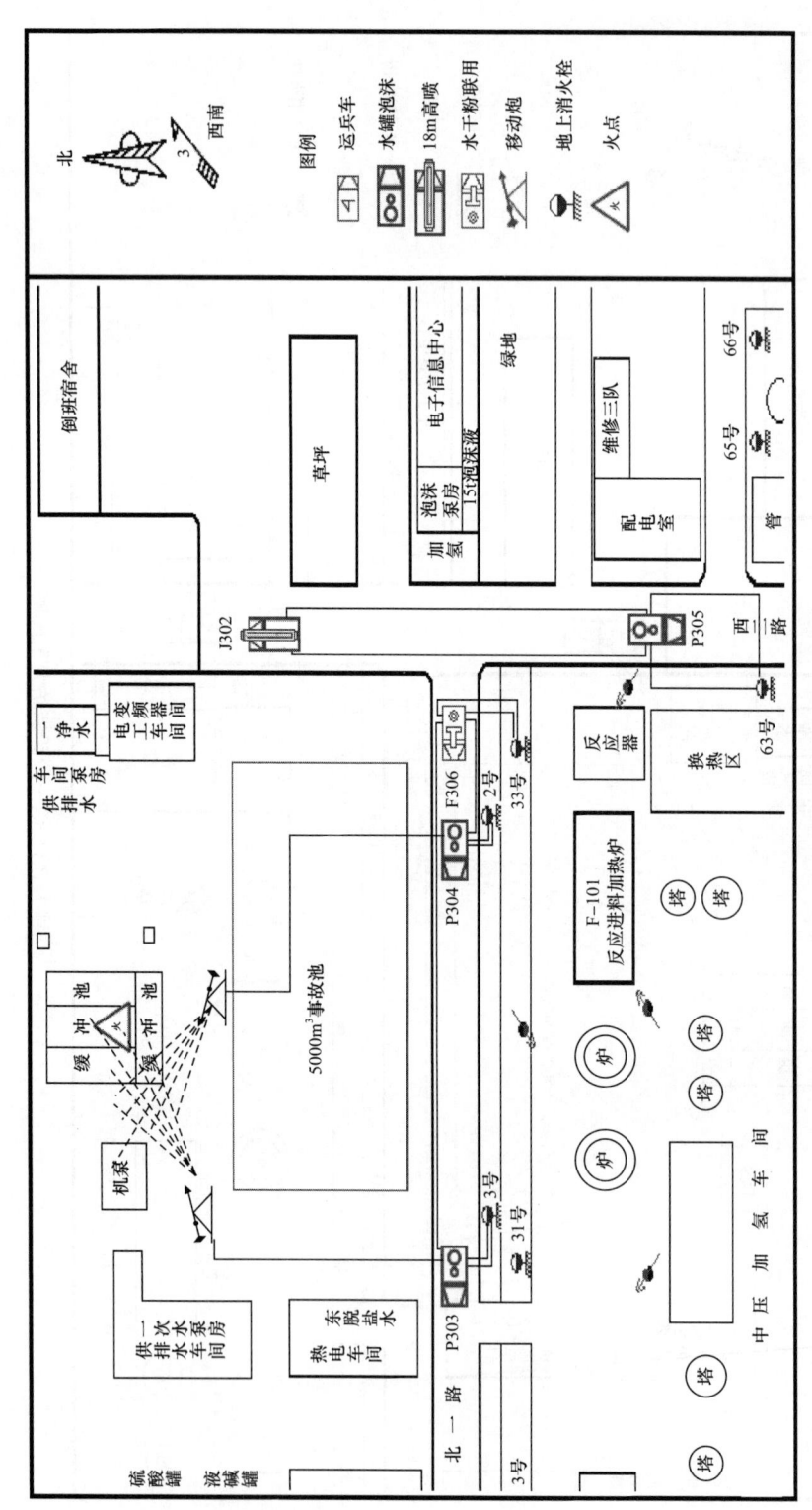

图 1-34 第二阶段消防力量部署

二、经验总结

"5·16"雷击闪爆事故是一起生产安全责任事故。对于本次火灾的成功扑救,主要有以下成功经验:

(1)当班执勤力量出警迅速、处置及时,有效挽救了企业损失。

当班执勤18中队,从接警到出动、战斗部署、力量调整,整个战斗过程控制在30min内,有效遏制了次生事故和事态扩大。在确保第一时间将火扑灭的同时,保护了污水缓冲池西侧机泵区、管线和南侧事故池设施的完好。

(2)火场指挥员沉着冷静、指挥果断。

本次火灾扑救坚决贯彻"先控制,后消灭"的战术原则,先期集中主要灭火力量直击火点,在火势减弱的同时,积极调整战术,利用近战控火实施有效覆盖和冷却稀释油气浓度,与市应急局力量协同作战,阵地设置形成东西夹攻之势,从而成功将大火快速扑灭。

(3)参战人员战斗作风过硬。

在整个灭火战斗中,参战人员冒着风雨交加的极端恶劣天气,不畏艰险、敢于近战,战斗作风顽强,指挥和战术措施运用得当,组织得力,为灭火战斗和最大限度降低企业财产损失赢得了宝贵时间。

三、存在不足

(1)接警员全员培训不到位。

电话员备用人员业务能力培训还需加强。替班电话员在接警后,由于没有接受过前期系统的相关培训,导致接处警工作手忙脚乱,虽然没有影响接处警工作,但对于规范处置标准还存在培训不足之处。

(2)火场信息采集亟待解决。

缺失现场影像资料采集。由于夜间突发事件和雷雨交加天气的不利因素,应急救援现场都在忙于各自的责任分工,没有安排专人进行现场全面的图像搜集,指挥员没有按要求随身携带执法记录仪采集资料。虽然用手机录制和拍摄了一些影像资料,但效果不佳,造成后续战评和存档留存困难。

(3)个人防护服装不满足实战需求。

人员防护服装储备不足。现场因雷雨交加、地面泥泞湿滑,加上参战车辆喷射灭火剂灭火、冷却,造成参战人员的个人防护装备全部湿透,没有备用服装可以更换,无法应对短时间内再次突发救援行动。特别是后期有2车6人在担负近160min的现场监护中,都是穿着湿透的战斗装备进行监护的。

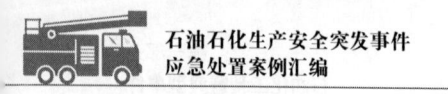

（4）消防个人防护专业性不强。

部分参战人员安全意识淡薄。在后期调整近战灭火战斗过程中，由于忙于抢铺阵地干线，前方人员没有及时佩戴空气呼吸器，忽略了油气混合物吸入的危害；对南侧草坪下方5000m³事故池的危险性认识和考虑得不够，导致直接从事故池上方铺设水带和近战时没有佩戴空气呼吸器。

（5）消防供水系统不合规。

现场水源设置不足。在污水缓冲池周围，除南侧中压加氢装置区路旁有4个消火栓外（最近距离火点约70m），没有可就近利用的消防水源，现场只能采取远距离供水，一定程度上削减了战斗力量，影响了整个应急救援行动。

（6）消防通信指挥系统不满足应急救援需求。

现场通信不畅。由于天气恶劣，造成对讲机通话干扰较大，前后方信息无法及时传递和反馈，中队长、值班人员等参战人员个人手机都进水，相对也影响大队指挥员对现场应急力量的整体调动和安排。

（7）未执行集团公司消防专报制。

石化消防支队未在第一时间将信息上报集团公司主管部门。

四、改进措施

（1）加强接警员全员培训。

加强对电话员接警、上报、反馈程序的培训工作；重新明确中队备用电话员的培训人选和标准，确保接处警第一道防线得到及时顺畅的执行。

（2）增配执法记录仪。

大队战训立即整改执法记录仪的使用规定，要求所有当班中队长当班期间24h随身携带执法记录仪，遇到紧急情况第一时间进行影像资料采集。将火场的摄录像工作贯穿于出警、集结、行车途中、到场后领受任务、战斗展开等一系列活动，以备在今后的工作中更直观地吸取经验教训。

（3）增配个人防护用品。

请示支队相关部室领导，能否给大队配发一定数量的个人战斗装备，在应急救援行动中予以更换使用。

（4）强化安全意识培训。

加强执勤人员和各级指挥员的安全意识培训。将安全意识贯穿整个应急救援行动，突出指挥员掌控全局的培养。到达现场后，要第一时间了解情况，确定各战斗段的危险源和危险点，将掌握的情况及时通知战斗班，实时监控各战斗段的救援行动，确保在安全的前提下开展应急救援行动。

（5）改善消防供水系统。

责成大队防火部门，建议企业对起火部位周围和其他生产设施部位存在消防设施及水源设计不足的情况，增设消火栓数量，以满足应急救援行动需要。

（6）加强通信指挥系统建设。

进一步加强各级作战人员的对讲机使用培训和管理考核，同时加强灯光和手语等方面的训练，促进前后方战斗人员作战沟通，确保实战中对各项作战信息得到及时有效的沟通。

（7）强化集团公司消防专报制执行。

石化消防支队根据集团公司文件、集团公司质量安全环保部关于消防专报的通知及集团公司质量安全环保部关于进一步强化消防专报的补充通知精神，石化消防支队制订下发了专报上报工作的通知，明确了上报时间、内容和流程。

"5·29"苯胺装置应急处置事件

2006年5月29日15时30分左右，停工检修的有机厂苯胺车间硝基苯工段废酸单元发生火灾。于5月29日16时32分彻底将明火扑灭，23时左右，现场监护人员撤离，至此"5·29"苯胺车间硝基苯装置废酸单元火灾扑救战斗全部结束。此次火灾扑救历时8h，使用消防水约80t。消防水未进入雨排管网流入附近河流，经围堰已全部回收至事故池。成功保护了相邻的生产车间及装置，把损失降到最低程度。此次火灾造成4人死亡，11人受伤。4名死者事发时正在苯胺车间装置内部进行粉刷施工。苯胺装置硝基苯工段废酸单元泵区，硝基苯初馏塔和精馏塔受损，如图1-35所示。

图1-35 苯胺装置火灾后现场

一、处置过程

5月29日14时，石化消防支队气防二分站，气防人员受命在公司有机厂停工检修的苯胺装置废酸单元实施监护任务。该装置在停车检修时，未能完全排空装置内的化工原料，检修人员在未经过任何安全检查及动火分析的情况下，违章使用电气焊作业。致使该单元内残存的化工原料与明火接触发生爆炸。在现场的气防监护人员迅速利用无线对讲机报警，同时组织其他3名气防员与有机厂现场人员一起抢救受伤人员。第一时间冲进危险区，将装置框架南侧二层至五层燃烧区、毒区外围的烧伤人员搜救出来。第二分站气防人员与随后赶到增援的第一、第三分站气防人员共26人，分5个小组佩戴防护器材连续进入抢险区12次，抢救出5名伤员，并分5批次转送公司职工总医院，为及时抢救人员生命赢得了宝贵的时间。

1. 第一阶段

扑救的第一阶段主要是启动应急响应程序，迅速调集力量。

（1）三大队于15时32分接到报警后，迅速出动1辆水罐消防车、3辆泡沫消防车、1辆抢险照明车，23名指战员第一时间赴现场处置，并迅速启动了灭火救援应急响应程序。随后，石化消防支队出动12辆消防车、4辆气防车、消防中队4台消防车，134名官兵赶赴现场增援，全力灭火。

（2）石化消防支队三大队接警后，在第一时间出动5台消防车。到达现场后，该装置废酸单元已发生爆炸，火势猛烈，浓烟弥漫，夹杂着苯原料散发着苦杏仁味的气体，给火场救人和火灾扑救造成了困难。

（3）三大队及时向指挥中心请求增援。15时40分，指挥中心迅速派遣特勤、一、二、四大队12台消防车，一、三气防分站，公司职工医院120急救中心火速增援。同时，公司安环、消防、保卫快速启动应急响应程序，并成立火场前沿联合指挥部，公司主要负责人和各部门领导亲临一线，按照预先制订的灭火、环保、保卫响应程序，实施灭火抢险准备。

第一阶段力量部署如图1-36所示。

2. 第二阶段

扑救进入第二阶段，第一力量到场，进行火情侦察、现场搜救与设备冷却。

（1）三大队第一时间到达火场后，火势已处于猛烈燃烧状态。一旦火势向四周其他设备蔓延，后果将不堪设想。三大队指挥员果断实施对火场四周设备的冷却，其他消防队员根据现场搜救需要，协助气防人员沿框架逐层寻找受伤人员。正在厂区执行大检修巡检任务的战训科人员赶到事故现场后，根据现场人员伤亡多、烟毒范围大，着火部位废酸单元与硝基苯工段仅一墙之隔的紧急情况，组织了对苯胺装置的火情侦察，确认主要着火部位为苯胺装置废酸单元一楼北侧泵区。通过询问现场知情人，得知仍有6名人员在不同楼层尚未逃离。

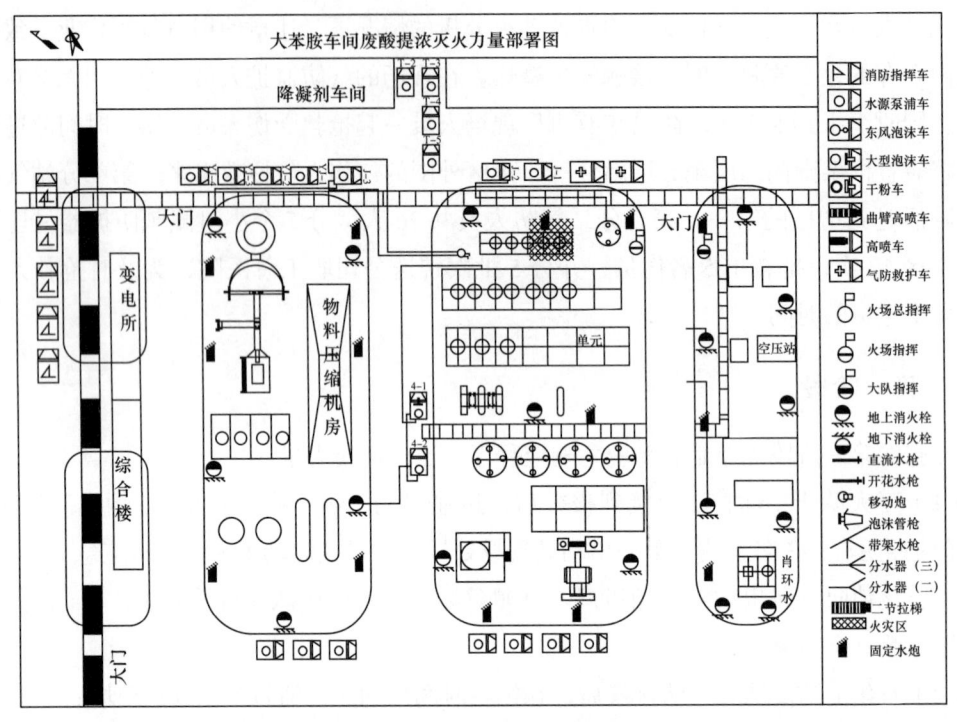

图 1-36 第一阶段力量部署

（2）三大队消防员佩戴空气呼吸器沿西北侧楼梯逐层进入装置搜寻受伤人员，在二楼和四楼发现2名因浓烟熏呛处于昏迷的人员。三大队正在泵区冷却的2支水枪安排1支干线，从装置西北侧上风向逐层驱赶浓烟，掩护搜救人员将2名重伤人员从二楼、四楼沿楼梯用担架救出。由于现场物料、电缆燃烧产生的烟雾较大，其余4名人员还不能确定位置。

（3）经过第一次爆炸，已形成大面积立体燃烧态势，对其他设备造成了严重的威胁。加之该装置的南边是硝基苯单元，最容易与高温产生爆炸。为避免次生事故的发生，现场指挥员决定暂时停止危险区搜救工作。按照苯胺装置硝基苯单元灭火响应程序，防止火势向四周蔓延。给增援力量的到来获得时间，为下一步全力控制与灭火提供了保证。

3. 第三阶段

在扑救的第三阶段，全力以赴，保护设备降伏火魔。

（1）15时48分，火场指挥部果断决策，对所有战斗车辆和人员分成四个组：一组4台消防车负责对火场周围4个单元进行冷却，二组8台消防车负责对着火部位进行压制性扑救，三组4台消防车负责接力供水（因该装置设备停车检修，无消防水供给），四组气防站负责伤亡人员的抢救。

（2）全体参战人员克服烈焰的烘烤、天气炎热、设备因长时间烘烤可能发生二次爆炸的危险，顾不得自身的安危，没有一个退缩，全力奋战在各自岗位上。15时58分左右，发生火灾的废酸单元火势已经得到了基本控制。16时32分，经过一个多小时同火魔的殊死搏斗，火灾被彻底扑灭。

二、经验总结

总结火灾扑救的全过程，主要有以下成功经验：

（1）消防支队应对突发性重大事故应急响应程序是切实可行的，具有科学性、针对性和实用性。在实践中，消防、安全、环保、治安、保卫、医疗各级应急响应程序一一对应，相互配合、相互支持。避免消防灭火抢险行动的单一决策性，形成整体的地区性应急救援体系，把损失降到最低程度。

（2）消防支队能够迅速扑灭火灾，成功借鉴了"11·13"爆炸事故的经验教训。结合本单位的实际，熟悉掌握本企业装置的特殊性，采取科学的消防战术、现场危险源及风险评价、周边环境和社会影响，综合分析统筹考虑，适时决策。同时，认真清理火灾现场污染物，从一开始就及时设置消防水围堰，妥善处理消防用水，使消防水全部抽入缓冲池内，没有进入雨排管网，确保了河流水质未受污染，平息了市民对水源污染的恐慌。这些都说明了公司对处置事故的应对能力和处理能力相当成熟。

（3）在这次重大火灾事故中，消防支队全体指战员经受了血与火的洗礼，圆满地完成扑救任务。扑救成功得益于有一支团结一致、思想统一、作风过硬、技术精湛的指挥员队伍和战斗员队伍。

（4）完善的规章制度及纵向到底的管理，有力保证了"5·29"火灾中消防支队所有参战车辆器材能够开得出、打得响。平时支队每月定期对各大队车辆器材进行联合检查，各大队每周进行自查自检，从而使大队所有车辆器材保持100%完好率。通信畅通，指挥协调一致，上下配合默契，为这次火灾的成功扑救提供了强有力的保证。

三、存在不足

（1）空气呼吸器备用气瓶不满足实战需要。

"5·29"火灾中空气呼吸器有效时间为25min左右，在事故状态下，如果出现条件复杂、人员受伤较多、连续使用空气呼吸器较多的情况，应该及时考虑现场空气呼吸器、常备储气瓶的连续充气，安排专人输送更换。

（2）防烟防毒个人防护装备不满足实战需要。

本次灭火抢险救援过程中，因苯、阻燃电缆的燃烧，现场烟雾较大，刺激性气味较浓，火灾扑救初期，一度影响了供水作业和搜救人员作业的行动，制约了战术的正常发挥。

四、改进措施

（1）制订完善的现场气防抢险救援统筹方案。

增加备用气瓶数量，达到与空气呼吸器1∶1配备比例，同时增配现场供气车，保证火场持续供气满足大型火场救援需要。

（2）加强防烟防毒个人防护装备配备。

研究选配在烟雾场所、毒害气体场所满足消防抢险救援人员开展搜救工作的个人防护装备。

"8·14"重油催化裂解装置应急处置事件

2006年8月14日18时16分，180×10⁴t/年ARGG装置分馏塔顶气液分离罐和气压机出口放火炬罐突发爆炸着火，瓦斯气管线断裂喷射火焰，形成大面积燃烧（7396m²），如图1-37所示。此次事故造成3人死亡，2人重伤。经过2h左右的奋力扑救，大火于14日20时11分被彻底扑灭，遏止了火灾事故的进一步恶化，保护了精制区、原料罐区、气压机房、油泵房、稳定区、分馏区、反应区等大部分装置及设备的安全。本次灭火救援共调集68辆消防车、266名指战员参战。

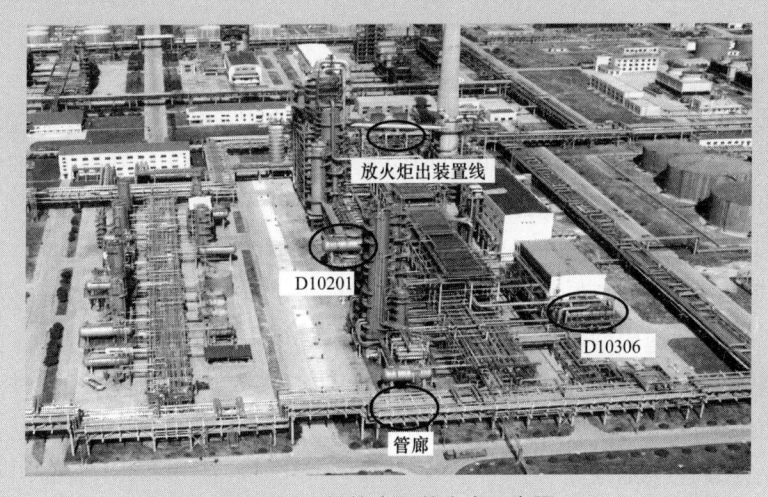

图1-37 爆炸点和着火点示意图

一、处置经过

1. 灭火力量调集情况

18时17分，指挥中心在接到报警后，立即启动扑救炼化装置特殊火灾应急响应程序，一次性调派责任区消防队（10台执勤车辆）和邻近3支消防队（28台执勤车辆）的全部执勤力量赶赴火灾现场参加灭火战斗；18时20分，支队领导在赶赴现场的途中增调其他 2 支消防队 11 台执勤车辆赶赴火场参战，后又请求友邻消防支队的 5 辆重型泡沫车及公安消防支队的邻近力量增援；指挥中心在完成调派力量后，按照应急响应程序的要求，将火灾情况逐级依次向有关部门做了汇报。

2. 灭火作战情况

1）第一燃烧区域的控制火势阶段

第一出动力量炼化消防队的 10 台执勤车辆及 26 名指战员于 18 时 14 分到场，第二出动力量宏伟消防队的 7 台执勤车辆及 24 名指战员于 18 时 19 分到场，第三出动力量特勤大队 16 台执勤车辆及 53 名指战员于 18 时 20 分到场。责任区消防队到场力量部署如图 1-38 所示。此时，火场上的三大燃烧区域已经形成，火势猛烈，噪声刺耳，浓烈的油气味弥漫整个现场，火势向四处蔓延，情况万分危急。

炼化消防队到场后，迅速确定了火场的主要方面，以火场第一燃烧区域为主攻方向，主战车停在瓦斯分液罐爆炸区的东侧路面上，同时出 1 支泡沫管枪和 1 门移动炮，扑灭地面流淌火势和冷却高位装置，防止火势引爆 2 座未爆炸的瓦斯分液罐、1 座瓦斯脱液罐，并阻止火势向气压机房、4 座泵房及原料油罐区蔓延。同时，利用 2 门车载水炮攻击架空管线泄漏造成的 2 处火点，为南侧道路畅通和灭火作战的顺畅扫清障碍。特勤大队和银浪消防队到场后，有力地支援了炼化中队的灭火战斗行动。特勤大队和银浪消防队出 3 支水枪冷却瓦斯分液罐，防止发生爆炸。同时，特勤大队出 2 支泡沫管枪在纵深火场中心地带扑灭地面流淌火势，从油泵房和气压机房的中间强行突破，把火场南侧连成一片的火势分割成东、西两部分，为有效保护油泵房和最终围歼灭火创造了有利条件。市公安消防支队二大队利用 2 门车载炮协助炼化消防队对管廊的 2 处火点实施了进攻。此阶段的战斗持续了三十余分钟，于 18 时 45 分将这一区域的火势彻底扑灭，有效地保护了原料罐区、气压机房、4 座油泵房，成功预防了 2 座瓦斯分液罐、1 座瓦斯脱液罐发生爆炸，为灭火战斗的最终胜利奠定了坚实基础。

2）第二燃烧区域的灭火阶段

在灭火作战的初期，火场指挥部根据到场的战斗力量相对不足的情况，把战斗力量集中使用于控制第一燃烧区域的火势方面，但为了防止第二燃烧区域内的换热器、粗汽油罐发生爆炸，安排专人利用 3 门固定水炮对装置进行了冷却。同时，经过纵深火场的进攻力量多次压制了装置底部最猛烈的火势，有效地控制了火灾事故的进一步恶化。19 时 10 分，市委、公司等领导同志陆续赶到了火灾现场，成立了火场总指挥部，对灭火战斗行动实施了统一组织指挥。在火场总指挥部的统一组织指挥下，参战力量密切配合、协同作战，采取明确分工、逐片消灭的战斗措施，于 19 时 45 分将第二燃烧区域的火势彻底扑灭，确保了 4 座油泵房、稳定区、分馏区和精制区的安全。

第二燃烧区域的消防力量部署如图 1-39 所示。

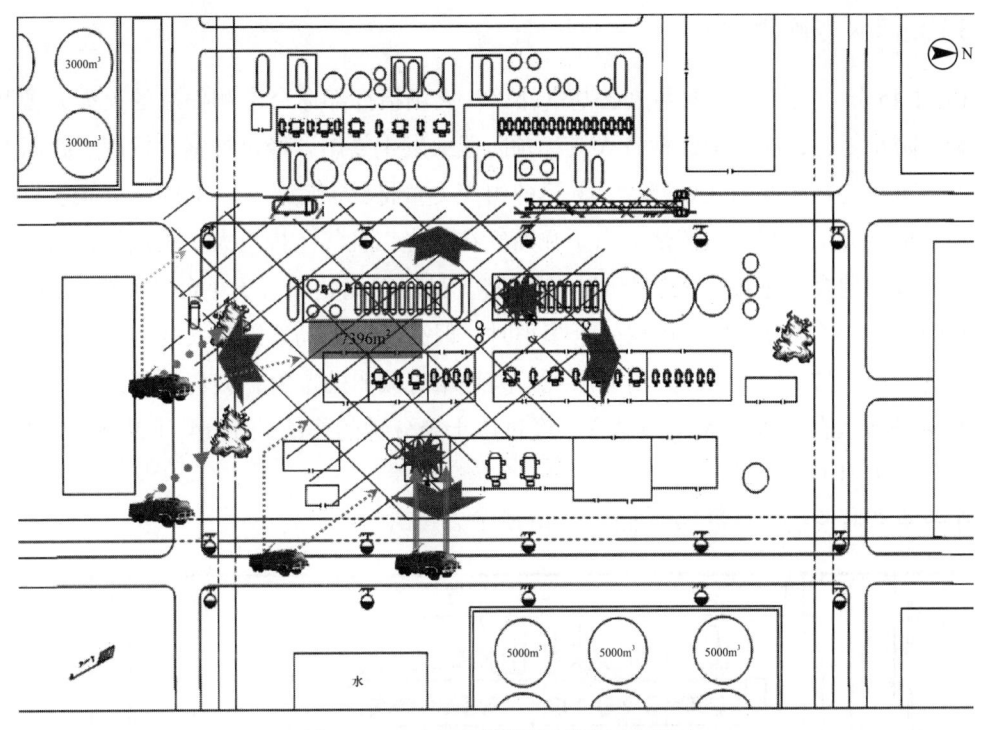

图 1-38 责任区消防队到场力量部署

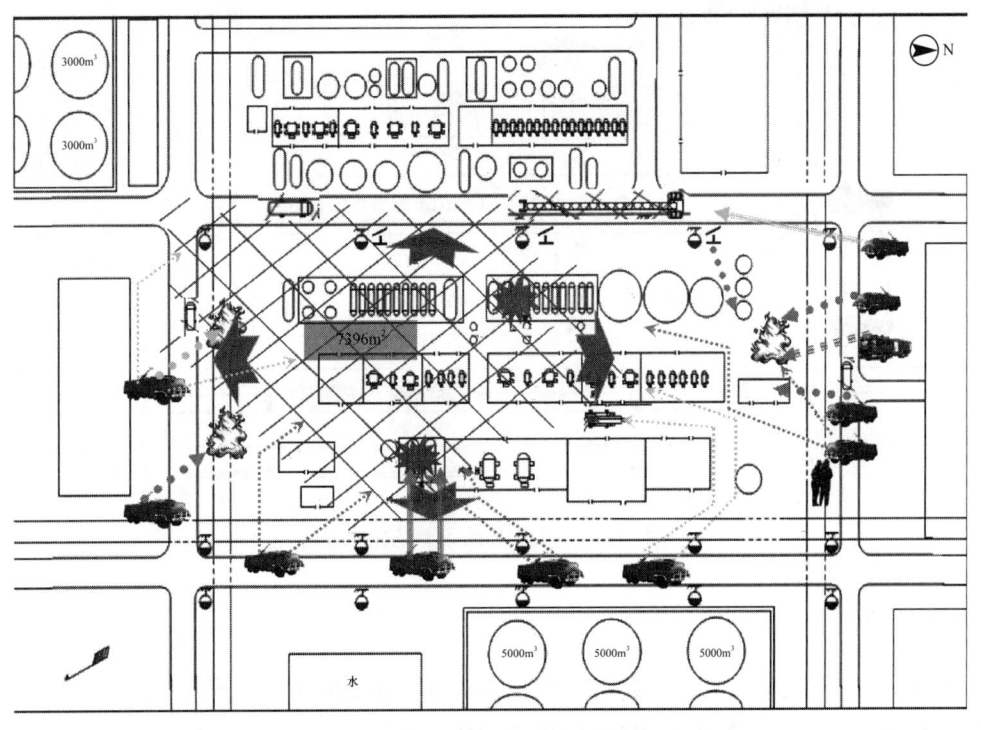

图 1-39 第二燃烧区域的消防力量部署

3）消灭火势阶段

19时45分，火场南侧的明火已基本扑灭。火场指挥部命令南侧作战的灭火力量继续冷却装置防止复燃，同时全面检查火场，预防残火发生复燃。经过搜索，发现了路面上停放的大客车和装置底部的几处残火，并迅速组织力量将其彻底扑灭。此时，火场上只有架空管廊火炬线火点仍在熊熊燃烧。由于瓦斯气在燃烧，且气体排量大，火点位置高，没有大排量、多门炮合力进攻，无法及时扑灭火势。虽然在此处部署了1台举高车、2门大功率车载炮、1门移动炮，合力进攻一个多小时，但火场形势仍然没有大的转变，灭火作战处于相持阶段。17时50分，火场上出现了火势略有减弱的迹象，火场指挥部立即下达了从冷却保护转入合力围歼灭火的命令，经过二十余分钟的作战，于14日20时11分彻底扑灭了火灾（图1-40）。

消灭火势阶段消防力量部署如图1-40所示。

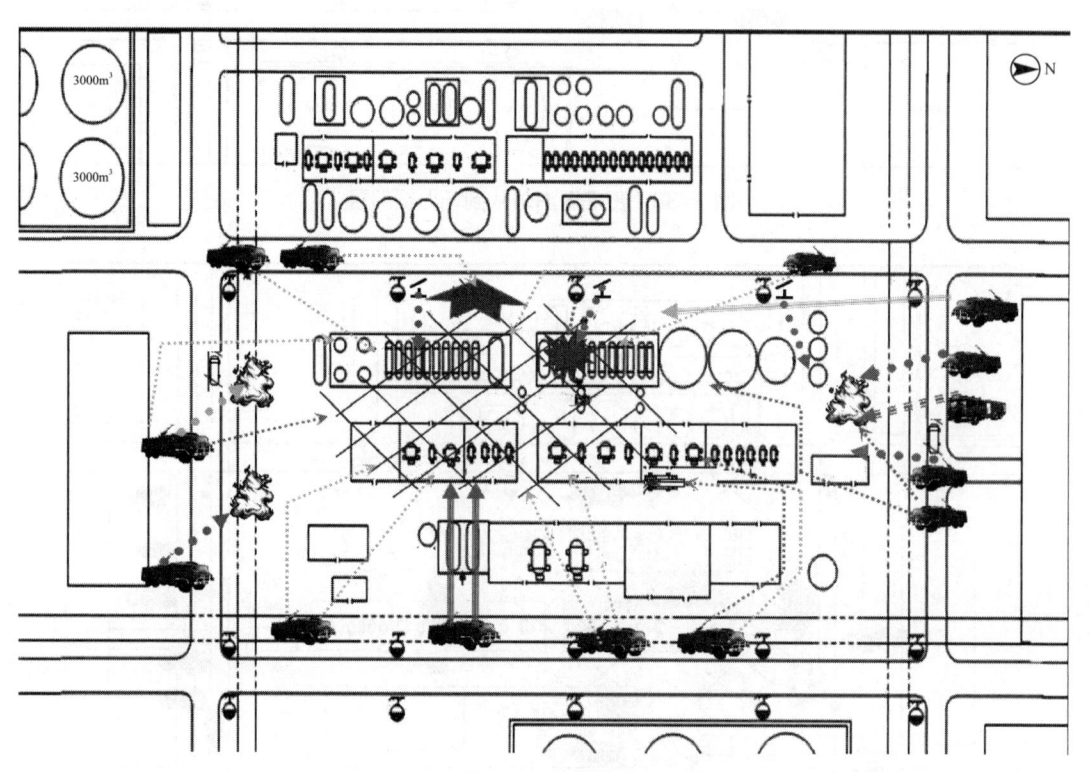

图1-40 消灭火势阶段消防力量部署

4）现场监护阶段

在明火彻底扑灭后，火场指挥部根据瓦斯气继续泄漏的实际情况，撤出了下风方向的所有车辆和人员，实施警戒，安排2门移动炮从上风和侧风方向继续冷却起火部位，稀释瓦斯气体的浓度；命令责任区消防队在现场监护至16日14时。

二、经验总结

（1）组织指挥有力，战斗行动迅速。

火灾发生后，消防支队所有党政领导、全勤指挥部成员和参战消防队领导迅速赶赴火场，及时成立了火场指挥部。指挥中心根据火场情况，一次性调集多支消防队的增援力量，使火场有了足够的进攻力量和预备力量；火场指挥部适时做出了确保重点、控制火势、逐片消灭、总攻灭火等有效的作战决策，为灭火作战的最终胜利提供了有力的组织保障。

（2）战术措施得当，力量部署正确。

灭火初期阶段到场的队伍选择了正确的主攻方向，保护的对象明确，部署力量有针对性，且战斗行动迅速有效，遏止了火灾事故的进一步恶化。初期作战，全力控制以爆炸区域为中心向四周蔓延的火势，重点保护爆炸危险性大、价值高的装置及设备，集中力量消除最大危险源的作战方案，是"集中兵力于主要方面，准确迅速求效力"的战术指导思想的实际体现。最后总攻灭火阶段所采取的掌握有利战机，集中兵力歼灭火势的战法，是灭火战术原则要求的具体体现。

（3）灭火准备工作超前落实。

责任区消防队把 180×10^4 t/年重油催化裂解装置作为重点保护的要害部位，制订了灭火作战计划、联合灭火响应程序，并进行了每年不少于 2 次的实地演练。责任区中队更是每年多次进行现场模拟灭火训练，指战员对起火单位的情况事前做到了心中有数；参战队伍的几十辆消防车在两个多小时持续大排量射水的情况下，没有一台车因故障而退出战场，反映了平时战备工作的深入落实；车载水带、水枪、泡沫管枪及泡沫液充足，保证了灭火战斗的顺利进行。

（4）参战指战员体现了高度的责任意识和英勇顽强的战斗作风。

特勤大队的值班人员听到爆炸声响并看到炼化公司上方升腾的浓烟后，迅速做了战前动员，并主动出击；支队领导、支队机关有关干部、参战队的不值班领导在接到信息后都以最快的速度赶赴火场参战；在极大的危险面前，参战指战员坚决执行命令，支队火场指挥部的作战部署都得到了不打折扣的执行，指挥部指到哪里，参战队伍能打到哪里，体现了严格的组织纪律性和优良的战斗作风。

（5）体现了队伍较高的训练水平。

灭火战斗行动迅速，灭火剂使用合理，安全保护有效，选择进攻阵地和进攻路线正确，团队配合默契。

三、存在不足

（1）战斗行动受阻。

在装置区环形路面上停放的3台吊车、1台大客车、2台大板车阻碍了消防通道；消防车密集，调整战斗部署非常困难；管线纵横交错，使枪、炮的射流受到很大影响；大部分消火栓锈死打不开，火场供水困难。

（2）扑救石油化工装置火灾未以大功率车载炮为主要进攻手段。

石油化工火灾荷载大、燃烧猛烈，用水枪进攻难以有效控制火势。但有些阵地还没有摆脱习惯性做法，没能及时采用大功率车载炮进攻火势。

（3）未配备高效灭火剂。

在此次灭火战斗中，共喷射泡沫液38t、水3010t，使用灭火剂量很大。如果配备使用高效灭火剂，将大大提高灭火作战效能。应根据支队辖区火灾特点，给炼化公司周边队伍配备更为高效的灭火剂，以提高扑救石油化工火灾的作战能力。

（4）扑救石油化工火灾所需的有效装备器材配备不足。

在本次火灾的扑救中，移动炮起到了应有的作用，但目前队伍配备的移动炮数量不足，应增加；侦检器材数量不足，应给各中队配备到位；应增加16型水带的配备数量，防止火场上水带爆裂而影响灭火战斗行动；石油化工区责任队及周边队伍每个中队应配备管钳，用于开启消火栓；应配备消防坦克、消防机器人、防火服等能在特殊情况下有效展开战斗的特种灭火装具，以提高扑救石油化工特殊火灾的作战能力。

四、改进措施

（1）深入推进"防灭火一体化"建设，灭火救援响应程序和演练实战化转化。在专业技术人员指导下，做好辖区重点单位消防监督检查工作。

对辖区所属重点单位消防安全管理现状、消防设施完整性、重要生产设施的工艺流程和防火措施、现场情况及危险化学品储存情况进行监督检查，不断完善消防重点单位灭火救援响应程序和有针对性的危险化学品应急救援处置方案；定期组织响应程序演练，保证队伍"拉得出，打得赢"。

（2）做好灭火救援安全监督工作，最大限度保障指战员生命安全。

对火灾扑救、抢险救援、动火监护和勤务工作的现场全程进行检查、监督、指导，进行现场安全风险识别，综合火场情况和现场力量部署，做出有效的安全部署和防护。

（3）发挥专业优势，做好危险化学品应急救援工作。

开展针对性业务培训，重点学习：①危险源信息，辖区内固定危险源种类、位置、储量等，辖区内移动危险源运输种类；②危险品信息，包括理化性质、健康危害、监测方法、环境标准、处理处置要求、安全防护措施；③危险目标区域预测，有毒气体或易挥发有毒液体及燃烧后可产生有毒气体的危险化学品的扩散方式、速度、可能蔓延的范围；④建（构）筑物防火规范和风险防控手册等内容及相关法律法规。为危险化学品应急救援工作做好足够应对准备。

（4）成立专家技术组，发挥"火车头"作用，带动支队危险化学品应急救援专业技术体系建设。

建设一支以灭火、化工、通信、救助、供水、建筑专家为主导，吸收油田企业井控、化工等专业经验丰富、精通装备的领导、专家，以及支队灭火救援经验丰富的指挥员、战勤保障人员的专家技术组。在重特大事故现场负责收集、查阅工艺手册、工程设计等相关资料，为灭火救援提供灭火抢险技术支持；适时监控火势变化，及时对火场态势做出分析判断，为灭火救援正确决策提供依据；掌握灭火救援现场生产装置工艺流程、参数、物料理化性质，工艺抢险控制措施，建（构）筑物结构及固定消防设施状况，为参战单位提供技术支持；制订"现场灭火抢险技术方案"，论证其可行性和可靠性，为灭火救援决策提供科学依据并指导实施。

（5）成立危险化学品处置工作协调组。

在日常工作中，组织专业技术人员认真研究石油、化工、高层、地下、公众聚集场所等火灾及建筑倒塌、有毒气体泄漏等灾害事故处置的基本程序、战术方法、灭火措施、组织指挥和协同处置流程。在支队范围内培训现代消防技术装备尤其是危险化学品应急救援装备的使用方法，最大限度地发挥现有装备器材的功效；不定期开展战评、战术战例研讨会，强化战术、战法研究；针对各类型灾害事故的特点，组织指战员学习国内外灭火抢险救援方面的新成果，从典型战例中吸取教训、总结经验，提升各级指挥员灭火救援指挥能力。

（6）推进信息化建设，以信息化为手段整合提升部队战斗力。

根据灭火作战特点，建立运行高效、使用方便、网络化的数据管理系统。建立火灾、爆炸、危险品泄漏、建筑物倒塌等灾害事故处置的相关基础资料和特种灭火救援装备器材管理及灭火剂供应数据库，在支队范围内对装备器材和灭火剂实施统一的动态化管理，研讨开发灭火战术演练系统，建立数字化的指挥平台，提升指挥手段的层次。

（7）拓展危险化学品应急救援业务新领域。

危险化学品事故具有突发性强、扩散迅速、持续时间长、涉及面广、多种危害并存、社会危害大等特点。掌握危险化学品事故的特点，积极探索科学、有效的技术手段和组织指挥方法。执行抢险救援任务时，充分重视现场情况的检测报告，周密计划，严格组织，量灾用兵，摒弃"人海战术"，用最快的时间、最有效的手段、最高精尖的装备完成危险化学品应急救援任务。

第二部分

石油石化储罐
典型事件

"10·26" $3\times10^4m^3$ 外浮顶油罐应急处置事件

2002年10月26日22时15分，石化公司供销公司（现改名化工储运厂）原油车间402#$3\times10^4m^3$外浮顶原油储罐发生火灾事故。在省市消防部门、石化公司等有关部门的正确决策和领导下，公司消防支队、市公安消防支队和增援消防队全体指战员发扬不怕疲劳、连续作战、不怕流血牺牲的大无畏英雄主义精神，同火魔作顽强斗争，历时75h，出动各类消防车辆68台，指战员654人次，灭火用水40472t，泡沫液76t，干粉7t，于28日12时30分将大火扑灭，保住了相邻油罐及整个罐区的安全，避免国家财产受到更大损失。此次火灾的成功扑救，受到了省市消防部门及石化公司领导给予的高度评价，也受到了广大干部职工的赞扬。由于出动迅速、战术得当、指挥有序、协调有力，企业消防和公安消防密切配合，通力协作，有效地遏制了事态的进一步扩大，避免了次生事故的发生。这是一起企业、公安消防队伍联合扑救石油化工油罐火灾的成功案例。

一、处置经过

2002年10月26日22时15分，石化公司消防支队指挥中心接到原油车间岗位职工报警，称原油车间106#罐区402#油罐发生火灾。支队总值班领导命令调动一大队4台消防车、1台气防抢险车，二大队4台消防车、1台气防抢险车立即赶往现场。同时，命令指挥中心与石化公司总调联系，紧急启动罐区泡沫消防水系统。支队值班人员于22时16分驱车赶往事故现场，在进行火情侦察时，发现402#油罐北侧至防火堤之间形成地面流淌火，浓烟滚滚，火势凶猛，8台消防车按照402#油罐灭火响应程序展开灭火，从东、南、北三个方向出移动炮和泡沫管枪，对地面流淌火进行堵截覆盖。同时，组织抢险人员将遇难者尸体抢出防火堤，送往医院，将滞留的1台汽车槽车开出现场。

在此期间，启动公司应急响应程序，成立以石化公司副总经理为组长，公司领导、石化公司安全环保处、机动处、运行处等相关处室为成员的火场指挥部。初步确定灾情后，决定采用4支50L/s泡沫管枪扑灭402#储罐防火堤内的流淌火，并对402#罐体和相邻油罐进行冷却保护；启动固定泡沫灭火系统，向402#罐内注入泡沫；消防支队按照指挥部的命令，迅速调整部署人员和车辆。经过一番苦战，23时10分，流淌火全部扑灭，队伍将火堵回罐内后，继续利用2台泡沫车，出2支泡沫管枪，向罐内注泡沫，40min后402#罐内明火熄灭。

1. 第一阶段

此时指挥部根据现场情况决定让前来增援的联防单位消防支队、市消防中队等兄弟单位全部撤回，石化公司消防支队的全体指战员现场监护。

27日0时10分，企业现场负责人决定扑灭402#油罐浮船边缘橡胶密封圈炭化阴火，3名消防员登上储罐平台铺设一条泡沫干线，使用泡沫管枪向浮船边缘喷射泡沫，将炭化的橡胶密封残块和阴燃的海绵打入浮顶罐内，顿时引发402#油罐再次发生燃烧，如图2-1所示。

图2-1 消防员登上储罐平台铺设一条泡沫干线时储罐二次燃烧

罐内外明火二次燃烧后，瞬间形成了罐顶浮船密封处周边大火，罐体检修人孔处喷射大火。燃烧的大火威胁罐顶3名消防员安全，地面指挥员使用对讲机通知罐顶人员迅速退守到下风向。同时组织2台消防车出2支干线，向罐体走梯喷射直流水保护；2台消防车出2门车载炮，向罐体上部人员避险处喷射直流水降温；2台消防车出2支100L/s泡沫管枪，从检修人孔向罐内喷射蛋白泡沫。经过20min努力，3名同志安全地从罐顶撤离。第一阶段消防力量部署如图2-2所示。

为保护罐顶人员安全撤离，队伍连续向罐内喷射的灭火剂提高了罐内液面，罐内原油从人孔出现慢性沸溢，二次形成地面流淌火；固定消防设施和移动消防设备大量使用消防水，罐区消防泵房$2×800m^3$消防水位急剧下降，尽管启动了黄河边上的一台临时水泵，但是火场供水难以满足作战的需要，指挥员决定消防水重点保障地面流淌火控制需要。

27日5时15分，处于稳定燃烧的402#油罐由于燃烧时间长，油温蓄热过高，连续向罐内喷射的泡沫消失后，沉降罐底的水垫层受热发生沸溢，使大量的原油从人孔喷出罐外，形成防火堤内约$800m^2$的流淌火，大火借助凌晨的风，凶猛异常，越过了401#油罐

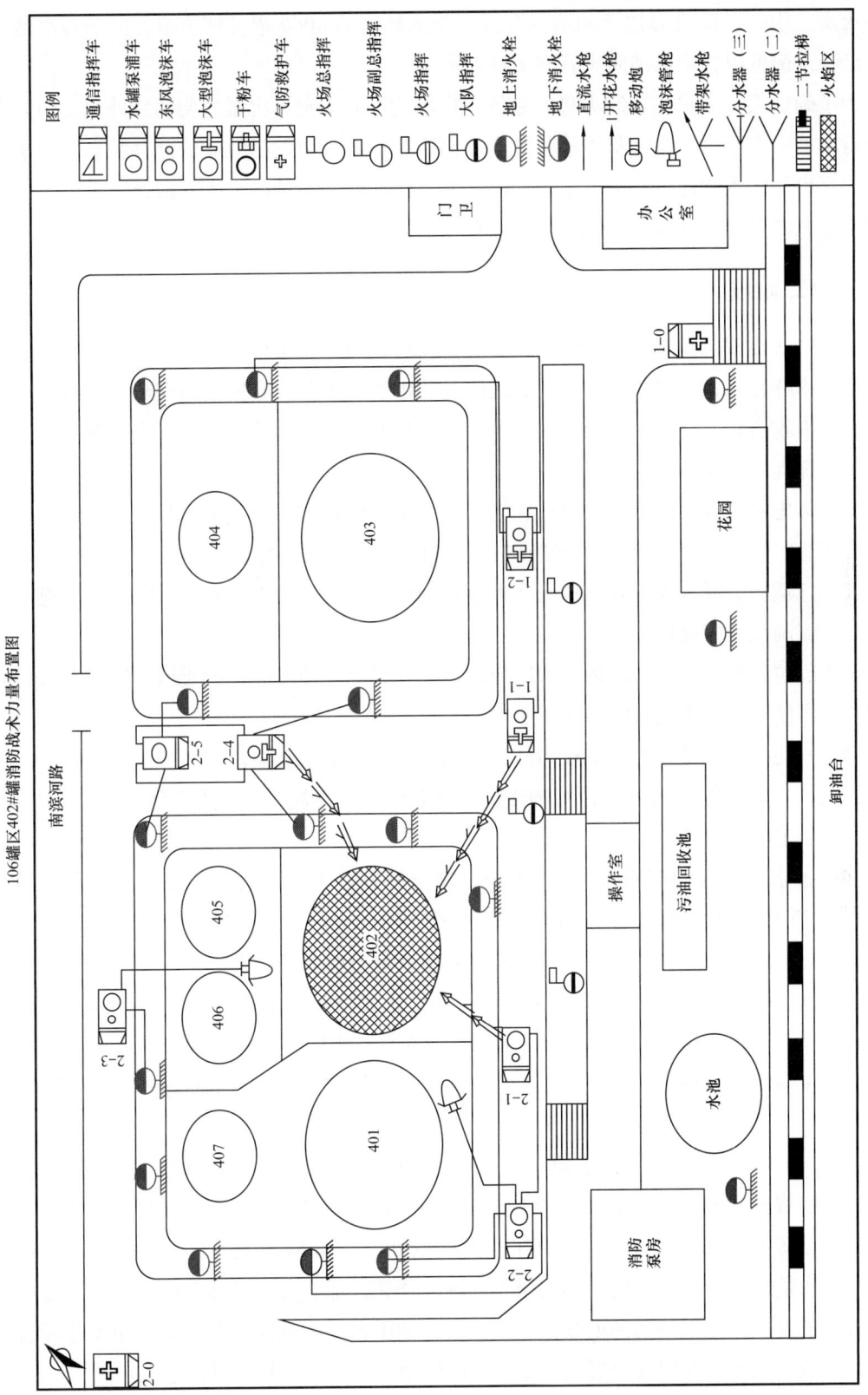

图 2-2 第一阶段消防力量部署

的防火堤，引燃了防火堤边上的输油管线，受到烘烤的406#罐青烟滚滚，由于蓄水池的水位已降至最低限，罐区消防水管网出现无水。

为了确保灭火用水和控制火势的蔓延，现场负责人决定再次紧急调动另外两支消防支队进行增援。由于火场指挥员不清楚外浮顶储罐结构、不清楚事故罐的储存状态，不清楚各罐的进出油工作状态，又采取了错误的战术方法，导致后续的灭火救援连续失误，二次出现沸溢原油蔓延至其防火堤燃烧，灭火救援呈失控状态。

2. 第二阶段

大火二次出现，惊动了国务院、省委、省政府领导。省市公安消防领导到达后，按照灭火组织指挥原则，交接指挥权。由省消防局、市消防支队及有关消防支队领导组成火场指挥部，由省市领导召集企业负责人、消防指挥员参加紧急会议，研究灭火救援措施。石化消防指挥提出了3个建议方案：

（1）考虑到现场水源不足，建议在泡沫炮和水枪的掩护下，复位检修人孔，让大火在罐内形成稳定燃烧，采取冷却保护罐壁措施，直至罐内原油燃尽。

（2）急调砂袋或水泥，在检修人孔处设置围堤，将溢流原油限制在一定范围内稳定燃烧，防止流淌火失控火烧连营。

（3）复位检修人孔，向罐内注入冷原油，提升罐内原油液面，形成罐顶浮船密封圆周带燃烧，再使用泡沫管枪集中消灭浮船挡板内明火。

第一套建议方案被认为是消极措施，当场被否定；第二套建议方案被认为具有积极的安全因素，立即调集100t水泥设置围堤；第三套建议方案被认为是火上浇油的冒险方案，当场予以否定。

在设置水泥围堤的同时，3支灭火力量进行任务分工。市消防支队负责从人孔处向402#罐内喷射氟蛋白泡沫，公司消防支队负责在防火堤内西北两侧喷射泡沫覆盖地面流淌火，石化消防支队负责在防火堤内东面喷射泡沫覆盖地面流淌火。

因消防水池里的水已经枯竭，为保障火场供水，指挥部决定增援消防车辆安排加水点远程运水。石化公司开辟了15个高压消防加水点。为防止供水车辆蜂拥而至，吸取其他石化火灾事故的教训，由交警对进入现场的车辆严格控制，使车辆有序进出，确保灭火供水。

27日12时35分左右，402#罐持续燃烧达14h后罐内原油发生突沸，突沸原油迅速漫过水泥围堤流向各储罐分隔堤，流淌火燃烧范围波及406#罐、401#罐的防火堤内。情景令人触目惊心，401#罐的液位是17m，约20000t油，406#罐有5.7m的液位，约2000t油，如果火情进一步恶化，将保温层烧飞，罐体烧裂，那么灾难必然会连锁反应下去——首先波及的是一路之隔的污油回收池，其次是卸油平台的3列油罐车，最后油火还可能破堤而出，流入河流，在河面上形成一条巨大的滚动的火龙，后果不堪设想。

由于火势凶猛，辐射热太强，现场人员、车辆紧急向后撤离。这次复燃后的过火面积约为 1000m²，对 401# 油罐、403# 油罐、406# 油罐的威胁更加突出，如不及时将火势控制，很可能造成意想不到的后果。火场指挥部要求不惜一切代价，千方百计也要保住 401# 油罐、406# 油罐，决不能让火势继续扩大。再次重新部署兵力，石化消防支队在西侧，利用移动炮，负责对地面流淌火和相邻 406#、401# 油罐的冷却，重点保护 401# 罐；公司消防支队在东侧，负责对着火油罐进行灭火和冷却；公安消防队负责南侧和北侧，对 406# 罐进行冷却。

根据原油燃烧特性，石化消防指挥员向指挥部提出了停止往事故罐注入泡沫的建议，指挥部再次召开会议集体商议对策。与会人员听取了石化消防对事故罐结构、所处状态、原油特性、失控后果的汇报，一致认为：在现场水源不足的条件下，为防止事故进一步扩大，应采取控制燃烧的方案，直至事故罐内原油燃尽。第二阶段消防力量部署如图 2-3 所示。

12 月 27 日 20 时，石化消防指挥员按照理论计算 402# 罐原油液面数量应该到低限值了，但 402# 罐火势仍然猛烈，现场观察 402# 罐人孔，402# 罐原油液面处于 0.6m 高度，对输油工艺产生质疑。

石化消防指挥员立即向石化公司现场负责人进行了汇报，石化公司现场负责人决定派专人去医院对事故当事人询问，了解事发时现场情况，反馈信息是未动任何工艺管线。

面对事故罐液位不降，大火持续燃烧的现状，消防与车间人员决定全面排查 7 个原油储罐输油管线的进出阀门。排查到 401# 罐时发现 401# 罐与 402# 罐之间的管线联通阀门螺杆处于 2/5 位置，401# 罐原油从火灾事故发生起一直处于向 402# 罐静压输油状态，排查人员立即关闭了管线联通阀门。

原油管线关闭后，灭火抢险队伍一是继续组织远程运水；二是使用泡沫管枪覆盖地面流淌火，将火势控制在水泥围堤内，防止向邻近防火堤蔓延；三是加强对事故罐体的冷却保护，防止钢罐体受热变形或倒塌。

经过公安、企业消防指战员的共同努力，402# 事故罐原油于 10 月 28 日 12 时 20 分燃尽熄灭，历时 75h，灭火抢险宣告结束。

二、经验总结

（1）扑救油罐火灾的过程中，根据响应程序，目的明确，战术得当，指挥有序，采取"先控制，后消灭"的战术原则，合理部署兵力；广大指战员服从命令、听从指挥、英勇顽强、浴血奋战，经受住了火与血的考验。

（2）在初起火灾的扑救过程中，充分发挥装备优势，采用移动泡沫炮和多功能水炮进行灭火冷却，有效地减少了因长时间灭火造成的队员体力透支；参战队伍群策群力，在恶劣的环境下，没有造成参战人员伤亡。

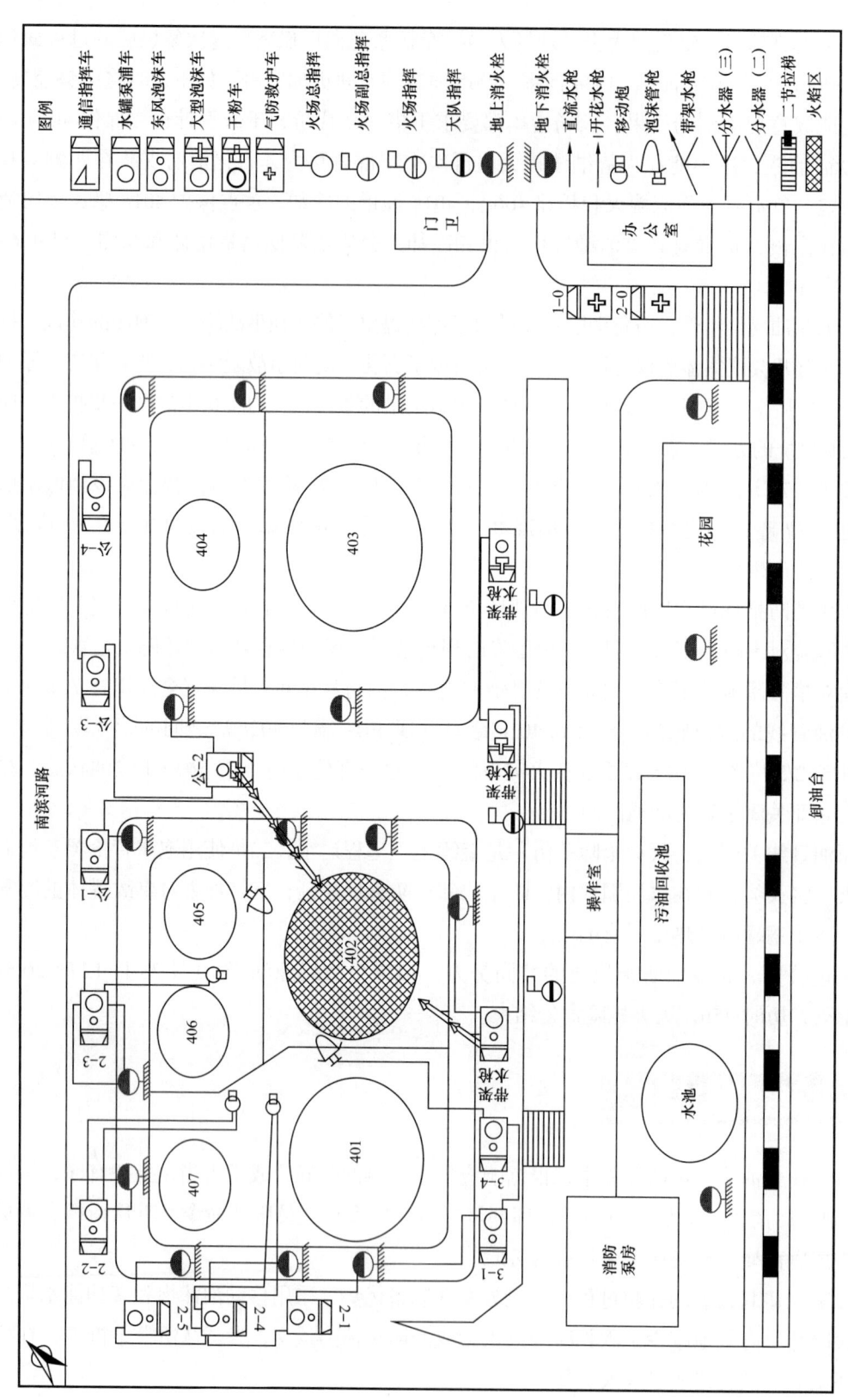

图 2-3 第二阶段消防力量部署

（3）果断采取措施，控制火势蔓延。组织大量人员用水泥构筑防火围堤，使地面流淌火和沸溢、突沸的原油控制在一定区域内形成稳定燃烧；同时，加大对邻近406#油罐、401#油罐的冷却保护，防止因高温辐射引燃相邻油罐，避免了次生事故的发生。

（4）在道路狭窄、环境复杂、水源不足的情况下，为防止供水车辆堵塞，主攻车辆的用水得不到及时补充。供水组合理调配各路增援消防车辆，保证车辆有序进出和不间断供水，确保了在整个灭火战斗过程中灭火和冷却降温的用水需要。

（5）外浮顶油罐火灾战例较多，但在检修期间浮船落底，罐内又有一定油面的火灾，国内尚不多见。在正常情况下，浮仓紧贴油面，燃烧液面积仅在外壁与浮仓挡板之间，利用固定灭火装置和泡沫管枪很易扑灭。此次火灾的特殊性在于油罐人孔距地面0.75m，渣油液面0.5m，浮仓距罐底1.7m，泡沫灭火剂只能从人孔处打入。试想，直径44m的油罐，泡沫覆盖面仅占总燃烧面积的1/10，如果使用固定泡沫灭火装置，理论设计只是覆盖罐壁与浮仓之间的环形面积，在浮仓与油面形成空间的情况下，设计在罐顶的泡沫发生器混合量明显不足。因此，只能采取罐壁冷却，泡沫管枪封堵人孔的战术。

三、存在不足

（1）未建立有效的指挥体系。

多头指挥，缺乏科学态度是扑救时间延长和火势多次扩大的主要因素。原油属于重质油，燃烧一定时间后，油品蓄热增大。地方部门对石油化工生产特点和油罐结构了解不充分，急于灭火造成两次火势扩大，延长了灭火时间。错误战术有两点：一是控制地面火后，急于求成，从人孔处使用4支泡沫枪和移动炮大量向罐内注入泡沫；二是从罐外向罐顶大量注水冷却。最终导致罐内油品形成水垫层，热油与水分子乳化，发生油品沸溢，形成人孔大量外喷油品的状况，扩大了燃烧面积，在缺水的情况下，险些造成火势蔓延到相邻储罐。

（2）未从专业角度进行统筹指挥。

参战人员缺乏扑救复杂火灾的经验，对扑救大型油罐火灾的认识不充分。由于没有发生过类似油罐火灾的经验，对企业领导、省市领导和消防部门来讲，在统一指挥、统一部署、统一协调上有待进一步加强。

（3）消防通信指挥系统不满足应急救援需求。

后勤通信保障不足，参战各队的通信器材不统一，现场缺乏扩音设备，无法进行指令的及时下达。

（4）缺乏特种消防车辆。

处置3×10^4t储罐火灾的装备不足：全市仅有1台举高平台车，大流量泡沫消防车5台，不能达到火势的有效控制，严重影响了灭火效果。

（5）消防供水系统不合规。

106# 罐区属石化公司要害部位，消防水池仅有 1600m³ 的消防蓄水能力，不能满足泡沫灭火和延续冷却保护用水的需要。

（6）消防泡沫供给不满足实战需求。

本次火灾使用近 30t 蛋白泡沫、12t 清水泡沫，地方和友邻单位约 50t 泡沫灭火剂。泡沫灭火剂应有一定的常规配备量和灭火补偿常备量。

四、改进措施

（1）加强地企联合储罐火灾灭火技战术研究。

加强与公安消防针对石油储罐火灾战术的交流学习，针对不同介质的危险性和储罐结构进行交流，开展日常火灾扑救的联动演练，发挥应急救援专家组专业救援指导作用，科学指挥和决策。

（2）完善消防供水系统。

积极研究稳高压供水系统可行性研究方案，积极筹措资金，加强稳高压供水系统的建设。

（3）建立完善火场泡沫供给系统。

增加泡沫储备数量并配置相应的快速充装设备，增配泡沫供给车辆以满足实战需要。

"11·28"液态烃罐区应急处置事件

11月28日15时19分，支队调度指挥中心接到报警，某石化公司聚乙烯厂油品车间液态烃罐区V9302碳4储罐，操作工在排凝过程中脱水管突然着火，由于操作工没有及时关闭脱水阀门，造成罐内物料泄漏起火，支队调度指挥中心迅速调派管区消防四大队、特勤大队及联防区的消防三大队赶赴现场。同时，支队机关全体人员立即出动赶往现场。

一、处置经过

1. 第一阶段（大水流冷却，防止爆炸）

管区大队四大队在向火场行驶途中，发现聚乙烯厂油品车间上空烟雾很大，随即向支队调度室请求增援，并要求通知聚乙烯厂调度室为消火栓加压，确保火场供水。到场后，四大队全体车辆及参战人员按灭火响应程序展开，即1号车在着火罐南侧出1门移动水炮，2号车在着火罐东南侧先出车载炮进行冷却，待车上人员铺设好水带干线后改移动水炮，4号、5号车分别在着火罐东侧和东北侧出移动炮，为了保证冷却强度，参战人员冒着随时爆炸的危险，近距离作战，将水炮阵地全部设置在着火罐的防护堤内，对V9302罐底部的管线和阀门进行冷却，防止V9302罐发生爆炸。同时，大队指挥员向厂方工作人员了解起火部位及罐体的相关情况，并要求厂方人员开启着火罐和毗邻罐V9301、V9501、V9502罐的水喷淋装置，防止受热辐射影响，毗邻罐温度升高而发生爆炸。同四大队到场的特勤大队立即协同四大队开展各项灭火工作，组织高喷车在液态烃罐区的北侧展开，并连接附近的消火栓，对着火罐V9302的西北部和毗邻罐V9301罐的东北部进行冷却。

2. 第二阶段（切断物料，放空排险）

随后，三大队、一大队、支队领导及机关全体人员也赶到火灾现场，并在着火罐东侧成立灭火指挥部。三大队、一大队到场后立即向指挥部请示战斗任务，指挥部根据现场情况命令：三大队、4号车在液态烃罐区北侧为特勤大队高喷车供水，一大队2号车停在罐区东北侧，长距离铺设水带至罐区东侧，出1门移动水炮攻打火点；4号车、5号车在罐区的南侧分别出1门移动水炮，对着火罐底部和毗邻罐V9301进行冷却，如图2-4所示；支队机关的1名指挥员负责对着火罐实施全方位观察，如发现储罐的爆炸征兆则及时通知全体人员及时撤离。增援力量部署完毕后，支队总指挥立即与公司及厂方人员取得联系，进行下一步工作准备。一是支队总指挥要求工厂人员关闭与着火罐V9302相连的所有进料管线阀门，切断物料来源，同时打开着火罐与火炬间的管线阀门，将着火罐的部分物料通过火炬进行燃烧，放空排险，防止事态进一步扩大；二是请示公司领导成立抢险小组，进入着火罐底部关闭泄漏点处阀门，将经济损失及火灾危险降到最低限度。请示得到批准后，工厂人员负责切断物料和放空排险工作任务，消防支队特勤大队负责关闭阀门，指挥部同时命令一大队战训副大队长带领人员利用消防钩将着火部位的铁皮和铁丝网等障碍物进行破拆，为灭火和冷却工作提供前提。与此同时，特勤大队大队长和战训副大队长及1名工厂技术人员已身着避火服和佩戴空气呼吸器，在2支水枪的保护下进入着火罐的底部关闭阀门，但是由于罐内压力过高，火势凶猛和现场能见度低，关闭阀门工作没有成功。由于此时天色逐渐变暗，指挥部命令特勤大队的照明车在罐区的东北侧为火场照明。

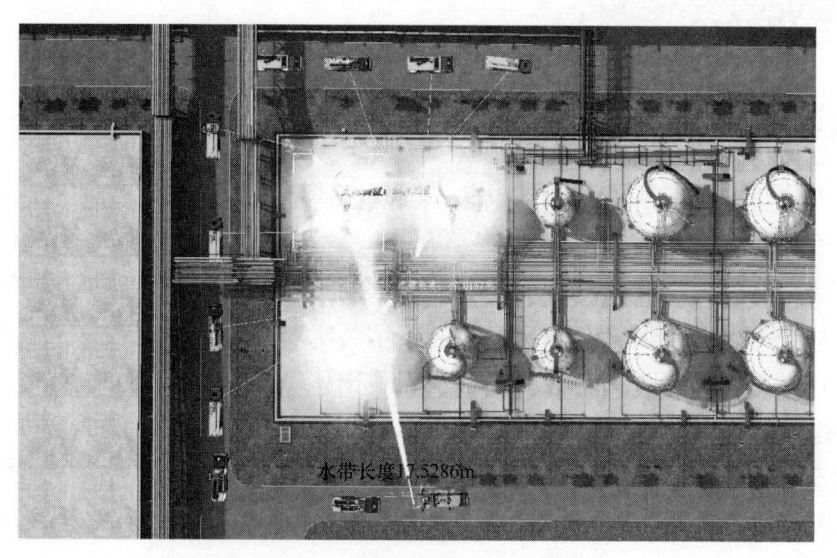

图2-4 处置现场消防力量部署

3. 第三阶段（加强冷却，消磨殆尽）

为了加强冷却效果，增大冷却强度，五大队到场后，按照指挥部部署，在液态烃罐区的东南侧由1号车出2支水枪、4号车出1门移动水炮，3号车在罐区北侧长距离铺设水带，将移动炮架设在V9301罐与V9302罐之间的过道铁桥上，2支水枪和2门移动炮也同其他作战力量一样在防护堤内对起火部位进行冷却。二大队到场后也随同五大队在罐区南

— 104 —

侧，由4号车出1门移动水炮攻打起火部位。一段时间过后，由于火场内部冷却水用量较大，防护堤的排水设施已不能满足现场的排水需要，水位不断上升，进入防护堤内的冷却水已经从防护堤的上沿向外涌出，给现场的作战行动带来了极大的不便，指挥部命令特勤大队立即组织人员在罐区的西北侧将防护堤进行破拆，帮助排水，如图2-5所示。这项任务正在实施的过程中，支队调度指挥中心接到公司调度室通知，聚乙烯厂消防水池内的储水量不断下降，消防用水的使用只能在较短的时间内得到保证。根据这一情况，灭火指挥部马上召开紧急会议，研究部署解决策略，同时由总指挥将情况向公司领导进行汇报，得到批准后，指挥部立即对现场的灭火力量及车辆位置进行调整，命令三大队4号车、一大队2号车和二大队1号车分别停在罐区的北侧、东北侧和南侧靠近防护堤，利用吸水管吸附防护堤内的冷却水为车辆供水，其他车辆位置和任务不变，所有的移动水炮向起火部位发起总攻，确保万无一失。

图2-5 冷却水没过防火堤

4. 第四阶段（注氮增压、防止回火爆炸）

在火势得到有效控制后，指挥部请求公司及厂方人员向着火罐V9302内注入氮气，增加罐内压力，保证罐内物料的正常漏出，防止因压力减小导致回火爆炸。次日凌晨，起火部位火势相应减小，指挥部命令特勤大队两名人员与工厂技术人员身着避火服进入着火罐底部，将罐的出料口阀门成功关闭，同时寻找管线准备向罐内注水，排除险情。29日5时55分，由于罐内的物料燃尽，火熄灭，指挥部立即命令所有水炮改为开花式水流驱赶并稀释气体，特勤大队通过复合式气体检测仪对V9302储罐底的气体浓度进行检测。公司领导及消防支队其他人员对现场的人员、车辆及一切可能造成气体爆燃的来源进行清除。30min 过后，气体的爆炸浓度低于爆炸下限后，指挥部命令所有的水炮停止射水，除留四大队 2 号车、4 号车及其人员在现场进行监护，其他单位整理器材返回。

二、经验总结

（1）出动及时，展开迅速。

管区大队四大队接到聚乙烯厂直线报警后，立即着装登车，并向支队调度室汇报，在向火场行驶途中看到烟气较大后立即向支队请求增援，先期侦察信息准确，处置合理，为先期处置赢得了宝贵的时间；队伍演练开展到位，到达现场后迅速按响应程序展开，战斗部署及时迅速，为灭火作战提供重要基础保证。

（2）参战人员英勇顽强、不怕牺牲。

参加本次火灾扑救的全体指战员，不仅冒着储罐随时爆炸的危险近距离作战，而且克服了天然寒冷带来的不利因素，前方作战的水炮手在防护堤内水位增高、靴子内部和下身全部被水浸透的情况下，在水中整整坚持了 16h，无一人退缩。在指挥部得知作战需要较长的时间后，各大队通知下班休息人员到达大队更换现场作战人员时，全体人员都义无反顾地放弃在家休息，来到火场参与火灾扑救。

（3）指挥体系分工明确。

在支队到达现场后，成立了灭火指挥部，总指挥由支队长担任，几位副支队长分别负责灭火作战、火场供水、物资保障、现场警戒、车辆摆布等工作，前沿指挥由战训科负责，物资运送及发放由装备科负责，食品供给由综合办公室负责，整个火场从战斗任务下达、信息反馈形成了一个有机的体制，达到了统一指挥。

（4）战术运用得当、合理。

在火灾扑救过程中，支队指挥部根据现场情况和变化，采取了有效的战术措施，如在火灾第一阶段、第二阶段的关阀断料和干粉灭火；火灾第三阶段对防护堤进行破拆排水和停止破拆蓄水，将冷却水反复使用，参战人员实施轮换制；火灾最后阶段进行注氮增压。这些战术在本次火灾中因地制宜地使用取得了良好的收效，也为火灾的成功扑救奠定了基础。

（5）后勤物资保障有力。

本次火灾扑救后勤保障工作成为火灾成功扑救的重要因素。在火灾扑救中，装备科人员根据现场实际和指挥部的要求，及时与公司机动设备部门取得联系，共调集棉袄和插裤共五百余件，保证了前方人员的供暖和衣物的更换；还调集油料供应车 2 台，为参战车辆提供燃油；提供水炮垫板 30 块。综合办公室在第一时间为参战人员提供各种食品及饮料，保障了作战人员充沛的体力，为使人员更好地保暖，还购买了少量的白酒，作为一项防寒措施来提高参战人员身体温度。

三、存在不足

（1）未建立有效的指挥体系。

火场指挥部在扑救过程中，没有按照《消防执勤条令》中的要求，树立明确的指挥部标志，没有宣布成立火场指挥部；部分参战指挥员命令执行未能做到层级有序，命令请示、命令下达与命令执行混乱，战斗人员出现同时接到多项命令的情况，造成部分任务执行不到位。

（2）未对厂区进行警戒。

在接到火灾报警后，支队没有调动护卫大队启动事故应急响应程序；消防支队主要力量全部投放至前线作战，综合因素考虑不全面；护卫大队对自己的职能作用发挥不到位，未能第一时间实施各项警戒，造成部分人员出入厂区传播发送不实报道，对企业社会形象造成较大的负面影响。

（3）消防个人防护专业性不强。

由于火势较大，作战时间较长，支队通报下班人员全部归队参加战斗，现场聚集大量作战人员；现场及周边伴随高风险火势扩大及爆炸危险，现场没有对作战人员安全因素进行充分考虑，如发生爆炸容易造成大量的人员伤亡。

（4）消防车辆部署不合理。

个别车辆停靠的方向、位置不合理，在进行车辆战术调整时遇到较多困难；火灾现场南侧的车辆在停靠时没有考虑到撤退的路线，如发生紧急情况，不能在最短的时间内退出。

（5）消防通信指挥系统不满足应急救援需求。

现场通信不畅。通信模式单一，设备不能满足火场在作战时间上的需要，高寒天气下新配备的手持对讲机电池使用时间短，在火场进入到第二阶段的时候，绝大多数的手持对讲机电量用尽。

（6）个人防护装备不满足实战需求。

消防员的个人防护装备欠缺；由于消防支队正处于队伍新老交替时期，部分队员个人防护装备没能及时配置到位；救援时部分现场人员战斗服为过期装备，还有部分人员没有配备防护手套等装备，部分队员出现冻伤情况。

（7）缺乏特种消防车辆。

高喷车配置不足，仅有 1 台高喷车，现场发生故障后罐区内部分位置力量临时出现空档；纵深部署战斗力量时间较长，并伴随较高安全风险。

四、改进措施

（1）树立"安全源于设计"的理念。

储罐火灾受热发生爆炸概率较高，普遍由于受热压力过大所致。一是建议储罐在设计过程中增加储罐泄压保护装置；二是建立健全工艺处置流程，能够在需要的条件下实施储罐物料输转；三是加强安全设计，在自动化控制和手动控制方面增加灵活性，便于改变储罐运行模式，确保储罐安全。

（2）补充远程供水系统。

储罐火灾对着火罐及毗邻罐威胁较大，实施大范围、长时间冷却降温、应急救援时对供水能力要求较高；危化品救援队伍灭火车辆出水量较大，当下石油化工企业消防设计流量难以满足供水需要，救援队伍的远程供水能力、装备配备尚有不足，发生类似火灾供水将成为有效救援巨大障碍。

（3）强化业务培训。

危化品救援队伍应经常性开展专业培训。各级指挥员、战斗员应对辖区生产装置、工艺流程、应急处置、工艺措施熟练掌握；实施危化品应急救援时，各级战斗人员能够及时对事态发展做出正确预判，能够立即做出正确应急决策，能够快速完成战斗部署，实施有效救援，确保应急救援有序进行。

（4）补充特种消防车辆。

危化品应急救援队伍应当不断加强车辆装备建设，特别要根据辖区消防设施特点、消防道路特点增加供水车、高喷车、泡沫车、专勤消防车的配备；针对生产装置生产工艺及物料理化性质特点合理部署各类干粉、泡沫等救援灭火剂，确保各类灾害的有效救援。

"1·7"液态烃球罐应急处置事件

2010年1月7日17时24分，316#罐区因轻烃泄漏发生爆炸起火。灾情发生后，石化消防支队依次调集45台消防车、气防车和3台器材运输车，300多名消防、气防人员迅速奔赴火场，随后，省市消防部门出动37台消防车，284名消防指战员赶赴火场增援。灾情发生后，石化公司相继依照"地企紧急事件灭火抢险应急响应程序"迅速展开灭火抢险救援，在集团公司、省市消防部门、石化公司的正确领导下，石化公司消防支队与市消防支队参战指战员共同努力，以科学的态度，精心组织、团结协作，发扬大无畏的奉献精神，在事故发生后4h内有效地控制了火势，历经44h46min的连续奋战，地面着火于1月9日14时10分扑救结束，事故得到全面控制；因液态烃处置工艺需要，液态烃罐组两个着火储罐，F2/A丙烯罐、F3/A丙烷罐在消防水保护下，采取罐内充氮工艺措施，保持正压处于稳定燃烧，1月13日2时56分，历经129h32min，工艺处置保留的明火点全部熄灭。

此次火灾的成功扑救，充分体现了石化消防指战员以保卫国家财产和企业安全生产为本职，发挥专业应急抢险队伍出警迅速、快速反应、专业处置的特点，紧急时刻临危不惧、果断决策、择机部署、科学处置，有效控制灾情直至取得全面胜利，杜绝了高危环境处置过程中的人员伤亡，向公司和广大员工交了一份满意的答案，为危化企业处置紧急事件积累了经验，为企业降低事故损失、尽快恢复生产和消除社会影响做出了积极贡献。

一、处置经过

2010年1月7日17时22分，石化公司消防支队指挥中心接到公司生产运行处调度电话，指令消防支队出动消防车到316#罐区执行监护任务，指挥中心立即调动责任区四大队出动监护车辆。17时23分，四大队出动1台泡沫车赶赴316#罐区执行监护任务。四大队执行监护任务车辆行进途中听到爆炸声，四大队当班指挥果断指令执勤力量处于戒备状态。17时24分，责任区四大队火警值班室接到石化厂调度报警电话，316#罐区发生闪爆，四大队处于戒备状态的 25 名执勤人员、4 台消防车及监护途中的车辆人员立即赶赴现场，四大队火警值班员同时使用有线、无线通信设备向支队指挥中心汇报。指挥中心接到报警后，立即通知战训科值班人员赶赴现场，并向公司领导、生产调度及相关人员汇报灾情。

支队指挥员根据责任区大队灾情通报信息，意识到了火灾事故的严重性，立即指令指挥中心启动石化消防支队突发重特大事故灭火抢险应急响应程序。指令支队一、二、三、五、特勤大队，气防一分站、二分站消气防力量赶赴事故现场增援，并向市公安消防支队紧急求援。第一出动责任区四大队于 17 时 26 分到达现场，大队指挥员根据爆炸着火事态及时组织了火灾扑救，铺设 4 条干线部署 4 门移动炮分别对液态烃球罐区、油品罐区及液化气汽车槽车实施了外围冷却保护。

在扑救这起爆炸火灾事故中，支队火场指挥部采取了"先控制，后消灭"的战术原则，对火情变化和险情的发生做了较为准确的判断，确立了"切断物料进出、控制稳定燃烧、隔绝内外发展、确保人员安全"的总体战术指导思想，经历了三个阶段。

1. 第一阶段

在第一阶段，灭火抢险力量的正确调集为夺取灭火抢险胜利赢得了主动权。

（1）接警及时，出动迅速。

17 时 27 分，支队战训科副科长、综合办公室主任及防火战训值班人员到达现场，协助四大队在罐区东南侧抢救出受伤人员 1 名，支队气体防护站站长率领气防三分站人员分别在碳四车间十字路口、罐区南侧铁路道班房、丙烯腈车间门口抢救出 7 名伤员，气防三分站人员在丙烯腈车间门口抢救出伤员 4 人；支队长根据指挥中心和战训科副科长灾情信息电话汇报，意识到了灾情的严重性，立即命令指挥中心启动"消防支队突发重特大事故灭火抢险应急响应程序"，指令支队所属 6 个大队，3 个气防分站消气防力量紧急出动赶赴现场增援，并向市公安消防支队紧急求援。同时向公司总调、生产运行处及安全系统相关领导通报灾情。赶赴事故现场途中，支队长分别与市公安消防支队支队长、省消防总队总队长电话通报灾情，对 316# 罐区物料火灾危险性及可能造成的严重后果进行了通报，请求省市消防力量紧急增援，并对地企消防统一指挥、联合作战达成一致意见。

（2）合理部署抢急救力量，及时调整战术。

① 17 时 32 分左右，支队 45 台消气防车辆，160 名指战员陆续赶到事故现场。前期到达的支队指挥员立即组织了铁路装卸栈桥周边 3 个液态烃汽车槽车的紧急转移和火情侦察，面对燃烧区域大、多罐燃烧的火场局势，决定利用进口干粉车压制罐区东侧燃烧区，隔绝火势向毫秒炉装置蔓延。利用 1 台 56m 高喷车穿越 327# 循环水装置对着火罐和临近罐实施冷却降温，利用 2 台重型泡沫车车载水炮、4 门移动水炮，对高位管廊、物料管线、

装卸栈桥、着火罐及相邻罐实施了外部强制冷却措施，防止火势向丙烯腈车间、毫秒炉车间、火炬总管网、铁路槽车蔓延，气防抢险员对罐区周边实施了有害气体监控检测，并将监测数据及时上报指挥部参考决策。外围火势得到初步控制后，石化气防抢险人员冒着随时爆炸的危险及时进行了事故现场人员搜救，对罐区栈桥、控制室、铁路沿线范围排查寻找，对再次搜救的1名受伤人员及时送往职工医院抢救，并对罐区周边实施了有害气体监控检测。为有效控制灾情赢得了宝贵的时间。

② 17时34分，石化公司主要领导相继赶到火灾现场，成立了以总经理为总指挥的"应急抢险指挥部"，授权石化消防支队为灭火前沿指挥。"应急抢险指挥部"根据灾情立即启动公司重特大事故应急响应程序和环境保护应急响应程序。各相关单位有关人员及时赶赴现场，围绕各自职责分工，组织开展了抢险灭火工作，组建了工艺处置、消防救援、环境监测、信息发布、后勤保障、伤亡安抚等8个专业工作组，全面部署救援抢险和灭火防护工作，启动了环境三级防控体系，统一协调现场消防抢险，逐步明确区域和责任分工，做到统一指挥、统一部署、统一行动，在事故区域开展了事故现场管线及物料状况的迅速排查、确认，确保所有与事故罐区相关危险物料全部切断。安排专人负责现场消防水源的补给，确保灭火用水量，并全天候、全过程加强四季青缓冲池的监控和管理，全力保障机泵完好和电力供应，及时对水质、水量进行监测，严防死守，确保事故状态下不向河流排放超标污水。

③ 在各战斗组实施灭火战术过程中，17时37分第二次闪爆发生，冲击波造成F1/A、F1/B立式拔头油储罐罐体爆裂，卸料泵区与物料罐之间进出管线拉裂，液态烃储罐区可燃物料喷溅，火焰高度达百米，形成多处储罐和管线起火，燃烧面积进一步扩大，加剧了火势向周边装置蔓延，形成了三点一线的燃烧局面；现场人员采取了紧急避险撤离，9门布利斯自摆水炮继续在原阵地实施直流自摆冷却降温，现场指挥员在闪爆冲击波1min后组织抢险人员转换水炮阵地，重新铺设水带干线调整移动炮阵地，加强了着火罐和相邻罐的冷却强度。罐区中间管线断裂处喷射状燃烧的火焰严重威胁着管廊北侧的正己烷罐区，灾情十分危急。火场前沿指挥迅速调集特勤大队重型干粉车，用干粉炮压制火势，三大队出移动炮对F11正己烷罐实施冷却保护。命令一大队使用红狐牌手台机动泵，利用罐区北侧的循环水源，出2门移动炮对F7加氢汽油罐、F9/A甲苯罐等实施冷却保护，各大队移动炮阵地前移，对着火罐和临近罐实施冷却，防止罐温升高，对管线断裂的部位实施喷雾水降温，阻止火势向相邻罐区蔓延。

④ 17时50分，R-205丁二烯球罐发生闪爆，球罐撕裂，罐内物料呈喷射状燃烧，石化消防队伍统一下达命令紧急撤离现场阵地，指令后撤距离200m；爆炸导致F5重碳九拱顶储罐闪爆，罐顶炸飞，罐内重碳九液体喷溅，强烈的辐射热引起油品罐区起火。液态烃罐区R202碳四球罐上部罐体爆裂，R204碳四球罐罐体底部、R205丁二烯球罐上部罐体开裂燃烧，形成了球体上下立体燃烧的格局；装卸泵房及输送管线猛烈燃烧，形成了近

6000m² 平面立体交叉燃烧区，油类物料与气态物料同时燃烧的火海给抢险救援人员灭火作业增加了难度和危险度。

⑤ 面对复杂的抢险救援形势，石化消防指挥人员再次调整灭火抢险力量，调动 4 支干线优先保障工艺处理小组和搜救小组安全；利用大型通信指挥车单兵图传系统向大型通信指挥车实时传送现场视频，供抢险救援指挥部领导分析决策；在罐区东、南、北三面区域设应急观察哨，下放各区分指挥员紧急避险撤离权限，如有爆炸发生预兆，分指挥员有权不经请示火场总指挥直接下达区域性撤离命令，避免抢险救援人员伤亡；分指挥员有权对负责区域采取灵活、果断、合理战术和灭火剂的使用，在液态烃气体未有效控制的情况下，严禁各区发起区域性强制灭火，避免可燃气体扩散形成二次空间闪爆，造成不必要的次生灾害；休班人员到位补充后，分指挥员严格执行清点在场人数、定人定车、定阵地部位、定通信联络命令，积极采用车载炮、56m、42m、32m、16m 曲臂高喷车，移动炮对重点部位、危险源建立冷却保护防线；指令装备科积极协调物资供应部门，调动公司内外急需的应急物资，专人负责确保灭火器材药剂等物资紧急到位。

⑥ 18 时 04 分，由于受辐射热烘烤，F5 重碳九罐、F6 抽余油罐、F8A 甲苯罐相继发生罐顶撕裂，导致一个罐顶飞出三十余米，越过泵房及铁路槽车，落在了三分厂装油台北侧，另一个落在了罐区北侧的凉水塔边。F10 裂解汽油罐相继燃烧塌陷，2 座抽余油罐、1 座甲苯罐、2 座二甲苯、1 座加氢汽油储罐、1 座裂解油储罐、1 座正乙烷、2 座轻碳九罐、1 座清污分流罐受到火势威胁。多点小面积燃烧变成了液态烃罐区和油品罐区两大燃烧区，强烈的辐射热使百米之内难以站人，如图 2-6 所示。

图 2-6 强烈的辐射热使百米之内难以站人

（3）分片实施冷却保护，控制火势稳定燃烧。

① 指挥部决定东侧防护重点放在油品罐区东侧 F9/A 二甲苯罐，F11 正乙烷罐，F8C、F12 轻碳九罐等受烈焰烘烤的储罐上，同时为防止油品罐发生爆炸后对大乙烯管廊及毗邻装置造成次生事故。采取 4 台车、1 台手抬机动泵、6 条干线、6 门移动炮对 F9/A、F9/B、F11、F8C、F8/B、F12、F14 七个储罐实施强制冷却降温。

② 南侧重点保护和罐区相邻的 2 列约三十余节铁路槽罐，消灭装卸台 1 辆 30t 丁二烯汽车槽车火灾，并实施冷却保护，防止丁二烯汽车罐车爆炸波及火车槽罐及东侧毫秒炉装置。采取 5 台车、5 条干线、5 门移动炮对丁二烯汽车槽车、2 列火车槽车罐组、卸油泵区实施强制冷却降温。

③ 23 时 20 分，液态烃立式罐组 F2/A 丙烯罐高位液面计孔洞呲开，蓝色火焰刺眼，罐内呲出带压气体，蓝色火焰呼啸着冲向天空，石化消防队伍、市公安消防队伍统一下达命令紧急撤离现场阵地，指令后撤距离 500m。警报解除后，消防人员再次返回阵地，现场指挥员根据液态烃理化性质，分析液态烃储罐在高温烘烤下，极有可能造成罐内饱和蒸气压骤升，某一液态烃罐发生罐体爆炸均能引发连锁反应，后果不堪设想。指挥部果断决定采取强制冷却措施保护液态烃罐组。石化消防攻坚组冒着生命危险，在液态烃罐组四周部署了 3 门移动炮、1 台车载炮对 6 个危险性极大的立式液态烃罐实施冷却保护。

④ 北侧围绕液态烃罐组 7 个球形储罐，采取了强制冷却 7 个液态烃球罐措施，5 门移动炮始终保持着火罐 R202、R204、R205 稳定燃烧，防止着火罐饱和蒸气压聚升产生爆炸，同时，保护相邻未着火罐罐温，避免新的火点产生。

石化消防支队第一阶段力量部署，如图 2-7 所示。

（4）地企联动，同步实施灭火抢险方案。

18 时 15 分，市公安消防支队、省消防总队增援力量陆续到达，公安消防与石化消防根据灾情决定成立联合指挥部，明确职责分工，确定扑救方案。公安消防负责栈桥以南及液态烃立式罐组区域；石化消防负责油品罐区、液态烃球形罐组以北区域。采取移动炮战术由外向内逐步推进缩小燃烧区，强制冷却着火罐及相邻罐控制火势发展。联合作战过程中，公安消防部署 12 条干线 10 门移动水炮，石化消防部署 16 条干线 13 门移动水炮和 2 门车载炮，达到了罐区周边所有储罐和火车槽车的全方位冷却覆盖，为进一步控制灾情奠定了基础，如图 2-8 所示。

（5）全力以赴，发扬主人翁责任感。

18 时 45 分，各科室大队休班人员全员归队，利用备勤车辆投入灭火战斗。石化消防指挥部根据灾情事态，为保障连续作战能力，决定进一步调整战斗实力和重组战斗编程，支队各科室队站实行 2 班全勤制，保持现场执勤人员达到 200 人。调动器材运输车和泡沫运输车 3 台，确保事故现场的应急器材和灭火药剂的保障。公司紧急调动 3 辆汽柴油加油车，为现场消防车辆及时补充油料。

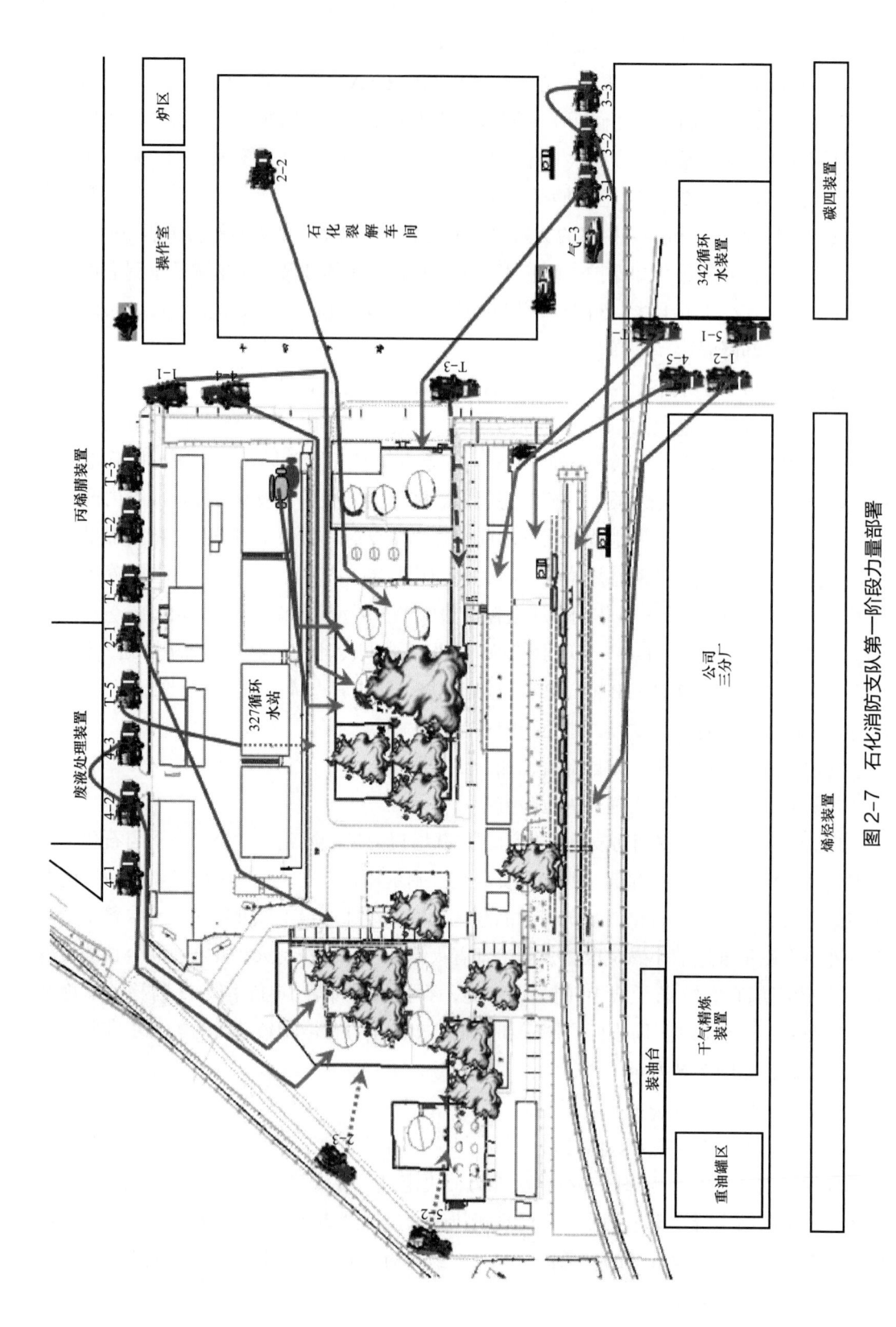

图 2-7 石化消防支队第一阶段力量部署

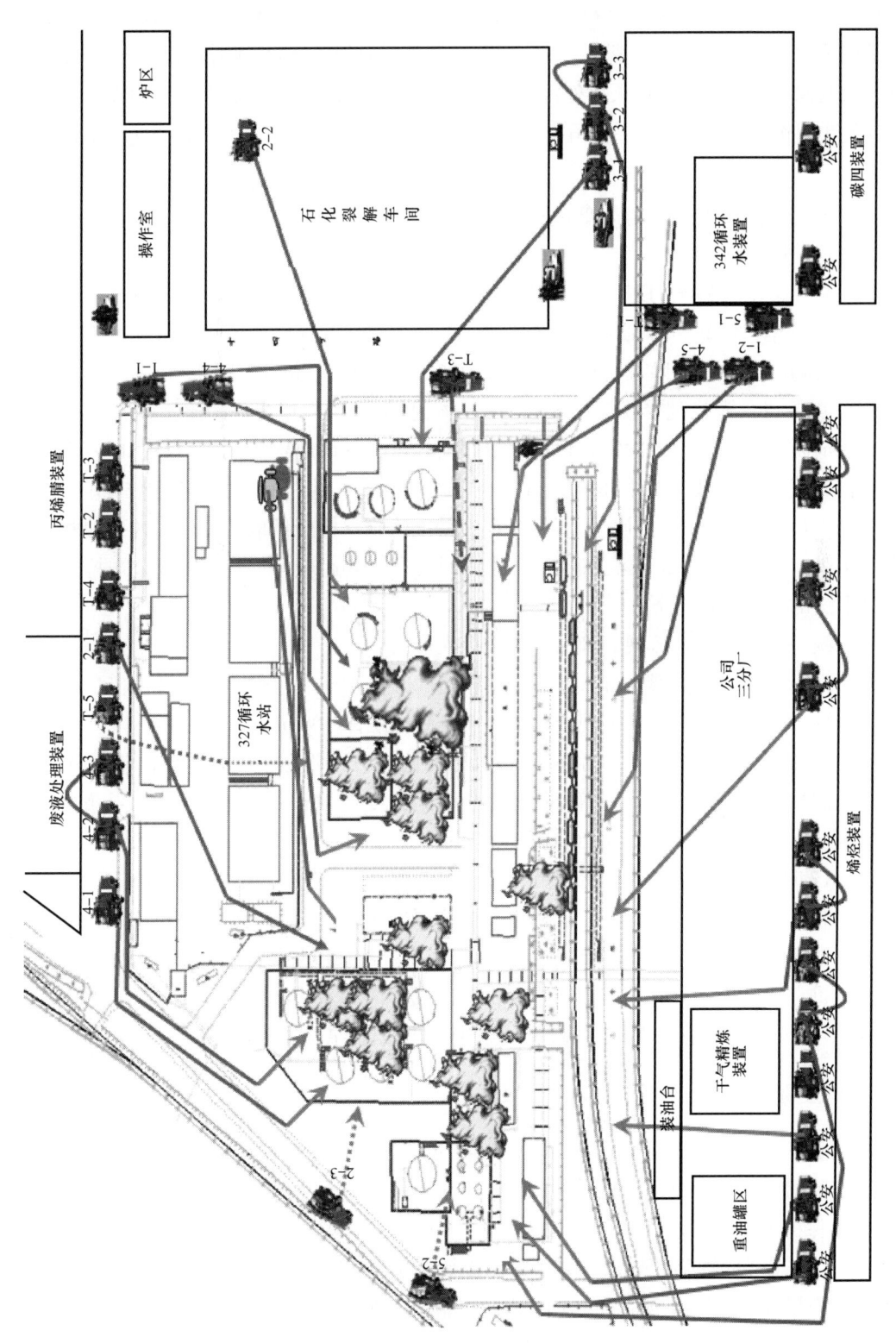

图 2-8 石化消防支队、市公安消防支队联合作战力量部署

11时50分，集团公司党组成员、副总经理带领总部有关领导和部分专家连夜到达事故现场指挥抢险，股份公司副总裁于1月8日上午赶赴事故现场指导抢险扑救工作，总部领导连日来反复深入现场研究制订灭火处置方案、精心部署灭火防护工作，为控制事态、防止次生事故发生提供了强有力的决策指导和技术支持，同时也鼓舞了在场的石化消防指战员昂扬的斗志。

（6）递进前沿、重点控制，搜寻失踪人员。

在石化消防支队和省市消防的共同努力下，全体参战人员发扬一不怕苦、二不怕死的英勇奉献精神，坚持科学的态度，制订严密细致的方案，沉着冷静地处置突发事件，对着火点周边的槽车、储罐、管廊进行冷却降温，7日19时30分，火场前沿指挥组织气防抢险人员冒着随时爆炸的危险及时进行了事故现场人员搜救，对罐区栈桥、控制室、铁路沿线范围排查寻找，未找到受伤失踪人员。8日6时50分，根据公司抢险救援指挥部的指令，石化消防、气防人员再次冒着建构筑物倾斜、可燃气体超标的危险，对爆炸着火区域进行了排查式人员搜救，7时10分，分别在316控制室、铁路槽车区域找到5名遇难者，气防抢险人员逐一对遇难者进行了部位标定、特征区别、摄录像取证工作，转出搜救区送往职工医院。14时20分，在液态烃罐组区找到最后一名遇难者，圆满完成公司抢险救援指挥部下达的人员搜救任务。

（7）统一行动、严密监视，确保抢险救援人员安全。

8日1时15分，油品灌区F5重碳九拱顶储罐方位出现白色烟雾，消防队伍、市公安消防队伍统一下达命令紧急撤离现场阵地，指令后撤距离500m。

8日14时28分，F3/A丙烷罐高位液面计孔洞呲开，形成F2/A丙烯罐与F3/A丙烷罐高位孔洞相间对烧，远程观察着火处蓝白色火焰长度近10m，石化消防队伍、市公安消防队伍统一下达命令，人员后撤200m远程观察。

8日17时40分，经过参战指战员日夜奋战，燃烧范围压制在2个油品储罐、3个液态烃储罐和泵房集油沟3个区域，这标志着强攻强冷第一阶段结束，灭火抢险取得了阶段性胜利。根据公司抢险救援指挥部的命令，消防前沿指挥部决定转入重点监控阶段，部署移动水炮重点冷却保护立式液态烃罐组，保持丙烯、丙烷着火罐稳定燃烧，部署移动水炮控制R205丁二烯球罐着火部位罐温，部署泡沫管枪控制泵房集油沟燃烧区域。

2. 第二阶段

第二阶段保护重点、穿插分割、逐片消灭。

燃烧范围被压制后，消防支队适时调整战术部署、合理分配冷却力量，操作人员在消防水枪的保护下进入现场，切断罐组之间、内外供管线阀门。9日14时10分，2个油品储罐、1个液态烃储罐陆续熄灭，泵房集油沟燃烧区地面着火扑救结束，燃烧区域得到全面控制，现场仅剩F2/A丙烯、F3/A丙烷立式储罐液面计高位孔洞燃烧，消防抢险阶段转入工艺处置阶段，丙烯、丙烷着火罐在移动水炮冷却保护措施下，待机作出灭火准备。抢险救援指挥部决定市公安消防支队保留 4 台消防车配合石化消防支队参与工艺处理期间的工作，由石化消防支队负责此期间现场全面指挥，省市消防其他车辆及人员全部撤回。

3. 第三阶段

第三阶段稳定控制燃烧，正确采取工艺措施适时灭火。

火场指挥部领导、消防、安全专家通过现场分析，认为罐内大量的丙烯、丙烷外泄，会造成人员中毒或形成爆炸区后，余火会造成瞬间闪爆。因此，做出了"在确保冷却控制的同时，保持稳定燃烧"的决策，为防止储罐燃烧后期回火爆炸，石化消防及时制订了316# 罐区丙烯、丙烷储罐应急处置方案，经过实际检验和技术论证，采取稳定燃烧的战术是科学结合实际，从而确保了灭火救援全面胜利。

4. 316# 罐区丙烯、丙烷储罐应急处置方案

（1）根据指挥部指令及时调整罐区 6 个储罐冷却强度，合理布局移动水炮阵地，控制燃烧罐稳定燃烧，防止燃烧罐罐温升高产生爆炸，保持相邻罐罐温，避免烘烤着火；本阶段每个燃烧罐部署 2 门移动水炮，相邻罐各部署 1~2 门移动水炮控温。气防站每小时对现场可燃气体进行检测。

（2）采取燃烧罐充氮、充蒸汽措施后，现场指挥决定升级现场消防、气防监护等级。加强储罐区监控力量和冷却强度，6 个储罐各部署 1 门移动水炮控温，同时备用 3 门移动水炮为 3 个着火点非正常熄火做稀释应急。气防站负责每 20min 对现场可燃气体进行检测。

（3）根据着火罐饱和蒸气压及火焰等明火强灭条件，依据现场指挥部指令，条件成熟时采取强制灭火。具体方案是：6 个储罐各部署 1 门移动水炮控温，同时部署 3 个着火点各 1 门移动水炮沿着火点根部以直流水柱交叉强制灭火（图 2-9），灭火成功后，4 门移动水炮及时调整为开花水流稀释着火点可燃气体，持续时间 2h 并加强罐区周边 50m 范围气体检测。

（4）在监护期间如出现着火罐一明一灭现象，现场指挥应果断采取强制灭火措施，并以 4 门移动水炮加强着火点可燃气体稀释，稀释控制时间以间断式停水并配合现场可燃气体浓度检测，综合数据达到安全值再定其他措施。

（5）工艺处置技术条件：

① 罐内液态烃饱和蒸气压目前处在 0.24MPa，待两罐任意储罐压力处在 0.20MPa 时，由现场指挥决定对达到 0.20MPa 条件的储罐充入低压工业蒸汽，加快罐内液态烃蒸发速度，促使罐内液态烃燃烧加速，并保持罐内正压防止回火爆炸。

② 待两罐任意储罐压力处在 0.18MPa 时，由现场指挥决定对达到 0.18MPa 条件的储罐充入 0.25MPa 压力氮气，抑制液态烃可燃气体组分爆炸峰值，并以蒸汽和氮气充入量作为调节手段，控制着火罐燃烧速度，防止燃烧失控引起相邻罐温升高发生次生事故，以此工艺方法始终保持罐内正压防止回火爆炸，直至液态烃罐组着火罐及联通罐燃尽。

图 2-9 着火点各 1 门移动水炮沿着火点根部以直流水柱交叉强制灭火

（6）此期间消防监护力量部署要求是：消防车辆需 12 台，备用消防车辆 4 台；移动水炮 12 门，备用移动水炮 4 台；空气呼吸器 25 具，可燃气体检测仪 3 台，隔热服 25 套，防爆手电 20 具，防爆对讲机 30 部，抢险救援车应急照明到位。现场指挥由公司领导、橡胶厂和石化厂领导、支队领导、战训科长、6 个大队值班干部、气防总站站长负责；前沿应急指挥由消防支队支队长负责，现场工艺及相关配合由橡胶厂、石化厂厂长负责。

在公司的正确领导和各相关单位的紧密配合下，石化消防支队发扬不怕苦、不怕累的战斗精神，13 日 2 时 56 分，在蒸汽和氮气等工艺措施调节下，燃烧了 129h32min 的明火彻底熄灭。9 时 28 分，公安消防支队 4 台消防车阵地由石化消防支队接管，石化消防支队为确保现场安全，继续保留 3 台消防车实施现场监护，1 台气防车每半小时进行一次气防检测，防止可燃气体及有毒有害气体造成次生灾害。

截至 13 日 2 时 56 分，消防支队共出动灭火抢险救援车辆 118 台次、抢险人员 1040 人次，连续奋战近 130h，使用水成膜泡沫药剂 47t、消防水带 470 盘、干粉药剂 6t、干粉灭火器 20 具、移动炮 24 门及其他防护装备等物资。明火熄灭后，石化消防支队继续保留 3 台消防车、1 台气防车在现场日夜监护，气防站每小时对现场可燃气体浓度和有毒有害气体进行一次检测，发现超标及时通知现场监护消防人员处理，并向支队指挥员及公司汇报。

二、经验总结

（1）公司、厂、消防支队各级指挥根据危化企业的特点，快速反应，启动响应程序，迅速调集各方力量，应对措施有效得力，生产、工艺、技术、设备、安全、环保、消防各方专家在关键时刻的技术支撑，为火场指挥提供了科学依据。

（2）石化消防队伍通过股份公司基层建设达标，强化了专业化管理，在经常性的现场演练和现场熟悉过程中，熟知了各装置物料的理化性质和工艺流程，制订了有针对性的响应程序，物料特性的掌握和地理的熟悉决定了队伍在短时间内对突发事件应对自如、处置得当。

（3）近三年集团公司对石化消防车辆装备的投入，为有效处置高危环境各类事故提供了保障。大功率、大排量、远射程进口泡沫车、国产重型泡沫车、56m高喷车、涡喷车及布利斯进口自摆炮，在应对处置这次突发性恶性灾害中发挥了重要作用。这些装备器材在冷却强度、安全距离、连续运转等方面都为有效处置提供了可靠保障。

（4）支队指战员作风顽强，斗志昂扬，连续130h坚守阵地，支队多次召集指挥员开现场会，进行思想发动、调整力量部署、调整人员心态，始终保持参战人员旺盛的斗志，为夺取灭火抢险的最终顺利奠定了基础。

三、存在不足

（1）通信系统不能满足应急救援需求。

应对大的灾害事故，地企联动时通信问题无法统一，对危险区域、复杂场合的排兵布阵，不能做到统一指挥、统一调动，因此通信需进一步加强。同时，事故现场、重大场所应急处置除了对讲机系统以外，事故广播发挥着重要作用。经实战检验，大型通信指挥车广播功率小，紧急撤离信号、纵向指挥协调信息不能及时发布。

（2）移动装备不能满足实战需求。

通过这次连续性抢险救援实践，国产消防车辆应对特殊复杂、连续工作80h以上的火灾事故，在功能和性能方面不能满足扑救需求。移动炮炮头压力和120~150m水带干线压力损失之和，对泵浦和传动系统功能需求更高。

（3）火灾处置手段单一。

（4）个人防护用品不能满足实战需求。

炼化企业消防员个人防护标准应提高，在应对大范围强辐射热爆炸着火现场，国家标准中个人防护装备的技术参数不能满足处置需求。

（5）火场信息采集亟待解决。

影视资料的设备欠缺，无法进行多点拍摄，且电源不足，紧急情况下没时间充电，造成影视资料摄制不全面，为事故的调查取证造成不便。

四、改进措施

（1）增配消防车辆。

应对千万吨炼油、百万吨乙烯等大型炼化企业应急抢险装备保障，需增加大型进口泡沫消防车配置比例；在车辆配置数量上，应考虑执勤消防车和备勤消防车台数，按执勤台数1∶1配置备勤台数，保证连续运转40h以后，各种车辆轮值战备。

（2）丰富灭火剂种类。

除了配备轻水泡沫这类常规泡沫灭火剂以外，还应配备F-500或法赫德2000等特效灭火剂。

（3）增配个人防护用品。

建议消防员头盔、防护手套、个人防护服装采用进口装备。

"7·16"油库外浮顶油罐应急处置事件

2010年7月16日18时10分,一艘外籍$30×10^4$t级油轮在卸油时,因工人在注入脱硫剂时违章操作导致输油管线爆炸起火,进而引发大面积流淌火,原油边泄漏边燃烧,期间又发生了6次大爆炸。大火导致1个$10×10^4m^3$的油罐和周边泵房及港区主要输油管线严重损坏,部分原油流入附近海域,造成海面污染,社会影响重大。

一、处置经过

2010年7月16日18时10分,某油库管排发生爆炸着火,泄漏原油沿地势向两侧蔓延,形成流淌火,如不及时加以控制必将威胁到整个罐区的安全。与油库区毗邻的某石化公司消防支队五中队在楼房受损严重的情况下,3台消防车21人,第一时间全部出动到达现场实施灭火。同时上报石化公司消防支队火警调度室。

18时20分,支队火警调度室接到报警后,立即向副支队长进行汇报。根据副支队长指令,值班队长启动消防支队应急响应程序,立即通知支队指挥员到支队集结,调集大功率泡沫车和多门移动炮,组建第一批增援力量,对增援人员进行战前动员。

19时10分,副支队长、战训科长、五中队长相继到达现场。由于现场过火面积大,灭火力量不足,区域大面积断电,输油管排呈开放式燃烧、多点连续爆炸,火势沿管排蔓延超过1000m,火焰高达近百米,直接威胁到油库的103#和106#油罐,如图2-10所示。

支队指挥员决定利用有限的灭火力量和地理优势,对呈90°燃烧的管排分段重点突破,充分发挥移动炮的优势对管排实施冷却保护。将3台消防车进行集结,利用6门移动水炮对爆炸点东侧着火管排进行冷却控制。调集五中队库存水带,为参战3台消防车实施供水。同时为增援车辆提前铺好补助水线路。

此时消防泵房已被流淌火包围,形成燃烧,造成罐区全面停电,消防泵无法开启。支队指挥员决定利用油库消防泵房将8000t水源向火场持续供水。

图 2-10 火势沿管排蔓延

19 时 30 分，支队副书记、综合管理科长、装备科长、副班值班队长等相继赶到支队待命。

19 时 45 分，支队指挥员向火警调度室下达增援命令。

支队长接到信息后，直接赶到火场，同公司领导及相关处室领导组成现场指挥部，协调指挥灭火工作，并向指挥部提出使用沙土覆盖、堵截流淌火的建议，得到采纳。

20 时 50 分，增援的 4 台重型泡沫车相继到达现场，根据指挥员命令利用移动炮对 103#、106# 油罐北侧着火管排进行冷却控制，如图 2-11 所示。

图 2-11 对管排进行冷却

21时50分，为了解决水、液补充和车辆加油事宜，支队指挥员与油库人员协调，得知由于地区工业补水管网压力低，无法补水，为防止消防水池水向管网回流，将水池进水阀门关闭。保证了前期火场用水。

22时整，指挥员命令将7门移动炮改由距火点200m以外的油库水源直接供水，继续对着火管排进行冷却控制。将车辆集结待命。

22时15分，根据指挥部命令，将4台增援消防车辆调到着火罐南侧，重点对罐组内的含油污水井持续喷射泡沫液，控制泄漏油品沿下水系统蔓延。

22时20分，安排设备人员进行向油库水池补水的阀门中转工作，提前做好补水准备。

22时30分，由于火势猛烈，直接威胁到油库新建管排的安全，支队指挥员立即向公司现场指挥的副总经理汇报火势情况，宁可以损失车辆为代价，也要尽全力确保106#罐和临近油库输油管排的安全。

17日0时20分，将3台车靠近火点，用车载炮近距离压制火点，同时将7门移动炮的阵地前移。命令驾驶员用车载高压水枪对车辆油箱部分进行冷却，防止高温爆炸。通过12m高的围墙，在106#罐北侧设置1门移动炮，对地面流淌火及罐组室火点进行扑救。

17日1时30分，指挥员组织力量，将东侧移动炮阵地向火点延伸，由于此处距离火点较近，火势猛烈，辐射热强度极大，还不时出现爆燃现象，地形又呈60°下坡，战斗员身着隔热服，延伸移动炮阵地约40m，有效保护了油库管排框架。

为了做好灭火人员替换工作，支队指挥员命令支队值班队长准备20～30人的副班人员增援火场，联系安全环保处解决运送人员车辆问题。支队火警调度室利用短信群发器，通知18日上班人员在7点前到支队集合。

17日3时左右，油库消防水池水位由满池4.6m降至2.98m，为确保火场的长时间、不间断供水，支队指挥员决定将2km外的10000t向油库中转，以最大代价力保火场供水，为整个火场灭火提供了水源保障。

17日5时30分接到支队前方指挥员命令，消防艇10人增援新港海域配合海上灭火。

17日7时10分，第三批增援人员20人从支队出发，于8时到达火场，接替已连续战斗14h的指战员。

17日13时，指挥部决定集中力量对火点发起总攻。为确保103#罐和阀组室灭火总攻一次成功，指挥员决定将水池仅剩的3600t水，通过400m以外油库的消防水线，铺设8条供水干线向参加总攻灭火的车辆供水，保证了总攻车辆成功灭火。

本次向火灾现场不间断供水96h，阶段性供水至7月25日，累计供水量超过$1.8 \times 10^4 m^3$，为火灾扑救提供了有力的保障。

本次灭火行动，石化公司消防支队参战人数118人，参战消防车辆7台、消防艇1艘。支队向现场不间断供水96h，阶段性供水至7月25日，供水量超过$1.8 \times 10^4 m^3$。使用水带 460 盘、空气呼吸器 5 具、隔热服 12 套。调集柴油 8t、泡沫液 20t 用于灭火。

二、经验总结

（1）果断决策，跨区域调水，为火灾扑救提供有力保障。

在本次火灾扑救中，由于着火罐区消防泵房被流淌火烧毁，现场无水可用，支队指挥员果断使用 300×10^4t 国家储备库的 8000t 消防水，通过消防泵房加压后，远距离向火场供水，保证了火场前期用水。在地区自来水管网压力不足，无法补充水源的情况下，将商业储备库的 10000t 消防水通过管网中转到油库消防管网中，确保了总攻阶段火场正面的消防用水，为火灾成功扑救奠定基础。

（2）充分发挥新装备的作用，确保灭火人员的安全。

在本次火灾中，由于燃烧猛烈，火焰高达百米，人员无法靠近，普通水枪射程有限，起不到灭火作用。为此，队伍使用了 14 门流量大、射程远、冷却效果好的移动炮。消防员身穿隔热服，将自摆式移动架设到靠近火点的地方后，人员撤离到安全地带。既发挥了移动炮的作用，又保证了消防员的人身安全。解决了长时间作战给消防员带来的体力消耗问题。

（3）目标明确，措施得当。

指挥员根据队伍战斗实力情况，将主要力量布置在着火罐的北侧，使用大功率车载炮和移动炮进行冷却灭火，全力以赴确保了油库新建管排的安全。同时安排移动炮对中联油输油管排的龙门架进行强制冷却，保护了龙门架一侧未倒塌。

三、存在不足

（1）对于火场实际情况估计不足，第一出动力量薄弱。

（2）未建立有效的指挥体系。

其他单位处室领导随意下达命令，越权指挥影响到消防指挥指令下达和任务的完成。

（3）消防供水系统不合理。

现场发生爆炸，多数固定消防设施瘫痪。消火栓数量有限，间距较远，导致供水线路增多，调整补助水时找不到具体供水线路，影响到现场供水。

（4）消防管线维护保养不到位。

大型火场需要长时间不间断供水，水线长时间处于高压下，厂内消防用水为海水，管线年久失修腐蚀严重，不能经受长时间高压供水。

（5）移动装备不满足实战供水需求。

装备器材配备不齐全，泡沫液加载工具不能满足火场供液要求。

（6）内外部无线通信频点不同。

储备库消防站电台频点与公司辖区内各中队的电台频点不相同，无法建立有效的通信，致使无法有效达到火场统一指挥。

（7）通信系统缺少后勤保障。

配备的电台缺少备用电池，达不到火场长期作战需求。

（8）道路排水不畅易造成大型消防车辆行车不安全。

由于长时间的灭火战斗，致使地面受消防水浸泡严重，车辆行驶不当极易造成地面下陷。

（9）火场信息采集亟待解决。

现场通信员、火场摄像员被调至其他岗位进行火灾扑救，忽略了记载指令下达和火场材料收集的重要性。

（10）移动通信系统更新不及时。

人员电话号码更换频繁，无法与其取得有效联系。

（11）接警不符合规范要求。

各中队时钟显示时间有偏差，导致接警、出警填写时间不同。摄像机显示时间也与实际时间不符。

四、改进措施

（1）对于火场实际情况估计不足，第一出动力量薄弱，增加第一出动力量。

值班室在接发警时要仔细询问，引导报警者将现场情况详细描述，判断火灾情况。建议将油库消防保卫纳入公司辖区，遇火警调一至两个中队增援。

（2）建立统一指挥体系。

无论是火灾扑救还是后勤保障，在原则上只能执行本队指挥员指令，始终坚持一切行动听从指挥、服从命令。

（3）提高供水系统标准。

多条干线供水建议使用三叉、两叉或使用供水球阀，便于供水线路的调整。扩大消防水储备量，增加消火栓数量，建议增加备用水源，以保障大型火场上的消防水供给。

（4）加强消防设施及管线的维护保养力度。

加速消防水线更换、管网改造等工程的进行。

（5）增配移动灭火设备。

增加器材，达到大型火场救援需求。

（6）加强通信指挥系统建设。

同时建立统一有序的消防应急频道，便于火场上各参战力量之间的联系，接受支队的统一指挥。

（7）增配电台备用电池。

携带备用电池，进一步完善后勤保障响应程序。

（8）加强现场风险辨识工作。

驾驶员针对火场出现的这种现象，充分吸取教训，注意行车安全。

（9）火场人员调动应形成统一指挥。

火场专职通信员、摄像员必须坚守各自岗位，发挥其岗位在火场上的作用，严禁随意调派，特别是外围中队。

（10）加强通信系统更新频次。

值班室应及时更新短信群发系统，作为长期性工作进行。

（11）规范接处警程序。

针对各中队时钟、摄像机显示时间有偏差，导致接警、出警填写时间不同的情况，制订《火警调度室时间校对管理规定》《消防支队战备摄像机、照相机器材时间显示管理规定》《消防支队影视资料存储管理规定》。

"8·29" $2 \times 10^4 m^3$ 内浮顶柴油储罐应急处置事件

2011年8月29日9时58分，风向为南风，风力4~5级。储运车间八七罐区875#柴油储罐发生火灾，经石化消防支队全力扑救，于13时20分左右扑灭明火，历时3h22min。在本次火灾扑救中，石化消防支队参战车辆共21台（艘），其中战勤车辆17台、消防艇1艘、后勤装备车1台、指挥车2台，208名消防指战员参战。

一、处置经过

1. 第一阶段（冷却保护，控制扩散）

特勤中队、一中队、二中队、三中队及三蒸馏现场监护车辆先后到达现场。各中队按支队指挥员的部署迅速展开战斗。为加强第一时间冷却力量，第一时间安排人员开启着火罐及相邻罐的喷淋设施，并中转泡沫线阀门。

（1）特勤中队特2车（卢森堡亚重型泡沫车）停在874#罐北侧，出车载炮对防火堤内流淌火实施控制。特3车（16m多功能消防车）停在875#罐东侧，利用臂架炮对着火罐（875#）实施冷却，并出1门布利斯移动炮对管排实施冷却保护。

（2）一中队101车（豪沃大型水罐车）停在874#罐东侧，出车载炮对管排实施冷却（受火势威胁的公司系统管排如若冷却保护不当，将造成不可估计的次生灾害）。102车（32m多功能消防车）停在874#罐东北角，利用臂架炮对874#罐实施冷却。103车（现代大型泡沫车）停在875#罐西南侧，出2支泡沫枪、1门布利斯移动炮对罐组内的连通管线和管排实施冷却保护。104车（56m多功能消防车）停在874#罐北侧，利用臂架炮对874#罐和其组立阀门实施冷却保护。

（3）三中队303车（42m曲臂消防车）停在874#罐东侧，利用臂架炮对874#罐实施冷却。

（4）二中队201车（豪沃联用车）停在875#罐南侧，利用车载炮对管排实施冷却。202车（16m多功能消防车）、203车（16m多功能消防车）停在875#罐东南侧，利用臂架炮对875#罐体进行冷却保护。

（5）四中队消防艇第一时间出动停靠顺岸码头，向陆地铺设12条供水干线为参战车辆供水。

第一阶段消防力量部署如图2-12所示。

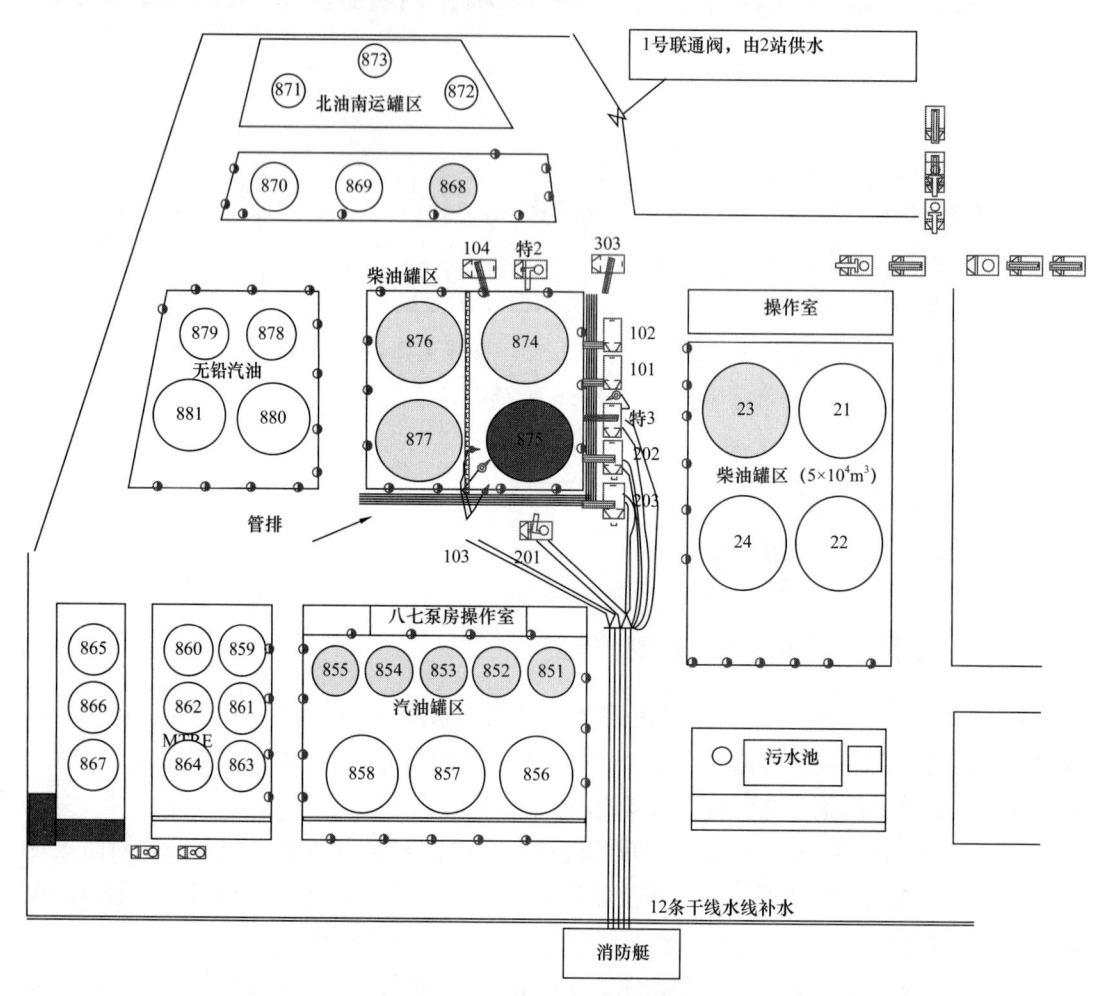

图2-12 第一阶段消防力量部署

2. 第二阶段（驱赶隔离，阻断蔓延）

火势达到猛烈状态，875#罐大量泄漏柴油着火，迅速蔓延，整个防火堤均陷入火海之中，形成大面积池火，同一罐组内的874#罐存油量为18000m³，整个罐体陷入火势包围当中。为防止874#罐烧毁坍塌，造成火势扩大，指挥部及时调整战斗部署，确定消防处置在保证冷却效果的前提下，实施驱赶油火，阻断隔离，将874#罐底部池火向875#罐方向驱赶，在874#罐与875#罐之间形成隔离带，将相邻罐与着火罐进行隔离。

（1）特勤中队特2车出2支泡沫枪分别沿防火堤东北侧向南驱赶油火和向防火堤内注入泡沫实施灭火。

（2）一中队 104 车出 2 支泡沫枪沿防火堤西北侧向南驱赶油火。当油火被驱赶至 874# 罐与 875# 罐之间后，104 车 2 支泡沫枪和特 2 车 1 支泡沫枪在两罐之间对池火进行分割形成隔断，防止油火回燃，再次威胁 874# 罐安全。

第二阶段消防力量部署如图 2-13 所示。

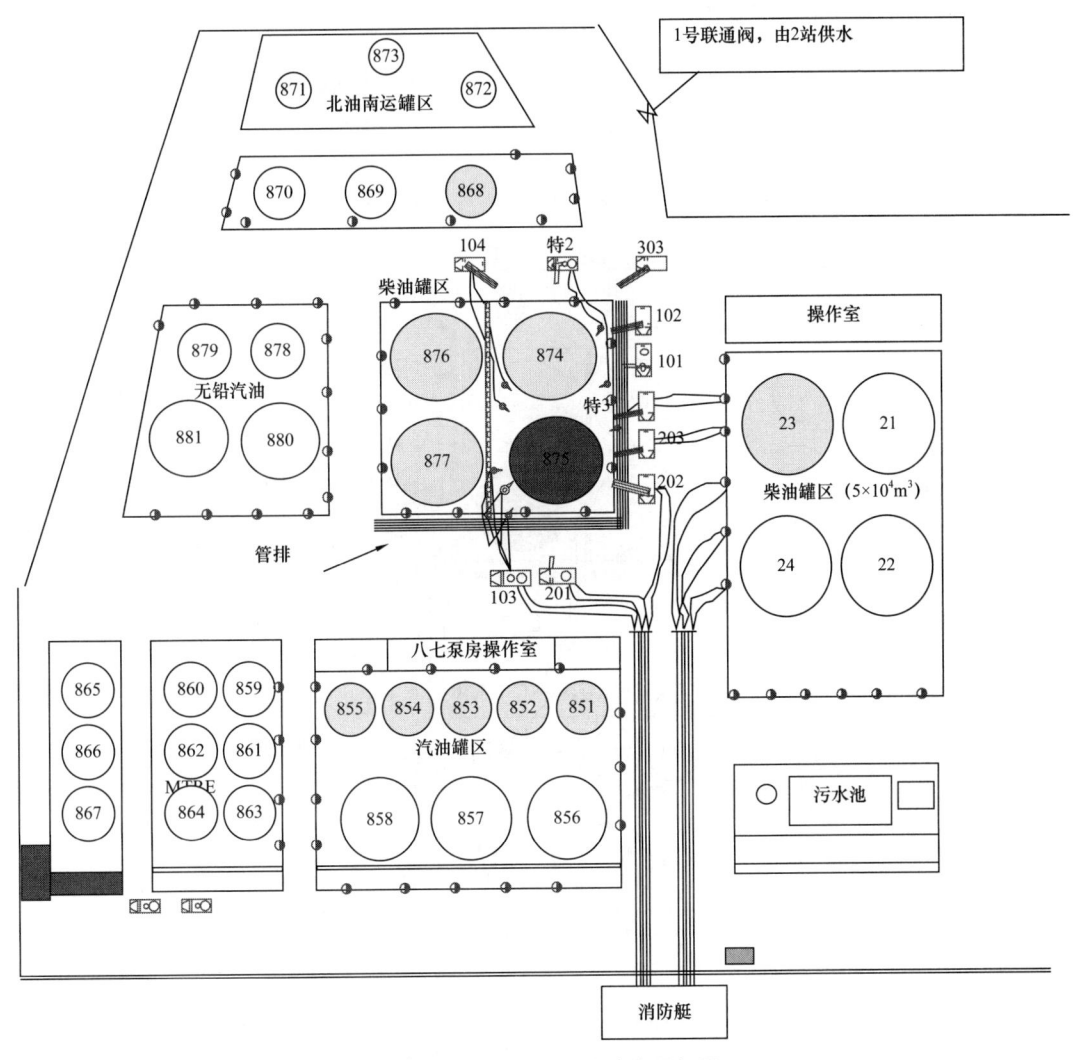

图 2-13　第二阶段消防力量部署

3. 第三阶段（发起总攻，扑灭明火，加强冷却降温）

油火被控制在 875# 罐范围内后，指挥部下达总攻灭火指令，在继续完善着火罐、临近罐和相关管线冷却的同时对火点进行强攻，实施灭火。

（1）一中队 101 车再出 1 门克鲁斯移动炮对 875# 罐火点进行灭火。103 车出 2 支泡沫枪、1 门克鲁斯移动炮对罐组内连通管排进行灭火。104 车 2 支泡沫枪和特 2 车 1 支泡沫枪向 875# 罐推进灭火。

（2）二中队201车改出3门布利斯移动炮对管排实施冷却。202车、203车分别改出2支泡沫钩枪、2个高倍数泡沫发生器向防火堤内注入泡沫实施灭火。

（3）13时20分将明火扑灭，现场继续对着火罐、临近罐和相关管线进行冷却降温。18时50分，留4台消防车现场监护，其他车辆归队恢复战备。

第三阶段消防力量部署如图2-14所示。

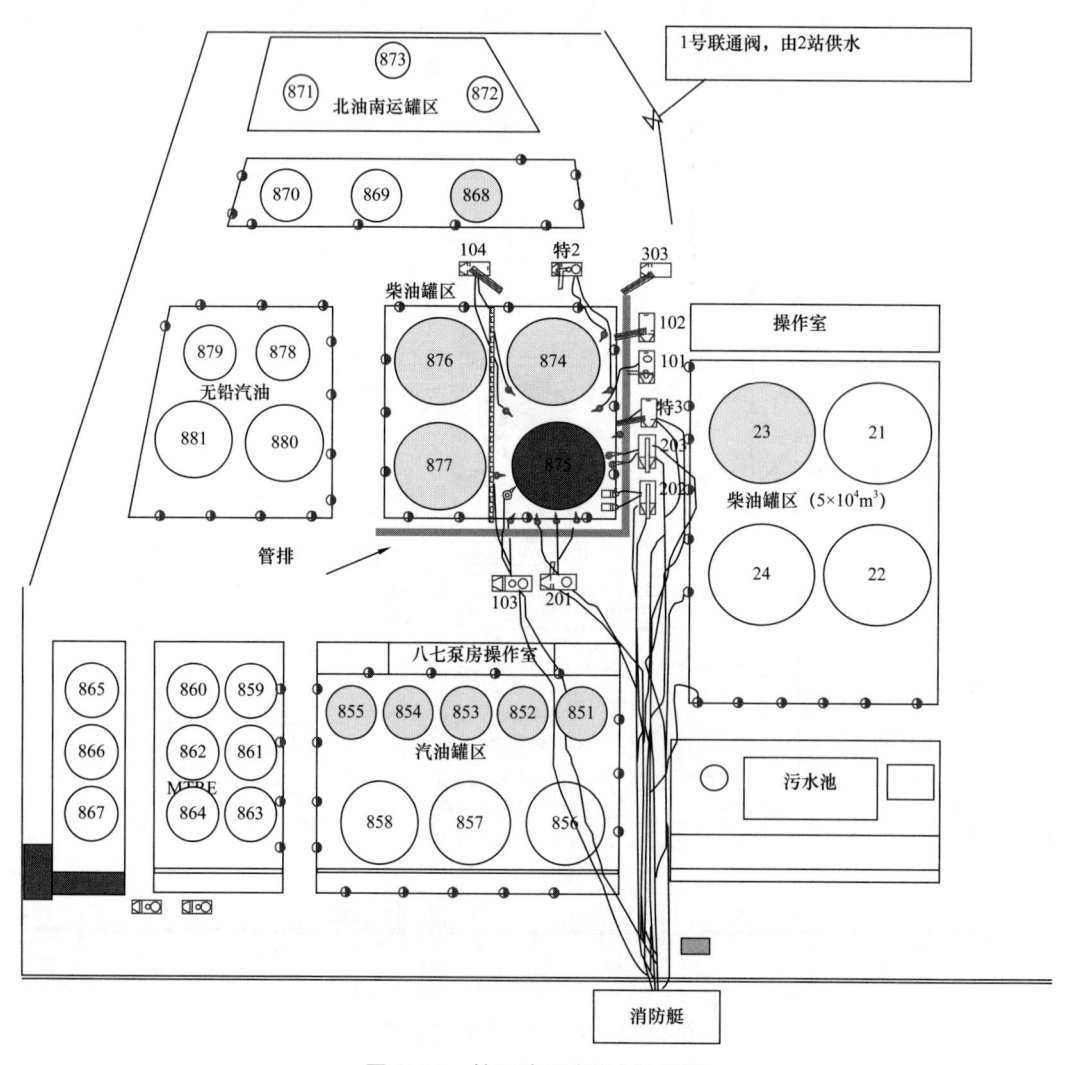

图2-14　第三阶段消防力量部署

二、经验总结

（1）灭火战术的选择准确，关键部位保护得当。

油品罐区火灾的扑救主要依靠消防处置，灭火技战术方法选择是否正确，关系到整个灭火救援的成败。集团公司消防处组织编制的《专职消防队灭火救援总体响应程序编制导则》《灭火救援基本战术范本》等专业指导性材料为响应程序编制、演练和灭火救援提供了有效的技术支撑，使火灾扑救更具规范化，技战术措施的选择应用更加科学合理。此次火灾，火场指挥部坚决贯彻"先控制，后消灭"的战术原则，对邻近储罐和关键部位实施重点保护，有效控制了火势发展。从最先的积极冷却控制，到中期的主动进攻，再到完成最后的战术包围，发起总攻围歼灭火及灭火后的积极冷却降温，火灾扑救整体思路明确，效果显著。

① 加强冷却保护，阻断火势蔓延，成功保护相邻储罐。

与着火罐875#罐相邻12m的874#罐存有18000m^3轻质柴油，两罐之间并无隔堤，一旦874#罐罐体烧塌，18000m^3的柴油将全部溢出，事故灾害将进一步扩大。火场指挥部命令第一时间开启罐组消防喷淋，对着火罐及邻近罐进行冷却降温，并组织移动力量加强对着火罐和邻近罐的冷却保护，确保不留空白点，加强浮盘与油面接触处的冷却保护。采用驱赶隔离、阻断蔓延、分割灭火的方法，集中利用泡沫枪将已经蔓延至874#罐的火势向875#罐方向驱赶，并对火势实施封堵、分割，在两罐之间形成泡沫隔离。同时，利用空气半固定向874#罐注入泡沫，减少874#罐内的油气挥发，降低874#罐的潜在风险。

② 公共管排实施重点冷却保护，避免发生次生事故。

由于火势猛烈，罐组周边的公共管排受到火势严重威胁，一旦管排烧毁，将造成全厂生产装置紧急停工，引发不可预测的次生事故发生，危险性极大。火场指挥部安排战斗力量重点对公共管排进行冷却保护，灵活使用举高喷射消防车，从上至下压制火势，对公共管排实施冷却保护。

③ 加强防火堤冷却保护，避免人员伤亡、车辆损失，杜绝环保事故。

根据GB 50160—2008《石油化工企业设计防火标准》第6.1.1条，防火堤的耐火极限一般不小于3h，如果防火堤得不到有效的冷却保护，长时间受火势烘烤极易造成防火堤部分墙面脱落，出现防火堤渗油，火势向防火堤外蔓延发展。一旦防火堤坍塌，防火堤内着火油品与消防废水快速外泄，大面积的流淌火将严重威胁救援人员、车辆安全。鉴于发生事故的储罐组距离海岸150m，防止泄漏油品及消防用水流入大海，防火堤的冷却保护也是火场指挥部重点关注的内容之一，安排火情侦察小组、安全观察哨时刻监控防火堤内液面情况及防火堤本体变化情况，安排战斗力量对防火堤实施冷却保护，降低防火堤温度，防止由于防火堤坍塌，造成大量着火油品、消防废水外泄，污染周边海域引发的环保事故。

④ 持续冷却，防止复燃。

油品储罐一旦发生大规模火灾，指挥员必须有打持久战的准备，如果油温得不到有效控制，不能下降到燃点以下，火场极易发生复燃。储罐罐体温度下降并不意味着罐内油品温度也同比下降，不能盲目根据储罐罐体表面温度判定冷却降温效果，火势扑灭后要保证火场的持续冷却防止复燃。此次火灾扑救中，在火势熄灭后，火场指挥部命令继续从罐体破裂处向罐内注射泡沫，保持罐内泡沫层的高度，并保持冷却强度，防止复燃。

（2）完善的供水（液）保障方案。

① 扑救油品储罐火灾，消防水及泡沫灭火剂的不间断供给十分重要，直接影响着灭火救援的成败。由于当时公司消防供水系统能力有限，支队为确保应急情况下不间断供水，根据公司辖区地理位置两面邻海的特点，制订了消防艇应急供水保障方案，利用消防艇作为流动泵站，通过水带连接沿岸消防管线或消防车辆，为重点生产装置、储罐提供应急消防用水。在本次火灾扑救中，现场共使57个消火栓供水，用水量为855L/s，远远超出消防泵站实际供水能力（402L/s），火场上同时启用消防艇（300L/s）和消防局远程供水车（300L/s）联合供水才加以缓解。

② 火场指挥部根据现场实际出口情况，提前估算现场泡沫灭火剂的持续供给时间，并及时启动泡沫灭火剂供给方案，向火灾现场调集泡沫灭火剂以保障其持续供给。在现场缺少泡沫供给车的情况下，指挥部命令后勤保障组组织人力将泡沫桶运送到火灾现场，采用消防车和泡沫枪外吸泡沫等方式直接实施灭火，从而保证了整个灭火救援过程中泡沫灭火剂的不间断供给，为保障灭火救援工作顺利开展奠定了基础。

（3）增援力量的迅速调集。

由于现有人员配置无法满足大型火场灭火救援需要，支队制订了"消防支队增援力量调集程序"，根据火灾规模不同实施增援力量调集。本次灭火救援，支队除第一时间启动外部增援力量调集方案，请求公安消防支援外，还利用短信群发器调集副班休息人员到厂增援，共调集100多人到达火场，补充了火场的前沿灭火力量。

（4）专职消防队与公安消防队配合默契。

经历2010年"7·16"事故、2011年"7·16"事故两次大规模灭火救援行动的联合作战，支队与公安消防队就联合作战所存在的问题展开专题讨论，并根据双方目前的战斗力和装备配置共同制订方案，定期开展响应程序联合演练，提高两者之间灭火救援作战的协同能力，避免各自为战的现象出现，落实火场信息共享，保证火场各参战力量能迅速接收、落实作战任务。

在此次灭火救援中，支队与公安消防队的联合演练成果初见成效，两支队伍指挥统一，配合默契，相互弥补，各自发挥特点，保障了此次灭火救援任务的顺利完成。例如：此次灭火救援行动共调集消防车100多辆参战，两支队伍共享火场信息和先进灭火设备，使得整个火场协调统一，增援人员和消防车辆的调集、调整快速有效，火场二次接警组织有序。

（5）灭火器材的灵活应用。

由于此次火灾是875#罐发生闪爆后罐底撕裂，罐内油品外泄到防火堤内形成大面积油池火，火势猛烈，火焰沿着防火堤边缘向外翻滚，热辐射强度高，人员近战强攻十分困难。利用移动炮、泡沫枪对池火实施泡沫覆盖的效果不佳，泡沫覆盖层形成困难。火场指挥部决定充分利用泡沫钩枪流量大、发泡效果好的特点，将泡沫钩枪挂在防护堤上，使得泡沫沿防火堤壁淌下，平稳地覆盖在燃烧液面上实施灭火，该措施的实施快速有效地控制了防火堤边缘的火势，待火势减弱后，又立即使用高倍数泡沫发生器向防火堤内注入大量泡沫以提高油池火的灭火效果。

三、存在不足

（1）消防供水系统不合规。

各企业大型消防车的配备给火灾救援工作提供了保障，当发生大型火灾时，大型车辆的使用导致用水量增加。临时高压的供水能力不能满足火场第一时间供水的需要，现有规范要求的供水能力无法满足实际需要。此次火场参战车辆大约百余台，现场共使用消火栓57口供水，用水量为855L/s，远远超出消防泵站实际供水能力（402L/s），火场上同时启用消防艇（300L/s）和消防局远程供水车（300L/s）联合供水才加以缓解。

（2）设备种类单一。

油品罐组火灾，多易发生流淌火，防火堤面积狭小，不宜架设移动炮。

（3）罐组内缺少隔堤。

由于罐组内没有隔堤，火灾蔓延速度极快，容易造成同一罐组内的储罐陷入火势包围。

（4）消防车辆电气部分防水性能不满足实战需求。

现用车辆水泵间多采用卷帘门，在火场供水或下雨天时操作消防车水泵间，容易进水造成其电气部分短路。

四、改进措施

（1）建立独立的消防稳高压供水系统。

将临时高压供水系统改造为稳高压供水系统，并扩大消防供水系统的供水能力，采取多种类型的供水方式，增配远程供水车辆，为大型火场用水提供保障。

（2）丰富装备种类。

增配泡沫钩枪和移动夹炮等移动设备，丰富各种灭火手段以应对不同情况和地形的火灾。

（3）增设隔堤。

在罐组内设置隔堤，阻隔火势蔓延速度，为火灾扑救争得时间。

（4）提高车辆性能。

将消防车水泵间改为翻板门。

"6·2" $10×10^4$t/年苯乙烯装置配套储罐应急处置事件

2013年6月2日多云，15~20℃，东南风4~5级。14时27分53秒，939#罐发生爆炸着火，罐体破裂。14时28分01秒、14时28分29秒、14时30分43秒，937#罐、936#罐、935#罐相继爆炸着火。此次事故造成4人死亡，周边管架、建筑（液硫成型厂房）严重损坏，造成了较大的社会影响。

此次事件处置，石化消防支队、市公安消防支队（共调集35个中队参战）、毗邻石化公司消防队（联防区增援力量）参战人员共879人；参战车辆166台，消防艇1艘。16时左右，火灾被成功扑灭，使用消防水14000m³，消耗泡沫86t，车辆共使用油料（柴油）1146L。

一、处置经过

2013年6月2日14时27分53秒（工厂监控视频显示时间），939#罐突然发生爆炸着火，罐体破裂，着火物料在防火堤中漫延（各罐之间无隔堤），小罐区防火堤内形成池火。14时28分01秒、14时28分29秒、14时30分43秒，937#罐、936#罐、935#罐相继爆炸着火。

支队火警调度室火警调度员听到爆炸声，从窗户看到三苯罐区方向有火球伴着浓烟升起，火警调度员立刻发警，特勤中队、一中队接到出警命令后迅速出动赶赴火场。14时28分，火警调度室接到三苯车间工人报警，三苯罐区爆炸着火，具体爆炸罐号不详。14时29分，支队火警调度室分警至二中队、三中队、设备中队，通知公司相关处室。

1. 行车途中战斗部署

14时29分，值班队长在行车途中下达作战命令，命令侦察小组到达现场后，立即进行火情侦察、搜救、疏散、警戒；命令所有参战人员做好个人防护；安排各中队车辆站位：一中队车辆站火场西侧，三中队车辆站火场东侧，特勤中队车辆站火场北侧，各中队利用高喷消防车臂架炮及车载炮实施灭火，利用泡沫枪消灭地面流淌火，命令一中队开启各储罐固定水喷淋和现场固定水炮。同时成立火场指挥部，启动支队后勤保障响应程序，命令火警调度室通知全队副班人员到支队进行增援。行车途中消防力量部署如图2-15所示。

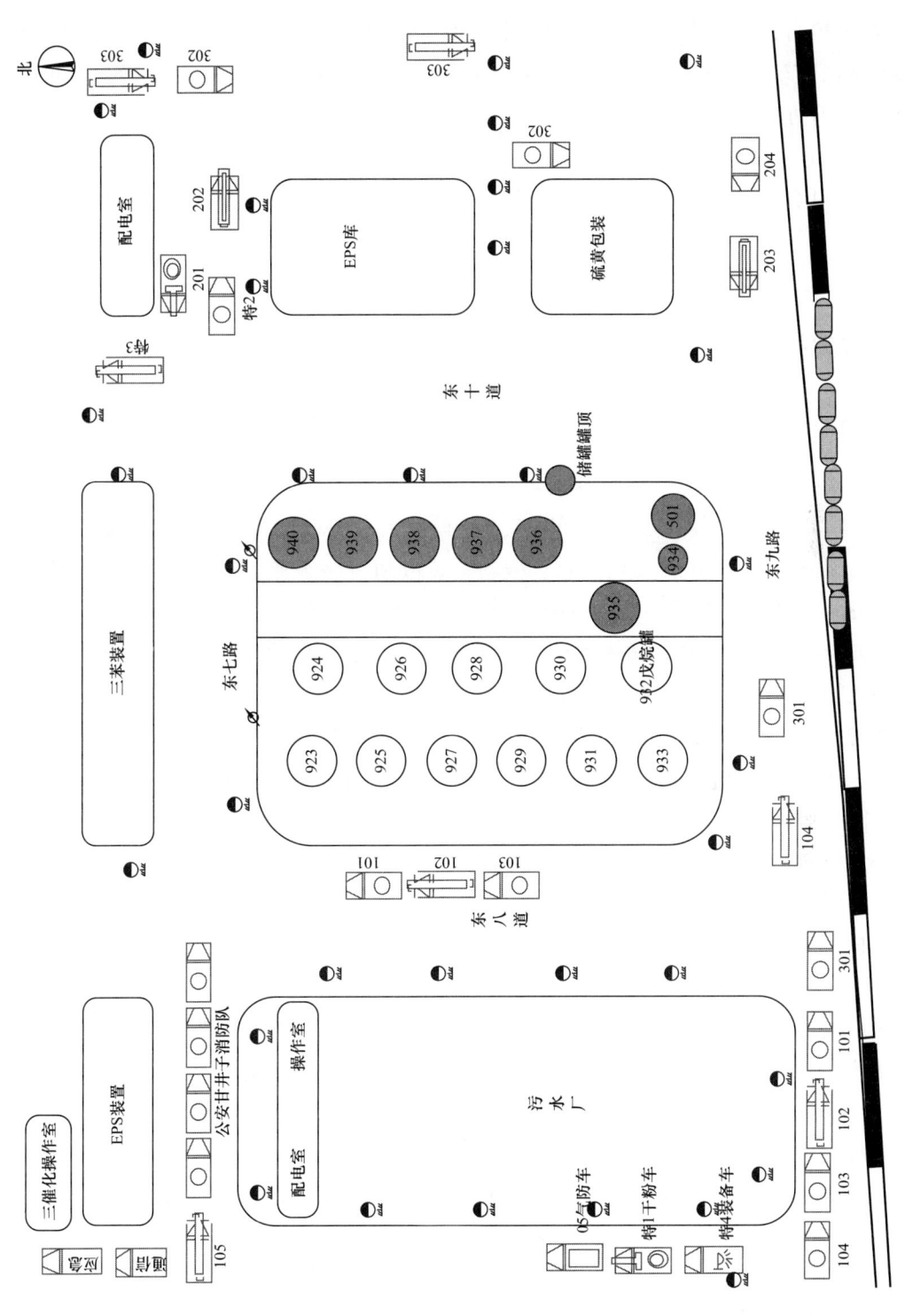

图 2-15 行车途中消防力量部署

2. 行车路线

14时29分，一中队沿东六道—东九路—东八道到达现场；三中队301车（马基路斯大型泡沫消防车）沿东六道—东九路到达现场，302车（奔驰大型泡沫消防车）、303车（16m高喷消防车）沿东六道—东九路—东八道—东五路—硫黄包装东侧到达现场；特勤中队沿东六道—东七路到达现场。

14时34分，二中队沿东四道—东三路—东六道—东五路—新区装置内道路—东九路到达现场。

14时41分，支队领导到达火场后，值班队长向支队领导移交指挥权。

3. 火灾扑救过程

1）第一阶段

第一阶段主要是侦察、警戒、搜救，加强冷却保护，阻止地面流淌火蔓延。

（1）特勤中队达到现场后，05车（气防抢险车）、特1车（干粉消防车）停$8\times10^3m^3$罐区与二提升之间，开展火场侦察、搜救、疏散和道路警戒。根据火场侦察，934#、935#、936#、937#、938#、939#、940# 储罐全部陷入火势包围中，其中935#、936#、937#、939# 储罐发生爆炸，罐体遭到严重破坏，935# 储罐爆炸移位，造成西侧管线断裂，东侧防火堤坍塌，油品流出后在东十道、东九路形成地面流淌火。934# 罐、510# 罐存有物料随时可能发生爆炸，且934# 罐南侧防火堤外堆积大量油桶，部分已经发生爆炸。

（2）搜救小组确认2名被困人员位置，根据火场指挥部命令与先期赶到的辖区甘井子公安消防中队联合将被困人员抬出火场。

（3）根据火场侦察情况，火场指挥部命令各中队战斗组合利用泡沫枪阻止地面流淌火蔓延，利用消防喷淋系统、固定消防水炮和高喷臂架炮对着火储罐和受火势威胁储罐实施冷却保护。

（4）火场指挥部特别针对可能发生爆炸的934# 罐、510# 罐及934# 防火堤外的大量油桶做出战斗部署，命令负责该区域灭火战斗的中队进攻阵地的设置必须避开可能发生爆炸的部位，利用高喷车、移动炮实施远距离冷却、灭火，降低风险。

（5）距离事故罐区112m处的储运东罐区及时开启8000m³罐组消防喷淋系统，以防爆炸事故对其造成影响。

第一阶段现场如图2-16所示，第一阶段消防力量部署如图2-17所示。

2）第二阶段

第二阶段主要是加强灭火力量，全力扑救防火堤内火灾和地面流淌火。

图2-16 第一阶段现场

（1）火势形成猛烈燃烧阶段，由于储罐罐体受到严重破坏，随着油品大量外泄，防火堤内油池火及路面流淌火火势有扩大的趋势。与此同时，火场周边的公共管排及框架受到火势威胁。为防止火势进一步扩大，火场指挥部及时调整战斗部署，确定消防处置在保证冷却效果的前提下，加强对防火堤内油池火和地面流淌火的扑救。

（2）火场指挥部根据现场情况命令增加泡沫枪出口数量，对地面流淌火实施分割扑救，逐片消灭。防止火势向三苯大罐区、乙苯苯乙烯装置和液硫成型厂房蔓延。同时，命令各参战队伍利用移动泡沫炮对防火堤内火势进行压制，防止火势扩大蔓延。

（3）火场指挥部联系生产运行处安排机务车间将火场南侧铁道上停放的受火势威胁的8节槽车拖走。后期确认8节槽车均为空车，其中5节槽车为白土槽车（每节58t），2节槽车为轻质油品槽车（每节53t），1节槽车为液氨槽车（31t）。

（4）火场指挥部安排专人引导到达现场的公安消防队增援力量进入西北侧和西南侧灭火阵地，参加战斗。

第二阶段消防力量部署如图2-18所示。

3）第三阶段

在第三阶段，地面流淌火被消灭，灭火阵地向内部延伸，实施内攻灭火。

（1）地面流淌火逐步消灭，火场指挥部命令利用高倍数泡沫发生器、泡沫枪对防火堤内大量释放泡沫，加快防护堤内火灾的扑救速度。

（2）火场指挥部命令所有移动泡沫炮、泡沫枪向火场内部延伸，将防火堤内火势分割成3个区域，进行逐个消灭。

第三阶段消防力量部署如图2-19所示。

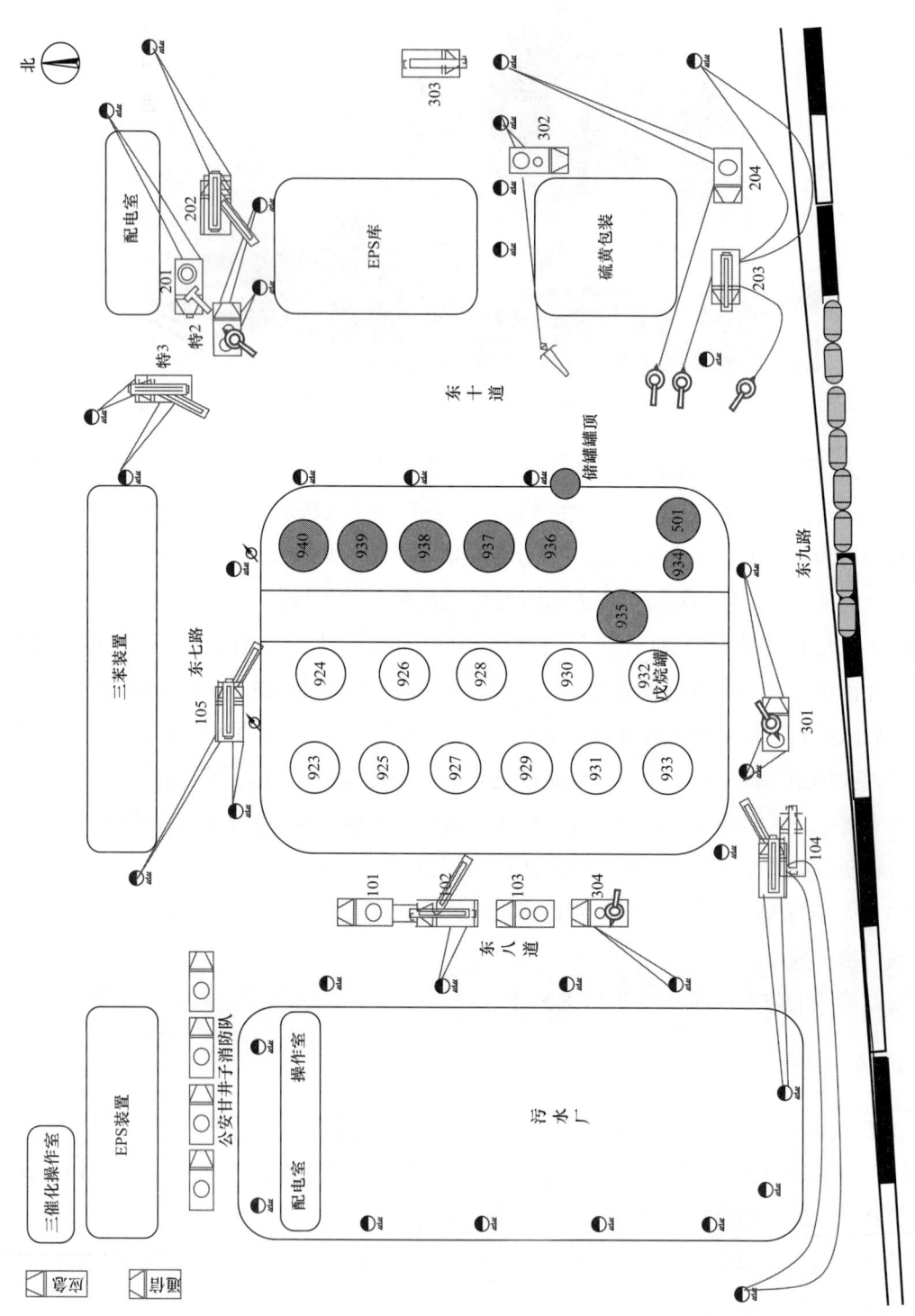

图 2-17 第一阶段消防力量部署

第二部分》
石油石化储罐典型事件

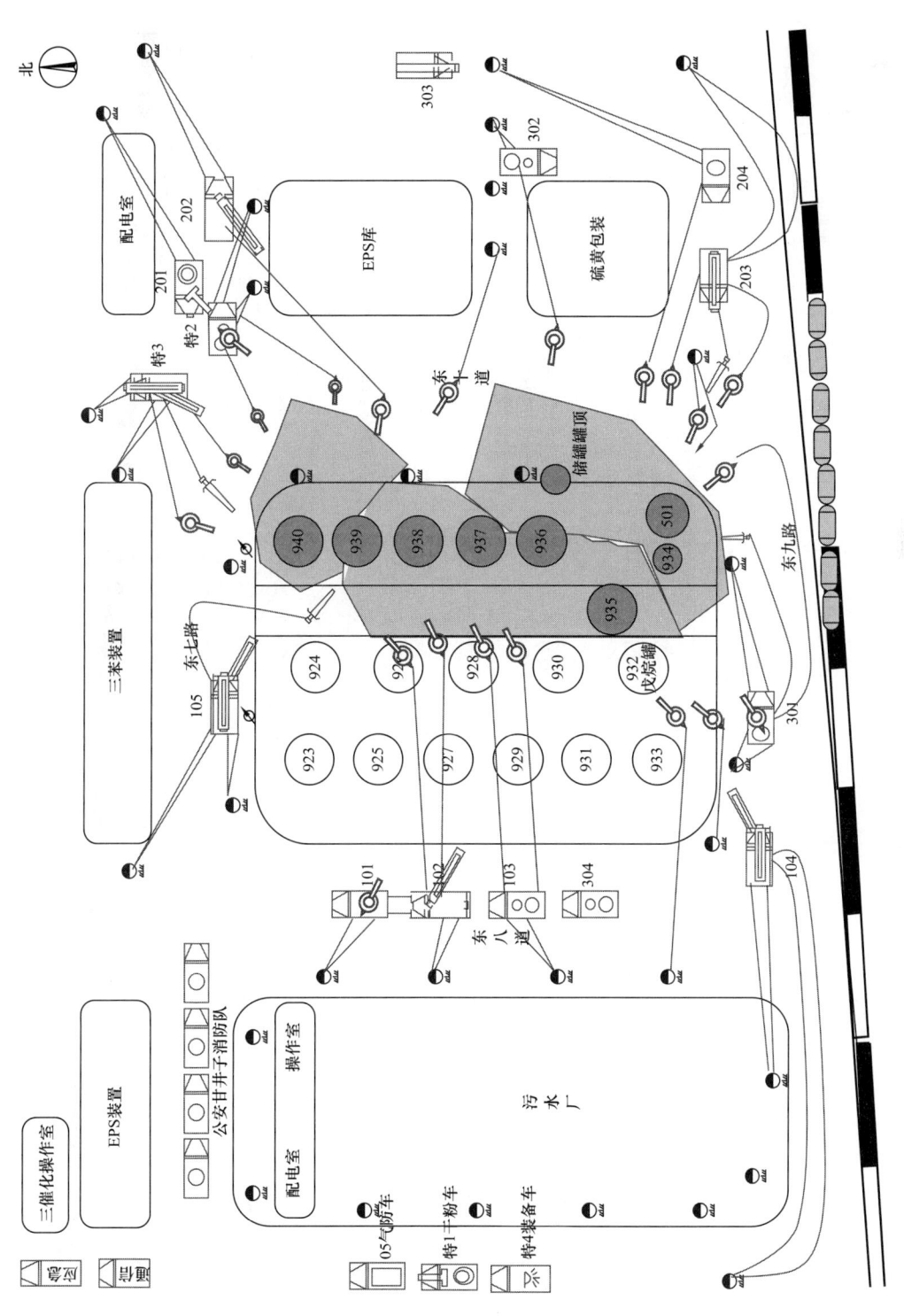

图 2-18 第二阶段消防力量部署

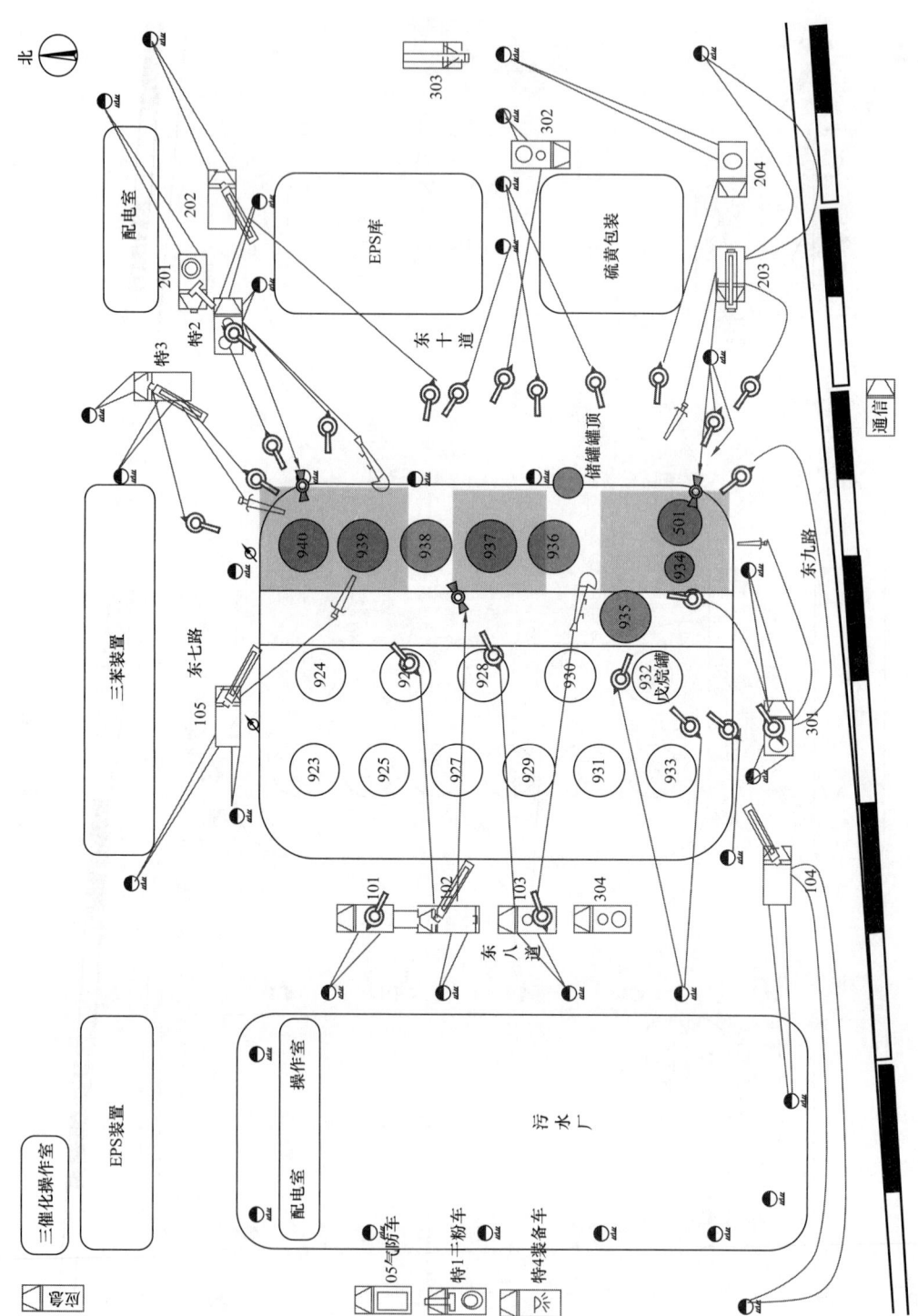

图 2-19 第三阶段消防力量部署

4）第四阶段

第四阶段：发起总攻，扑灭明火，加强冷却降温。

（1）北侧939#罐火势得到有效控制后，利用沙袋对残火进行压制，并利用干粉灭火器对缝隙内的余火实施扑救，彻底消灭939#罐火灾。

（2）南侧935#罐火势得到控制后，火场指挥部下达总攻灭火指令，因935#罐倒扣在防火堤外，罐体严重变形，灭火剂不能喷射在有效部位，火场指挥部命令架设二节拉梯，利用泡沫钩枪和泡沫管枪登罐，从罐顶裂口处向罐内喷射泡沫压制火势。

（3）由于935#罐苯乙烯聚合物附着在罐壁上，盲区较多不易扑救，在泡沫钩枪从罐顶灭火的同时，火场指挥部命令利用沙袋对935#罐与地面接触处的开口部位进行封堵，并将储罐半固定泡沫发生器拆除，利用泡沫枪从拆卸口处向罐内注射泡沫，抬高罐内液面高度控制火势，如图2-20所示。

图2-20 利用泡沫枪从拆卸口处向罐内注射泡沫

（4）为了快速有效地消灭935#罐火灾，指挥部命令在保持罐顶泡沫钩枪和罐底泡沫枪灭火的同时，利用泡沫管枪从倒立罐体的南、北两侧缝隙处夹击向罐内喷射泡沫，消灭火灾。

第四阶段消防力量部署如图2-21所示。

（5）组织搜救小组先后4次深入现场搜救2名失踪人员，由于现场环境极其复杂（爆炸后的罐体残骸四处散落，防火堤内含有大量焦油的消防处置用水深达40cm）未能确认最终位置。

16时左右火灾被成功扑灭。17时40分，现场安排留车监护，其余车辆归队。22时许，监护车辆对现场冷却降温结束。本次火场石化消防支队共226人参战，参战车辆21台，消防艇1艘，使用消防水14000m³，消耗泡沫86t，车辆共使用油料（柴油）1146L。

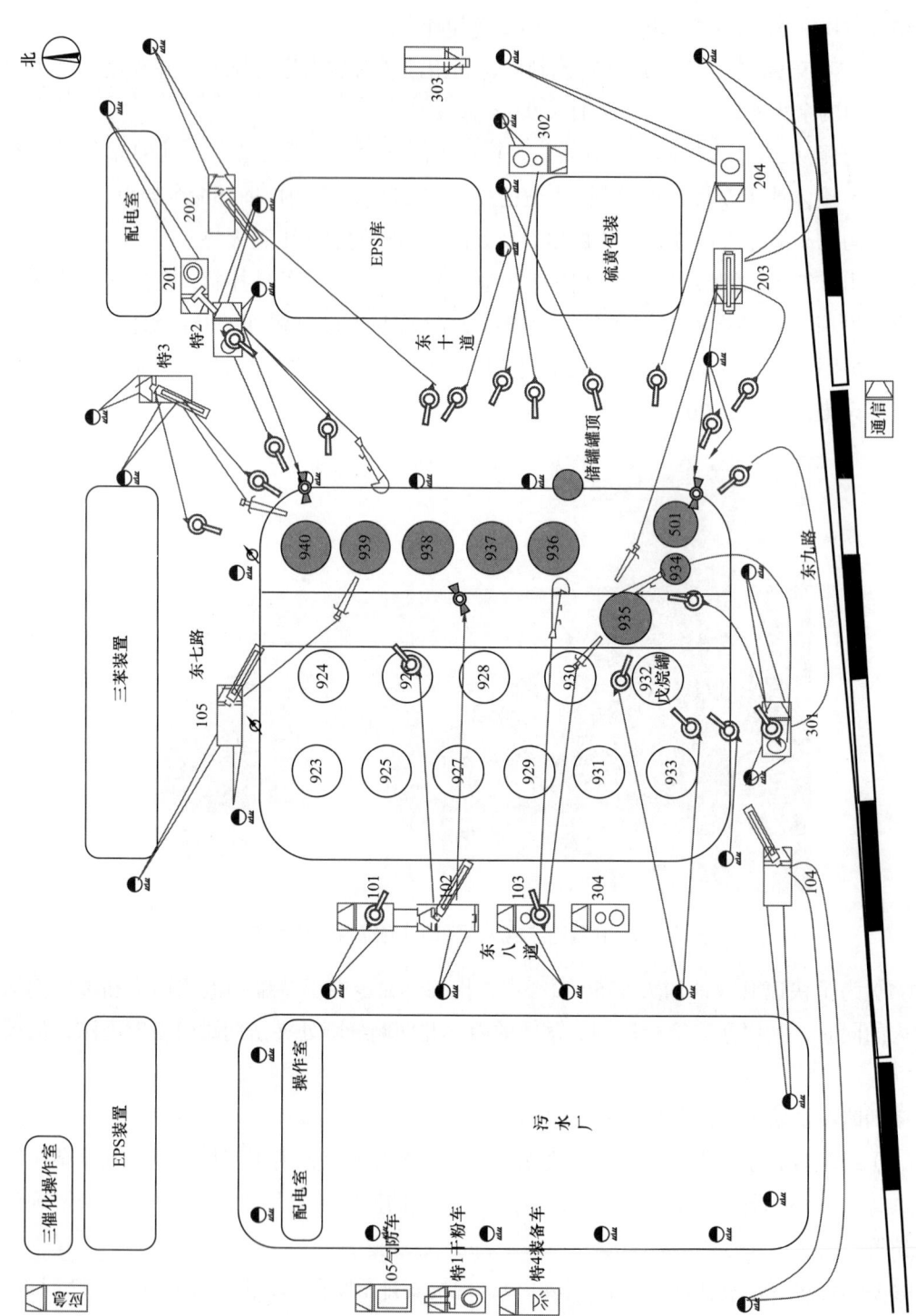

图 2-21 第四阶段消防力量部署

二、经验总结

（1）苯类物质等难溶于水的有机溶剂发生火灾，用水灭火无效，如果没有充足的泡沫灭火剂很难完成火灾扑救。如此大型的火场泡沫供给难度较大，因此配置大型泡沫供给车是十分必要的。

（2）现场下水系统复杂，容易造成下水井闪爆。公司厂区内地下管网铺设复杂交错，假定净水、含油污水、雨水井遍布装置周边道路，事故处置中含有可燃液体的污水如果窜入下水井内，遇到明火极易发生闪爆，给参与现场处置的车辆和人员带来极大的安全威胁。支队要求在今后的事故处置中绝对禁止消防车辆及人员靠近下水井处停放和操作。

（3）通过"7·16""8·29"两场大型火灾的联合扑救，支队与公安消防队伍间建立了定期演练机制，以加强地、企消防队伍之间大型火场的指挥衔接、力量调配、火场信息共享、优化重点装备火场的联合使用。同时，公安消防支队为企业配备了4部专用电台，以解决两支队伍间无线通信的障碍，提高两支队伍间的协同作战能力。

（4）在此次"6·2"事故处置中，双方指挥层的有效衔接和共同决策起到了至关重要的作用。从重点部位的进攻阵地部署，到登罐实施强攻灭火，双方都共同协商制订作战方案，做到火场信息全部共享，优势参战力量集中调配，火场增援力量引导有条不紊，两支队伍的联合作战效果得到了实战的检验。

（5）根据"8·29"火场使用泡沫钩枪和高倍数泡沫发生器成功扑救防火堤内火灾的经验，支队战训科规范其操法，开展针对性训练，加强战斗员的实际操作能力，在此次火场中运用更加成熟，对快速控制防火堤内火灾起到至关重要的作用。

三、存在不足

（1）缺少专项管理方案。

车间装置在发生火情后第一时间启动一级防控系统，将事故处置用的消防水和泡沫全部封堵在装置区域内，使得消防水带淹没在水下，驾驶员对车辆出口对应的前方现场水枪线路不清，造成停供水不及时。

（2）消防个人防护专业性不强。

本次事故处置中有几名队员皮肤被苯类物质腐蚀，还有一名队员出现过敏反应，这都是因为参战人员急于投入战斗，没有按要求做好个人防护造成的。

四、改进措施

（1）制订专项管理方案。

制订消防车火场停供水联络方案，要求火场水带铺设采取夜间铺设方法，同时前方号员将不同颜色的旗帜插在腰间，后方供水车辆的出水口吸附相应颜色的磁石，同种颜色形成一条供水线路，保证了供水线路的通畅。

（2）强化业务培训。

支队规定，不管在什么情况下，参战人员必须在做好个人防护的前提下才能进入现场。

"9·21"液化石油气储罐应急处置事件

2000年9月21日15时05分,石化公司原化工三厂储运车间液化石油气罐区16#储罐发生着火爆炸,沉闷的爆炸声震撼了周边地区,消防指战员同时向罐区瞭望,只见距消防队不足500m的液化气罐区火光冲天、浓烟滚滚。

一、处置经过

火光就是命令,未等报警,消防中队、特勤中队9台消防车迅速出动直奔火场,从听到巨响至消防车到达仅仅用了2min。赶赴火场途中,火场指挥员给通信班下达了命令部署,一是召集所有休班队员归队参战,二是请求市消防支队增援。

15时07分,消防队到达火场后根据现场勘查结果,结合西北风向、火情和消防队自身实力情况,决定先控制向下风向蔓延火势,冷却周围储罐和设施。特勤中队立即进入现场搜救受伤人员并送往医院,1号车和2号车在着火罐北侧的罐区中间消防道占位,1号车出2支水枪分别冷却受火势威胁最大、最危险的15#和17#罐;2号车分别冷却着火罐和17#罐;3号车和4号车在罐区南侧消防道占位,3号车冷却21#罐和着火罐;4号车对22#罐和着火罐进行冷却,5号车和6号车在罐区北侧消防道占位,5号车冷却15#罐和着火罐,6号车对着火罐进行冷却,7号车、8号车占据8000m^3凉水塔大量吸水向前方供水,整个火场构成了有效的冷却保护,如图2-22所示。

公司火场指挥部迅速成立并启动应急响应程序,命令安全处、机动处和生产处等部门协助化工三厂切断油源,组织相关生产装置停产,罐区停止一切收发油料,启动加压消防泵房;供排水厂调整工艺,供水系统实施闭路循环,保证灭火前线用水充足;储运厂做好所管辖区的防范自救工作;机械厂消防预备队等相关单位做好一切准备,随时听候调遣;武保部以火灾现场为第一戒严线,以罐区进出口为第二戒严线,疏通道路、疏散人员、调动车辆,为灭火抢险工作扫清障碍。急调职工医院两台救护车和两个抢救小组快速抵达火灾现场,随时听候营救命令。

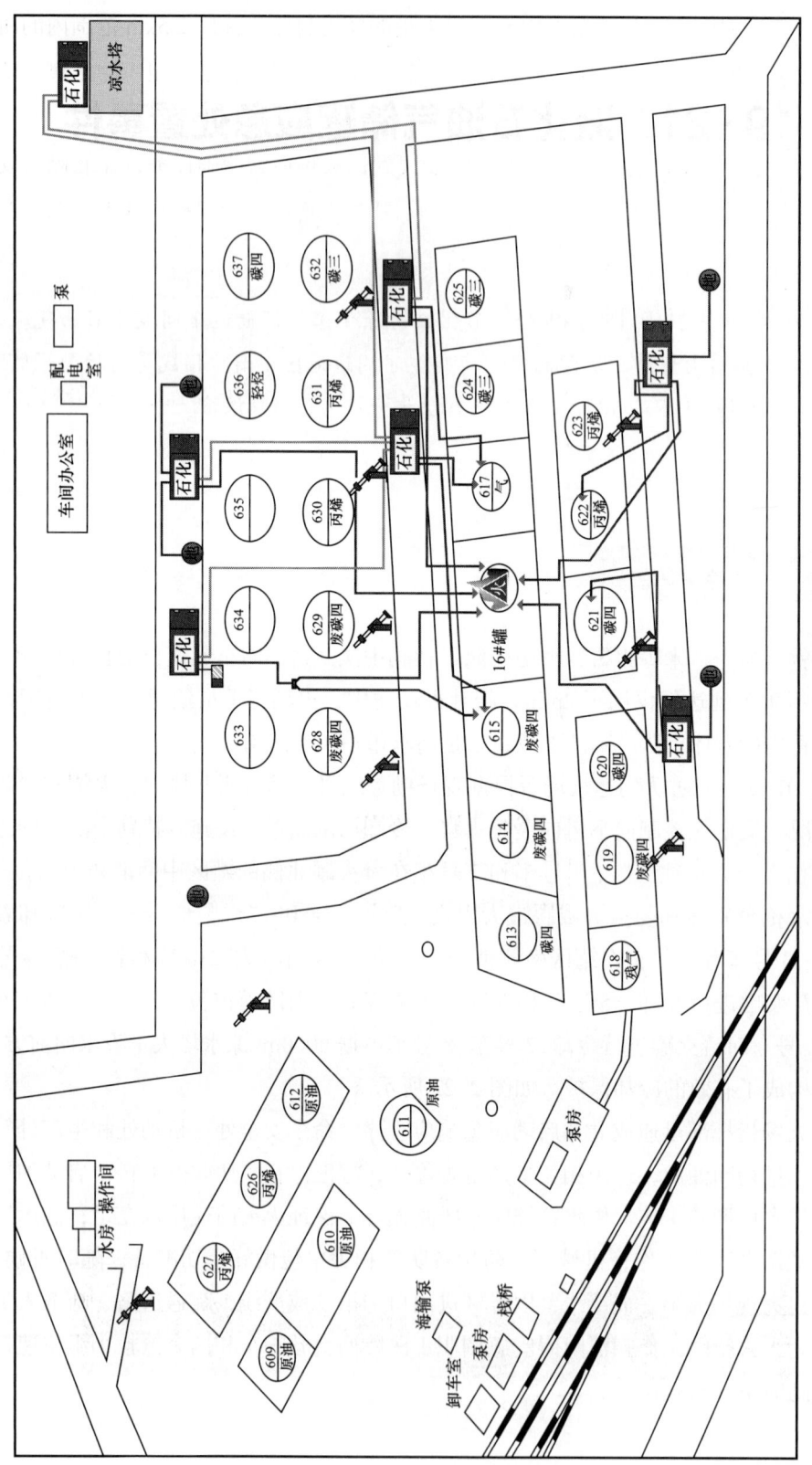

图 2-22 第一阶段消防力量部署

火灾扑救过程中，市公安指挥中心调集大量的警力封锁炼油厂 2.5km 范围内的所有道路，禁止无关车辆、人员进入炼油厂区域，附近单位和居民进行了有组织的撤离，防止事态恶化导致人员伤亡。

15 时 17 分，公安消防支队的 4 个中队陆续到达火场后，明确任务，在北侧公安队三台车重点冷却着火罐，和相邻 15# 罐和 17# 罐，扑救地面火和管架火，并组织两台车接力供水，在南侧公安队的两台车为公司的主攻车供水。

15 点 45 分，由于 16# 罐底部长时间受火势烘烤，储罐内部压力终于超过了罐体承受的极限，在罐体的顶部北侧突然撕开近 1m 长的裂口，两条超 30m 长的火龙借着风势的逆转，直接扑向北侧 29# 罐和 30# 罐，30m 外十几米高的固定照明灯塔被烤红变形，输油管线受到严重威胁，两台消防车被烤得面漆爆裂脱落、前脸及后尾灯等塑料件烤化，前线人员不得不撤退，情况万分危急，如图 2-23 所示。火场指挥员果断调整力量，由北侧消防车向前线进攻力量提供冷却水保护，同时由公安队两台消防车分别冷却 29# 罐和 30# 罐，形成了车与车、人与人之间的层层冷却，掩护了受火势威胁的人员和车辆，保住了阵地，如图 2-24 所示。

16 点 15 分，经过 1h40min 的较量，火势被控制形成稳定燃烧。17 时 10 分燃烧终止、火灾扑救成功。

图 2-23 着火现场照片

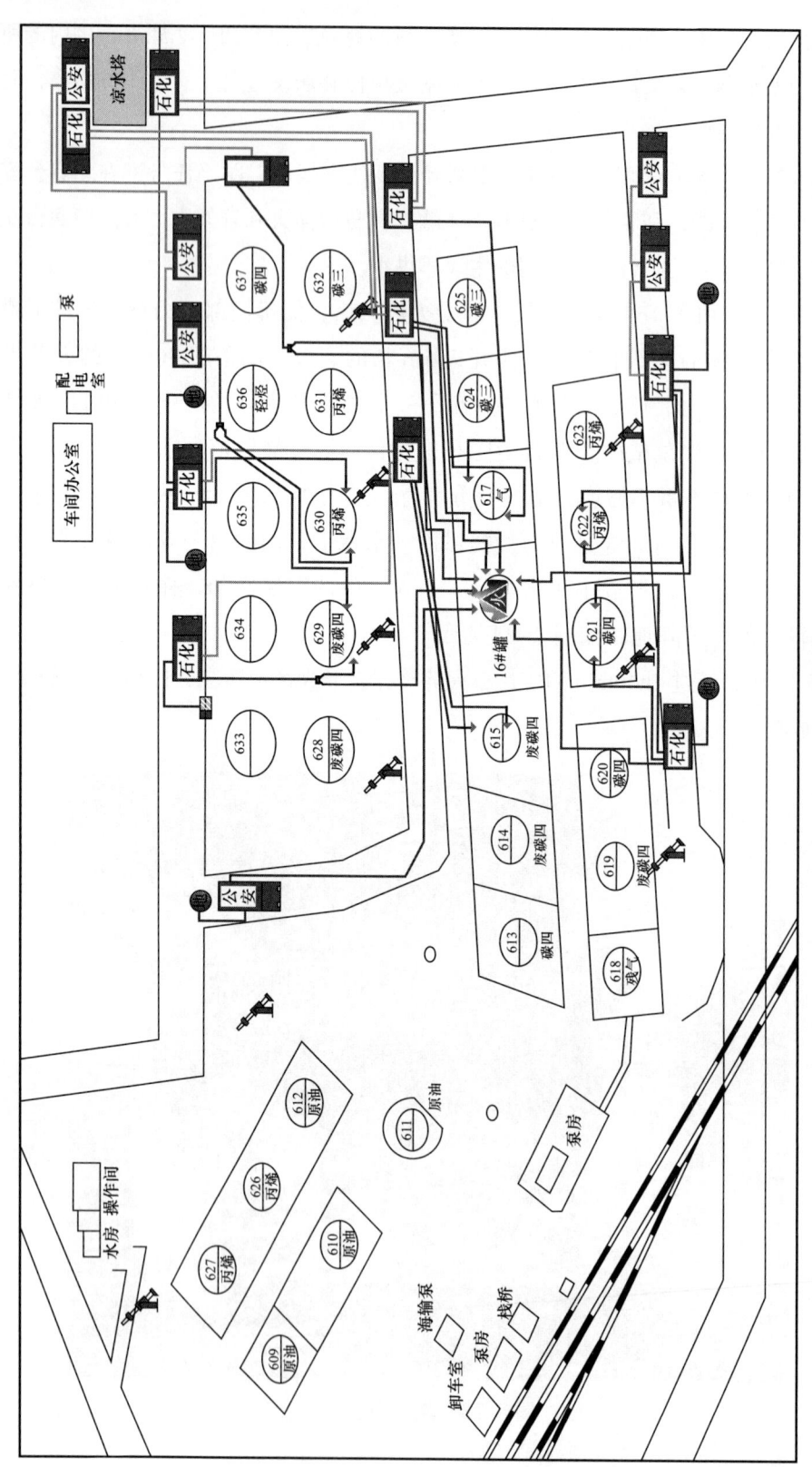

图 2-24　第二阶段消防力量部署

二、经验总结

（1）定制多层次，全方位消防响应程序是非常重要的。

火灾发生后立即启用各种应急响应程序，包括灭火救援专项响应程序，公司内部应急响应程序，消防预备队启动响应程序，市公安消防队增援方案，省内片区兄弟单位联防响应程序和消防队应急通信方案等，公司各处置单位协调配合，队内休假指战员和预备消防队迅速到场，公安消防队十多分钟到场，炼化总厂消防队出动2台消防车到达现场。所有这些有力地增强了现场的救援实力，确保了灭火救援行动的有序展开，是成功扑救这起火灾的基础。

（2）战术措施得当。

消防队到达火场后，根据现场勘查结果结合风向、火情和消防队自身实力情况，决定采取"先控制，后消灭"的战术原则。决定先控制火势向下风方向蔓延，冷却周围储罐及设施，时时监控火情，火场指挥员命令通信班每隔15min报时，以便掌握着火罐随时间增加而发生的变化，进而采取相应的措施，同时与公司生产部门密切配合采取工艺灭火。

（3）消防指战员勇敢顽强、临危不乱，奋力扑救火灾。

火场指挥员身先士卒，始终坚守在战斗前沿，全体指战员冒着炙热大火坚守在战斗岗位，最近处距离着火罐十多米，他们在火场上不畏艰险，在关键时刻能挺身而出，这是灭火成功的关键。

（4）出动迅速，部署得当，扑救及时。

2min到场，迅速出水枪冷却着火罐，防止火势扩大，第一时间控制了火势的蔓延和发展，是之后一系列战斗措施的先决保障。整个扑救过程中，在水源不充足的情况下利用凉水塔等水源，始终进行接力供水和运水供水，保证了重点部位的冷却效果，防止了复燃复爆。

（5）休班、休假的消防指战员得到消息后，在最短的时间内从四面八方赶回消防队参加灭火战斗，冲锋在第一线，有力地保证了火场的战斗力量。

（6）心得与总结：

① 建立长效实地演练机制对于成功扑救火灾是十分重要的。全面熟悉达到知己知彼，实地演练做到得心应手，演练近乎实战更能锻炼指战员的心理素质，遇到什么困难都不会临阵退缩。正如总部领导评价的那样："9·21火灾的成功扑救归功于平时的演练"。近年来，支队坚持"火怎样灭、兵就怎样练"的训练方法，按照灭火作战计划经常深入消防重点部位进行"六熟悉"，开展战术演练，就在事发当天上午，支队还在罐区进行实地消防演习，考核值勤中队的战斗展开情况，以此来提高消防队伍技战术水平。支队坚持消防联合演习，以提高专职消防队伍和兼职消防预备队及义务消防队联合作战的灭火能力。

② 与公安队的有效配合是扑救大型火灾的保障。公安队进入现场时正是火灾扑救的关键时期，是否有人员及时引导，确保有序占位；公安队的指挥和支队的指挥体系如何衔接才能不影响现场的扑救；公安队能否按照支队的指引进行战斗，使灭火力量得到有效的补充。以上这些都是需要在平时进行演练和磨合的，也是扑救大火场的必要保障。

三、存在不足

（1）消防供水动力系统不能满足火场需求。

石化企业大火场在公安队增援力量到达后随着灭火车辆的增加，周围的消火栓供水不足。

（2）灭火救援行动安全风险意识不足。

石化企业火灾火势猛烈，热辐射强，现场塔器纵横、管线林立、环境复杂，消防车和进攻人员由于涉水进攻角度、冷却保护部位等原因，不得不靠前站位，在这种情况下如何确保进攻人员人身安全，进攻阵地的设置距离、风险防范，值得进一步探讨。

四、改进措施

（1）建立独立消防稳高压供水系统。

建立独立消防稳高压供水系统，实现跨区域供水，制订多种供水方式满足实战需要。

（2）研讨灭火救援行动安全风险。

加强液化气球罐火灾的风险研判，加强对球罐的冷却保护，指战员科学选择阵地，做好参战人员的个人防护。

"6·2" 5000m³ 内浮顶石脑油储罐应急处置事件

10时09分，石化公司消防支队辖区一大队接到报警，炼油厂成品车间180号5000m³的内浮盘式拱顶罐，因现场施工引发火灾，支队立即出动奔赴火场。

一、处置经过

1. 紧急调集增援力量

执勤队长在奔赴火场途中，根据浓烟和火焰情况，判定事态较大，立即请求支队增援。支队长闻讯后，在奔赴火场的途中立即启动支队一级响应程序，命令三大队6台特种消防车、四大队2台特种消防车火速增援。10时22分，副支队长、灭火作战组成员赶到火场，与率先到达的公司领导即刻成立一线灭火指挥部。在抢险指挥部的统一指挥下，增援力量陆续投入到灭火救灾中。10时26分，四大队增援力量到达现场；10时35分，三大队增援力量到达现场。经过全体参战消防官兵的奋力扑救，火势于10时50分被完全控制。

2. 抑制火势防止次生爆炸

10时12分，石化公司消防支队辖区一大队6台消防车赶到现场。指挥员对火灾现场进行侦察，石脑油罐区180号储罐西侧底部法兰连接处起火，火势呈现喷射状猛烈燃烧，火焰高度达5m，热辐射强烈，地面有大约100m²的流淌火，罐顶有两处撕裂口正冒着火焰。

一大队6台车辆迅速占据有利地形，分别出3支泡沫枪扑救罐区内地面流淌火，出4支水枪、1门车载炮冷却罐壁。

1007# 干粉联用消防车停在11号路上，利用车载炮对着火罐进行冷却。

1002# 泡沫车停在11号路上，出2支水枪分别冷却着火罐和毗邻181号罐。

1004# 消防车停在11号路上，出1支泡沫枪直攻火点。

1005# 水罐车停在4号路上，出2条水带干线给1012#车供水，同时配合1012#车组人员出泡沫枪。

1012# 奔驰泡沫消防车出2支泡沫枪，从着火罐的西侧进入，扑救地面流淌火。

1010# 泡沫车出2支水枪分别冷却着火罐和毗邻181号罐。

作战部署如图2-25所示。

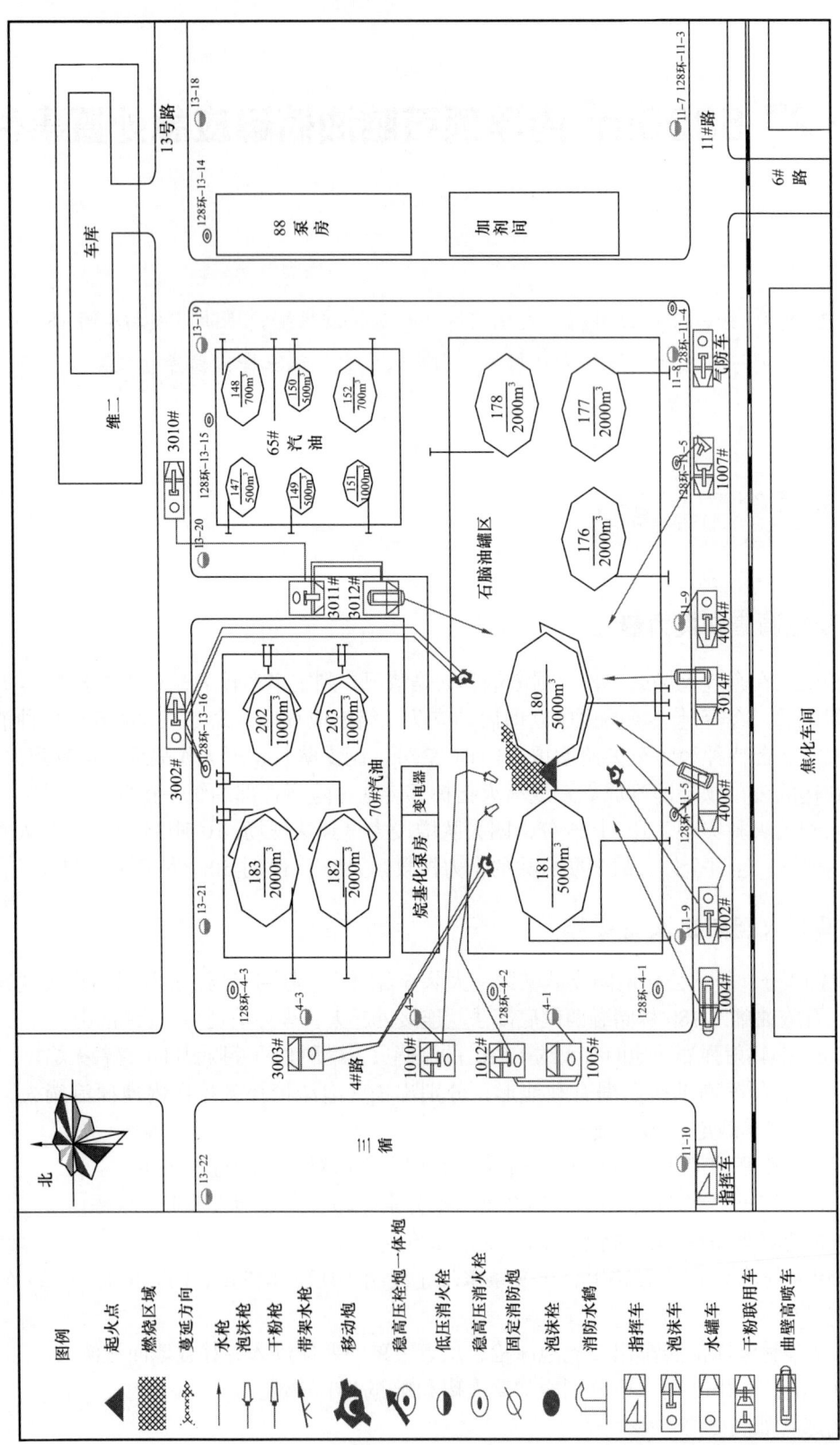

图 2-25 作战部署

3. 增援力量配合争夺灭火控制权

10时26分，四大队增援车辆到达火场，指挥员向火场总指挥领取任务：4004#车利用固定灭火系统出3条干线接液上泡沫产生器向罐内打泡沫灭火；4006#车出臂架炮冷却着火罐壁。

10时35分，三大队增援车辆到达火灾现场，立即到火场指挥部领取指令，接受命令：3002#车停在13号路上，出1门移动炮冷却着火罐北侧罐壁。3011#车停在着火罐北侧（13号路），占据13~20号消防栓，出双干线水带给3012#车、42m平台车供水。3003#车停在4号路上，出1门移动炮对着火罐西侧进行冷却。

10时40分，火势已得到控制。这时地面流淌火已扑灭，水枪掩护操作人员进入现场关闭法兰。10时50分，罐顶大火被彻底扑灭，火场指挥部命令所有车辆停止向罐内打泡沫，改为对火罐进行冷却。

11时35分气防车到达现场，使用测温仪对罐壁温度进行检测，罐壁温度已低于25℃。12时10分，其他增援力量依次安全返回，辖区大队留3台消防车进行现场监护。本次火灾共出动消防车辆16台，指战员89人，打泡沫9t，打水775t。

二、经验总结

（1）启动应急响应程序及时，统筹指挥得当。

火灾发生后，支队领导及时启动总体响应程序，快速调集了增援力量，为控制火势、防止灾害扩大争取了时间。指挥员靠前指挥，相互协调配合，快速完成力量部署，为控制火势打好基础。

（2）合理运用战术，固移结合消灭火点。

坚持"先控制，后消灭"的战术原则，利用车载炮和移动炮加强对着火罐的冷却和控制燃烧，迅速扑灭地面流淌火，集结力量，利用液上泡沫产生器喷射泡沫灭火，同时控制好灭火剂的输入量，防止浮盘翻塌。

（3）优化装备使用，极大地提高了冷却和灭火效力。

近年来集团公司消防处为地区公司消防队配备的举高消防车和大流量的车辆装备，在火场上发挥了很大的作用，确保了冷却和灭火效果。

（4）公司领导对消防队火灾扑救给予高度评价：消防支队快速反应，战术运用合理，灭火扑救措施得当，组织救援有条不紊，消防指战员奋力扑救，作战英勇顽强，火势得到及时控制。

三、存在不足

（1）消防个人防护专业性不强。

人员安全防护意识不足。战斗过程中，火灾现场温度高、辐射热强，前线人员未穿隔热服，对自身安全防护不足。

（2）未充分利用移动设备优势。

移动炮利用率低。此次火灾发生后，辖区一大队先期到场后没有使用移动炮，人员使用水枪进入现场冷却，这样人员的安全受到火势的威胁，冷却的效果也不是很好。

（3）消防供水能力不足。

消防管网水压不足。现在消防车辆和装备用水量大，在油罐发生灾害后需要大量的水来进行冷却，现场出了4门移动炮、5门车载炮、2支水枪，消防管网水压不足，流量不够，造成部分车辆断水。

（4）消防通信指挥系统不能满足应急救援需求。

通信设备不足，满足不了实战要求。目前配备的手持式对讲机防水功能较差，部分对讲机在战斗中进水损坏，造成通信联络不畅。

四、改进措施

（1）设置火场兼职、专职安全员。

灭火救援现场个人安全防护意识薄弱，救火勇敢但防护不足，应设立专兼职火场安全员，建立健全其工作职责，负责火场安全监督，避免安全疏漏。

（2）按规范建立独立消防稳高压供水系统。

油品储罐区存有大量的易燃易爆油品，在发生事故时，现场需要大量的水进行灭火和防护，其消防管网的设计最好有两套水系统：一套稳高压水系统，一套低压水系统。这样在发生事故时，两套水系统可共同使用，避免一套水系统水压不足或车辆装备抢水造成供水不足。

（3）加强通信指挥系统建设。

建议更新和升级原有的模拟通信系统，改成数字网络对讲系统，使通信质量更加清晰。

第三部分

长输管道
典型事件

"12·30"渭南支线柴油泄漏事件

2009年12月30日，渭南支线某地下输油管道发生柴油泄漏，柴油泄漏量约为147m³。现场抢险人员在漏油点地面回收柴油约50m³，其他部分渗入土壤和进入赤水河，导致赤水河、渭河大面积污染，黄河三门峡上游水质石油类污染物超标。

一、事件经过与应急处置

1. 事件经过

2009年12月29日，渭南支线于19时50分开始启输，12月30日0时13分，油头进入渭南油库13号罐，0时20分至25分，渭南油库值班员巩某发现进站流量由197m³/h降至150m³/h，压力由0.23MPa降至0.17MPa，向值班调度员顾某反映流量、压力变化情况，提醒是否有跑油现象；0时48分，投产总调度室经过核算，发现流量不平衡，存在差值约30m³/h。

12月30日0时58分，值班调度员顾某电话通知渭南分输泵站对渭南至三门峡站干线辖区及分输支线进行巡线；2时50分，渭南分输泵站巡线人员韩某在距渭南分输泵站2.74km，赤水河河堤台地上发现有约100m²、4cm厚的泄漏油层，并发现宽约40cm、厚约2cm的柴油从麦地岸边流入赤水河，立刻向渭南分输泵站负责人电话报告；3时05分，投产总调度室值班调度赵某得到渭南支线漏油报告后，随即远控关闭阀门。柴油泄漏事件示意图如图3-1所示。

2. 应急处置

12月30日12时40分，在挖掘到距离管道约0.5m时，找到管道泄漏点，确定管道泄漏点是机械损伤所致。16时左右，抢险人员将木楔钉入泄漏口，管道停止泄漏。31日2时20分，完成管道漏点的焊接封堵，如图3-2所示。

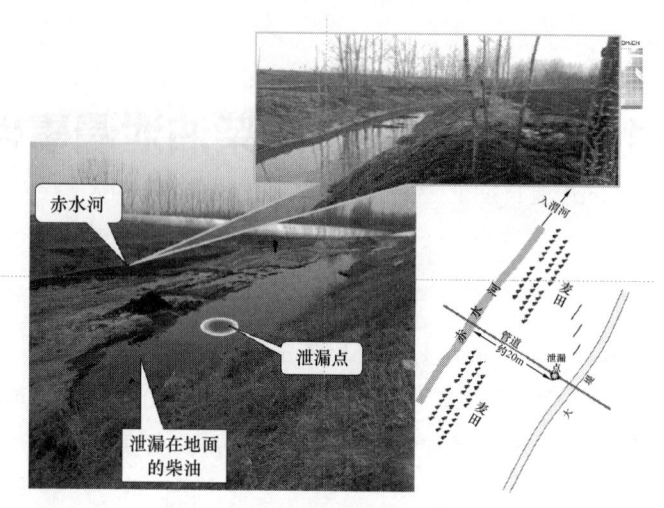

图 3-1　柴油泄漏事件示意图

图 3-2　抢险及封堵现场

1月6日8时，三门峡水库实施开闸放水，水库下游水质达到《地表水环境质量标准》Ⅲ类，渭南支线柴油泄漏水污染事件控制在三门峡水库以内，没有对人民群众饮用水造成影响。

1月13日、14日渭河、黄河三门峡先后解除应急状态。

二、事件原因

1. 直接原因

第三方施工破坏致使管道在试运投产过程中发生柴油泄漏，大量柴油进入赤水河并流入渭河，造成渭河大面积污染，水库上游水质超标。

2. 间接原因

（1）管道保护不力。

支线 2008 年 12 月 23 日完成施工，2009 年 4 月 28 日完成试压，到 2009 年 12 月 29 日投产，间隔 8 个月，管道长期处于空置状态。期间，监理单位只对施工单位有关场站的维护情况进行了监理，未对渭南支线巡线情况进行监理。第三方施工单位对赤水河堤防进行垂直铺膜防渗施工时，监理单位未派人进行监护，没有发现管道遭到破坏。

（2）前期处置不当。

调度人员从发出巡线指令到发现泄漏点，长达 2h15min，未及时采取停输支线的措施。投产指挥部总调度室负责人未按规定到场指挥，投产调度人员缺乏运行和应急经验，发现问题处置不果断，造成管道未及时停输导致泄漏量增加。由于在投产前没有制订应对溢油污染的应急预案，对水体污染危害估计不足，现场应急小组仅组织对进入赤水河的油路进行了围堰封堵，未及时对已进入赤水河的柴油进行有效围堵，致使水体污染进一步扩大。

（3）信息迟报漏报。

从发现渭南支线柴油泄漏并引发赤水河污染，到总部接到报告长达 7h。12 月 30 日 17 时 23 分，项目部向渭南市环保局电话报告，时间长达 12h，属迟报行为。华县环保局两次现场查看时，项目部现场人员均未向华县环保局提供柴油已进入赤水河和渭河的信息，以上行为属于漏报。

3. 管理原因

（1）未获环保许可投入试生产。

截至事故发生时，陕西省环保厅未对该管道的试生产申请进行批复。2009 年 11 月 26 日，项目部明知管道试生产未获得批复，仍然上报管道建设项目经理部申请投产。12 月 28 日，项目部在得知渭南支线将要投产的情况下，没有将未获得地方环保部门同意试生产的问题向上级主管部门反映。

（2）未开展试运投产条件检查。

项目经理部未接到有关渭南支线投产的计划安排，没有组织投产条件检查，不能对试运投产条件是否具备做出判断。投产前，投产指挥部也未组织召开相关单位参加任何协调会议，缺乏有效沟通，致使运行单位提出的 8 条意见也没有能通过正常程序进行反映。

（3）未按规定下达投产调运通知单。

12 月 29 日上午 8 时正式向油气调控中心和管道分公司下达了《油气调运通知单》（油 2009-12-10），但未向管道建设项目经理部下达。根据有关规定，项目经理部负责组织投产方案的编制，调控中心、管道公司参加，在投产前3个月完成并报专业公司审批，投产条件检查后，项目经理部根据检查出的问题组织整改，具备试运投产条件后报专业公司申请投产，专业公司根据投产方案及现场条件，向调控中心、项目经理部同时下达调度通知单。

（4）未采纳基层不同意投产的意见。

12月28日14时40分左右，公司向上级部门提出管道悬空、人员无法到位、协议未签订，以及管道建成已近1年没有巡护和保护、投产漏油风险很大等8条意见，上级部门没有对基层提出的推迟投产的有关问题进行核实和报告。

（5）未按程序实施投产调度。

分输工程投产指挥部总调度室没有接到投产指挥部的指令和管道建设项目经理部的正式书面通知，没有对保驾队伍及物资装备到位情况进行落实和确认，违规下发了渭南支线投产的调度令。

（6）未按某段分输工程投产方案（简称"方案"）进行现场组织。

根据方案中投产试运人员配置，应有68人参加渭南支线投产，实际只有21人参加；管道建设项目经理部和监理单位未派人员到达现场；现场没有按照方案设立外事协调组、HSE组。试运投产期间，方案中所列投产指挥部、投产总调度室，以及下设的4个专业组负责人无一人到场。

（7）未按规定制订应急预案。

从发现柴油泄漏位置到开挖漏点完成堵漏时间长达13h，从而使柴油泄漏量进一步增加。管道建设项目经理部虽然制订了长输管道建设灾害事故应急预案，但没有针对管道试运发生油品泄漏造成水体污染的应急内容。项目部未按规定编制渭南支线投产的应急预案，更没有开展应急演练。在方案的"风险识别和应急计划"中没有对油品泄漏造成环境污染的风险识别，没有环境污染应急有关防范措施，没有污染应急物资储备和管理要求，没有应急信息报送的相关规定。

三、防范措施

（1）开展管道安全环保风险排查。

一是组织开展管道项目安全环保专项整治，对管道项目执行安全环保"三同时"制度情况和安全环保措施落实情况进行检查，对存在的问题及时进行整改，落实整改计划、整改资金和责任人。二是开展管道项目HSE风险排查和评估，对可能发生泄漏造成江河湖海污染的环境风险进行全面排查，结合管道完整性评估，对存在的HSE风险建立管理目录，逐一制订防范计划和应对措施。三是开展管道穿越环境敏感区污染控制措施研究，把环保要求落实到项目环评和初步设计中。

（2）加强河流溢油事故防范和应急准备工作。

采用"一河一案"或"一点一案"的方式完善细化应急预案，收集风险点水域水文地理信息，加强预案演练，提高预案实战性能。开展应急产品适用性评估工作，加强应急物资储备，建立区域联合储备机制，提高应急物资储备水平和应急能力。

（3）加强河流溢油应急战术和产品评估技术研究工作。

开展内陆河流溢油应急战术研究，开发应急指挥决策软件，开展围控回收、筑坝稳流、微量油吸附战术研究，开发应急战术方案，开发专用工具设备，编制应急战术手册，为河流溢油应急提供实战技术支撑。开展溢油应急产品油品/环境适应性研究与评价工作，建立溢油应急产品性能数据库，指导企业应急产品采购和储备工作。

（4）修订有关标准规范。

尽快研究制定《管道空置管理技术规范》，修订《成品油管道投产和运行技术规范》《管道干线标记设置技术规定》。同时，研究制订《油气管道穿越环境敏感区管理技术标准》，将环境敏感区穿越段作为重点高风险后果区，明确实施管道完整性检测、失效评估和缺陷评价标准。

（5）加强管道保护。

修订完善有关规章制度，严格执行有关标准规范，加强建设期的管道保护，制订详细的管道保护措施，加大管道保护的监督检查力度，确保管道无违章占压，确保管道不被第三方施工破坏。针对管道建成试压后到投产交接前的管理问题，尽快制定相应的管理规范，进一步明确建成管道保护职责，明确看护、巡线、维护等管理责任和相关费用，切实落实监督、检查、监理等各项制度，确保管道安全。同时，加强投产方案的审查和投产条件的确认，完善管道投产风险评估体系，制订有针对性的风险评估、运行调度、事故应急、投产保驾方案，确保试运投产安全平稳。

（6）强化环保管理。

一是管道建设单位要全面强化环保意识，充分增强环境敏感性认识，加强环保培训，并按照集团公司规定，各级安全环保管理机构中配备环保专业管理人员。二是严格建设项目"三同时"管理，做到不评价不建设、不批准不投产，规范开展环境监理，把环境监理费用落实到工程投资中。研究实施重大管道建设项目、涉及环境敏感区项目由集团公司派驻环境监理人员的制度，环境监理人员对环境管理程序执行情况和环保措施落实情况进行全面监督管理，对集团公司和专业公司负责。三是加快完善集团公司1+8环境应急监测体系建设，开展管道环境风险预警技术、污染处置技术等研究，形成快速反应的应急能力。

（7）加强应急保障工作。

一是落实集团公司领导关于加强管道专业应急救援队伍建设的要求。二是加强应急物资储备管理。按照优先满足各级应急预案中提出的应急物资的要求，切实抓好应急物资储备工作，制订应急物资管理制度，规范应急物资的购置、储备、调拨使用、消耗补充及回收等管理工作。三是加大应急资金投入。研究制订集团公司应急专项资金制度，建立突发事件资金保障机制，确保应对突发事件时所需费用拨付及补偿工作的落实，满足突发事件处置工作需要。

"11·11"庆铁新线原油泄漏事件

2012年11月10日23时30分,庆铁新线昌图输油站进站方向13.4km处发生管道破裂,泄漏原油溢出地面并流入黑咀子河,造成原油溢油事件。

一、事件经过与应急处置

1. 事件经过

11月10日22时57分,巡线工发现管道泄漏,原油溢出地面流入河中,上报昌图输油站值班人员,如图3-3所示。

23时39分,昌图输油站工作人员赶往现场核查事件情况后并逐级上报事件。

11月11日0时03分,庆铁新线管线停输。

2. 应急处置

10日23时45分,公司调配挖掘机及组织民工赶赴泄漏现场。

11日0时30分,民工到达现场,在漏油点与黑咀子河4m处修建围堰,于1时10分围堰修建完成,阻挡了漏油进入河流。

1时15分,组织两台挖掘机开挖集油坑,将管道泄漏原油引流至集油坑内,3时10分,集油坑全部挖完,泄漏点的原油外溢得到控制。

10时整,采用低压封堵方案对管道进行抢修,同时组织人员对河面浮油进行围堵回收。

13时20分,在漏油点两侧开始囊式封堵短节焊接作业。

15时50分,漏油点抢险现场进场便道铺设完成,施工及油品回收车辆进入现场,开展油品回收作业,将回收原油运至昌图输油站回注管线。

17时整,漏油点完成作业坑开挖工作。

12日2时50分,封堵作业完毕。

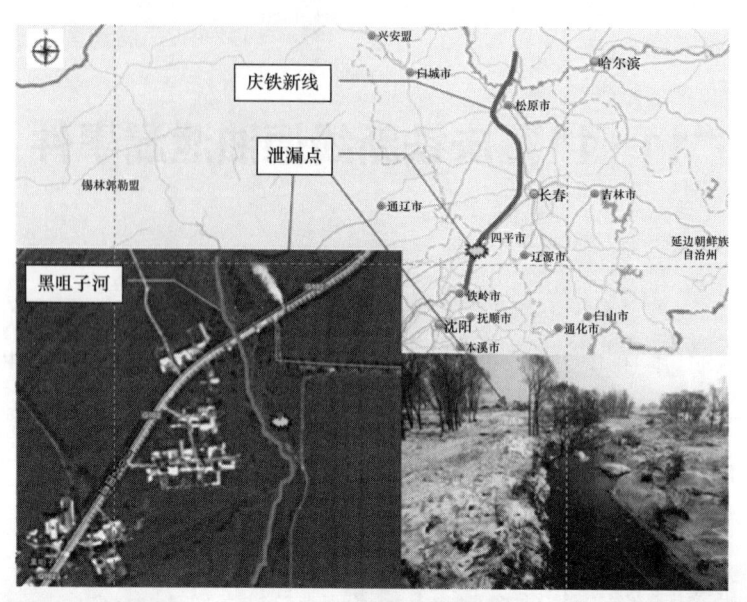

图 3-3　原油泄漏经过示意图

13 时 32 分，管体漏油部位开挖完成，开始漏点修复作业。

17 时 50 分，封堵卡具焊接完成，泄漏点封闭完成。

13 日 4 时 46 分，管道重新启输，管道抢修工作应急结束。

18 日，水上污油及岸边污物全部清除；8 时，下游水质监测结果全部达标。

29 日，现场垃圾清理、回收、地貌恢复等工作已完成。

二、事件原因

1. 直接原因

管道环向焊缝开裂造成原油泄漏。

2. 间接原因

（1）管道运营时间长，管道承压能力低。

庆铁新线至今已投产运行38年，受管线腐蚀、磨损、结构蠕化等因素影响，管道承压能力大大降低。根据内检测信号特征分析，开裂处有明显的变壁厚或变径特征，说明该段环焊缝在焊接时由于管径的不规则，使得环焊缝本身应力较大。

（2）受输送油品温度和冬季环境温度变化影响，管道应力状态变化。

庆铁新线输送俄油以来，随着地温和油温的降低，管道环焊缝缺陷由受原来的热涨压应力变为受冷缩造成的拉应力，并且随着管体上下地温、含水等变化等造成一定的土壤应力，管道由大庆原油转输俄罗斯原油后，梨树站出站温度由35℃逐渐降为17～18℃，焊缝材料逐渐向脆性转变，抗开裂能力大大下降。

（3）管道泄漏监测系统不完善，不能及时报警。

庆铁新线管道没有流量监测系统，运营压力较低，压力监测未报警。

（4）人工巡线未能及时发现管道泄漏。

3. 管理原因

（1）庆铁新线运营时间久，安全隐患多，俄油输送风险评估不足。

庆铁新线已连续运营38年。2007—2010年，庆铁新老线漏磁检测共发现缺陷达五十六万余处，其中评价需要立即修复的缺陷5916处，需要计划性修复的缺陷12255处，目前完成修复的缺陷仅3800处，管道运营安全隐患多。另外，庆铁新线运营参数监测和控制系统不完善，加之所穿越的地区河流密集，人烟稠密，溢油事故风险高。2012年9月前，庆铁新线一直以高温输送大庆原油，改输俄油后输送温度下降，由此引起的管道应力变化也未引起足够重视，未开展管道改输俄油的泄漏风险评估。

（2）河流溢油风险辨识不足，预案处置措施缺乏针对性。

基层应急预案没有系统识别出本区域内可能出现溢油的管道风险点，不能根据具体风险设计相对应的应急处置方案。应急预案中缺乏重要河流地理、水文等基础信息，不能为河流应急决策提供关键信息支持，严重影响初期的河流溢油应急工作效率。预案中关于河流溢油应急的处置措施描述简单，缺少操作细节，不能为应急人员提供必需的应急技战术指导。

（3）应急物资储备工作薄弱，严重制约溢油应急工作效率。

有关单位没有储备足够的溢油应急物资，溢油事件发生后，需要紧急从地方或生产企业临时筹措应急物资，影响应急效率。对内陆河流溢油应急物资适用性研究不足，部分应急储备物资不适应现场应急工况，战时不能发挥作用，影响作战效果，甚至导致战术失败。应急物资性能评估和准入机制不完善，性能指标和评估方法标准规范缺乏，调运的应急物资质量和适应性不易保证，增大应急工作难度。

（4）内陆河流溢油事件应急技术研究不足，不能满足事件应急工作需要。

缺少溢油漂移预测实战工具，不能在实战中为指挥人员提供溢油预测数据支持；缺少围油栏布放技战术理论研究和方案支持，不能根据水流速度、水深、河宽数据提供围油栏布放参数指导；缺少小型河流筑坝技术研究，不能提供科学的技术方案支持；缺少微量乳化油吸附技术研究，不能为活性炭吸附战术提供有效指导等。

三、防范措施

（1）系统开展长期服役管线风险评估，加强隐患治理和泄漏风险监控，进一步完善应急预案，加强应急物资评估和储备工作，加强相关人员培训，提高事故防范和应急能力。

（2）系统开展内陆河流溢油应急技术研究，建立河流溢油应急物资技术标准，开发河流溢油应急工具材料，为河流应急工作提供科学实用的技术支撑。

（3）加强专兼职环境应急队伍体系建设，提高环境突发事件应急抢险能力。

"6·30"新大一线原油泄漏着火事件

2014年6月30日，某公司在金州区路安停车场附近进行水平定向钻施工时，将新大原油管道一线钻破，泄漏原油沿路面流淌，进入城市雨排和污水管网，部分原油沿雨排系统流向寨子河，在轻轨桥下水面上聚集，21时20分着火，22时20分扑灭，部分原油沿污水系统进入金州区第二污水处理厂截留回收。事件没有造成人员伤亡，没有对海洋造成污染。

一、事件经过与应急处置

1. 事件经过

2014年5月底，某公司项目经理刘某通过与新港站支部书记王某联系，提出拟在路安停车场外东侧建一座合建站，需要敷设东西向电缆，商讨与管道交叉保护的相关事宜。

6月23日，刘某告诉王某已确定采用定向钻穿越方式敷设电缆。王某与管道班长曹某携雷迪测试仪对3条管道位置、埋深进行测量，并向对方提供了测量数据，告知对方施工前需提供施工方案和管道保护方案，批准后方可施工，施工时需要现场监护。刘某告诉王某，定向钻穿越将在地面4.5m以下进行。某公司在未向新港站提供施工方案，也未告知施工信息的情况下，6月29日和30日私自在距事发管道东侧约40m处进行定向钻施工。管道巡线员于某负责12#～18#桩巡线工作，6月29日和30日按日常方式巡线2次，未发现定向钻施工人员及设备。

6月30日19时02分，沈阳调度中心发现新大一线松岚站进站压力异常。管线压力下降后，调度立即分析SCADA压力曲线，铁大线、新大一线泄漏监测系统报警及定位情况。

19时02分至10分，松岚站压力异常，由1.225MPa下降到0.920MPa，下降0.305MPa。瓦房店压力异常下降0.253MPa。19时10分，调度下令鞍山以南停泵。

19时08分,王某接刘某电话,王某向站长报告情况并逐级报告。

19时12分,新港站调度值班员接到群众电话报告,并安排核实现场情况,确认路安停车场内原油泄漏。

19时13分,铁大线鞍山站停1#泵,鞍山以南各站及新大一线依次停泵。19时21分,全线停输完毕。

19时37分,松岚站关闭了新大一线0#手动线路截断阀,同时关闭了铁大线与新大一线连通的31#电动线路截断阀。铁大线鞍山以南各站、新大一线全线线路截断阀关闭。

2. 应急处置

泄漏原油从路安停车场内西侧借北高南低地势向南流淌,一部分原油从路安停车场西南角进入雨排和污排系统,另一部分原油自距泄漏点五十余米的停车场西门出口处流向城富街,进入道路上的雨排和污排系统。监测数据显示,城富街和与城富街南端交汇的铁山中路东侧雨排和污排系统油气浓度达到爆炸极限。政府部门立即采取应急行动,紧急疏散周边居民三千余人;设置警戒线、警示标识;持续监测油气浓度;用沙土在路面上堆坝截断油品,控制油品流入地下排水管网,并会同当地消防部门对地表污油喷洒消防泡沫,沿地下排水管网打开62口井盖进行可燃气体浓度追踪检测,并向其中23口雨排污排井中注入泡沫和消防水。

公安人员清理了停车场内漏油点上方地面停放摩托车和电动车后,维抢修队清理地面油污,使用消防泡沫覆盖和干粉掩护开挖作业坑,开挖至2.5m时,发现一直径约12cm的"下半月"形口子,位于管道时钟3点偏上位置,确定为定向钻施工造成,现场采用扣帽子方式进行修复。7月1日13时03分,重新启输,管线共计停输17h42min。

截至7月9日,在雨排暗渠出口、污水处理厂、污水处理厂出口、入海口设置4个溢油回收点,共计回收油水混合物1230m³,含油沙石253t,回收吸油毡150t,清运明渠渠底油泥、杂草30t,清理寨子河杂草49500m²,如图3-4所示。

图3-4 原油泄漏及清理

二、事件原因

1. 直接原因

施工单位定向钻施工操作失误，将新大一线输油管道钻破，导致原油泄漏。

2. 间接原因

（1）定向钻穿越失败。

施工方案中，定向钻与管道交叉位置设计穿越深度为地面以下4.5m，实际穿越深度2.8m。调查发现，现场共有4个钻孔，其中1#、2#钻孔钻深较浅，位于3#、4#钻孔北侧9m处，3#、4#钻孔相距0.9m，3#钻孔已钻到管线附近，4#钻孔钻破管道。施工单位随意变动钻孔深度和位置，野蛮施工，导致工程失败。

（2）现场施工未采取监护措施。

按规定，实施穿越施工时，应由管道运行单位开挖探坑进行可视化管理，并派专人监护施工，但管道运行单位未得到施工信息，没有实施上述措施。

（3）管道巡护未能发现施工迹象。

巡线员日常采用徒步方式对12#～18#桩管线两侧各5m范围巡视。由于该管段位于路安停车场内，巡线员日常巡视沿停车场护栏外公路，隔着种有大量松树的绿化带瞭望。巡视线路距定向钻机摆放位置近50m，巡线员不能发现施工车辆及人员。

（4）未能及时围堵住泄漏原油，致使原油进入地下雨排和污排系统。

泄漏油品为中东阿曼油和俄油混合油，油品轻质组分含量高、凝点低、流动性强，短时间内流过停车场和城富街，现场初期应急缺少有效污排雨排井口封堵设备、工具，导致泄漏原油大量进入雨排污排系统。雨排系统距离寨子河约3km，泄漏原油较短时间到达寨子河，形成污染并在轻轨桥下闪爆着火。

3. 管理原因

（1）没有严格执行第三方施工监督管理有关规定。

新港站人员获悉第三方建设合建站和管道穿越施工信息后，没有按照《管道线路第三方施工监督管理规定》向业主单位报告并填写《第三方施工信息表》，没有向施工单位送达《管道设施安全保护告知书》，对第三方施工敏感性不强，没有在准许施工作业前加强巡护，没能及时发现施工单位的违规施工行为。

（2）没有认真贯彻执行大连市政府工程施工联合审批规定。

没有深入贯彻落实大连市相关文件精神，并结合文件要求对第三方施工审批流程做出相应调整。新港站有关人员在施工单位未提供联合审批手续、缺少联合施工审批通知单的情况下，与建设单位私下沟通，要求对方按内部规定报批施工方案，在一定程度上给对方提供了错误信号。

（3）防止溢油进入地下管网的封堵设施、物资不足。

从此次事件应急情况看，油流封堵、地下管网通风、溢油回收应急物资明显不足，河流溢油后期处置岸线清污和薄油层回收难度大。

（4）应急预案缺少地下管网走向信息。

应急预案中没有将溢油可能进入的雨排污排地下管网系统调查清楚，对地下管网走向及入海口位置不清，致使对溢油后油品流向、影响区域及后果不能及时判断。

（5）事件初期应急行动中，地企联动、企企联动组织指挥不流畅。

本次应急过程中，由于现场既有政府部门参与，又有其他单位协助，企企联动、地企联动没有形成统一指挥系统，现场应急指挥部分组分工不明确，人员标识不清，影响应急秩序和效率，初期应急指挥存在混乱现象。在泄漏点处置初期，现场关心关切的员工较多，围观处置现场作业存在很大风险。

三、防范措施

（1）强化隐患排查。

在现有基础上，加大城区管道防范区域风险识别，既要对管道上方施工严格管控，又要对定向钻等远距离施工高度关注，提前了解和掌握建设信息，主动设防，坚决杜绝类似事故。

（2）开展法规培训和宣贯。

组织开展针对基层站队员工的管道保护相关法律法规、规章制度，特别是地方管道保护规定的宣贯培训工作，使员工熟悉管道保护相关规定、宣传和告知管道保护的方法，以及办理相关施工作业手续的正确流程。

（3）研制溢油封堵设备和应急物资配备标准。

研制针对雨排污水井口封堵的特定设备和方法，一旦出现溢油情况，能够快速封堵雨排污水井口，减少进入雨排污排的溢油量。制订临近水域站队溢油应急物资配备规定，确保溢油时应急物资配备数量和有效性。

（4）加强巡线管理和巡线员培训。

加大敏感点、敏感事件、敏感时期等巡线力度，通过各种途径，及时获取可能影响管道的相关信息。以远距离穿越管道的施工作业为重点内容，加强巡线员培训，教授施工机具的识别方法，强化对周边潜在施工的识别能力，做到早发现、早预防。

（5）本次事件地点特殊，雨排污排系统在寨子河合并，使得溢油抢险目标不明确。

管道沿线其他地域或其他输油管道沿线地理情况、地下管网走向可能更加复杂。因此，对附近有输油管道的雨排污排管网下游的河流，应制订"一河一案"，预案中应明确管道附近城市管网分布情况，并对溢油后油品流向及影响区域、后果做出判断，保证应急处置措施明确、有效。

（6）加强溢油急演练。

通过演练理顺地企联动、企企联动应急指挥秩序，做到现场指挥分工明确，人员标识清晰。

"7·16"输油管道原油泄漏爆炸着火事故

2010年7月16日，位于辽宁省大连市保税区的某原油库输油管道发生爆炸，引发大火并造成大量原油泄漏，导致部分原油、管道和设备烧毁，另有部分泄漏原油流入附近海域造成污染。事故造成作业人员1人轻伤、1人失踪；在灭火过程中，消防战士1人牺牲、1人重伤，直接经济损失为22330.19万元。

一、事故经过与应急处置

1. 事故经过

2010年7月11日至14日，刘某、李某和甄某共同选定原油罐围堰外的2号输油管道（公称直径为900mm）上的放空阀作为脱硫化氢剂加注点（按照原设计，输油管道上的放空阀不具备加注脱硫化氢剂的功能）。有关人员在未进行作业风险评估、未对加剂设施进行正规设计和安全审核的情况下，在选定的放空阀处安装了加注"脱硫化氢剂"的临时设施，准备进行加注作业。

7月15日15时45分，利比里亚籍"宇宙宝石"号油轮开始向原油库卸油。

20时许，上海某公司人员开始在选定的加注J点加注脱硫化氢剂，天津某公司人员负责现场指导。由于输油管内压力高，加注软管多次出现超压鼓泡、连接处脱落，造成脱硫化氢剂泄漏等情况，致使加注作业多次中断共计4h左右，导致部分"脱硫化氢剂"未能随油轮卸油均匀加入。16日13时，油轮停止卸油并开始扫舱作业。上海某公司和天津某公司继续将剩余的约22.6t脱硫化氢剂加入管道。18时许，加完全部90t脱硫化氢剂后，将加注设施清洗用水也注入了输油管道。

16日18时02分，2号输油管道靠近加注点东侧的立管处低点发生爆炸，导致罐区阀组损坏、大量原油泄漏和引发大火；102号、105号和106号储罐（罐根阀处于开启状态）及正在收油的304号储罐中的原油倒流，通过破损管道大量泄漏并被引燃，沿库区北侧消防道路向东侧低洼处蔓延，形成流淌火；靠近着火点的103号储罐（罐内原油液位为

0.215m）严重烧损。

爆炸发生后，库区值班长立即向消防部门报警，同时启动自动控制系统关闭有关储罐的阀门，但由于着火点北侧桥架敷设的控制电缆和动力电缆被烧毁，库区所有电动阀门失电不能电动关闭，原油持续大量泄漏形成大面积流淌火并蔓延流入海中，造成附近海域污染，如图3-5所示。

图3-5 着火事故现场

2. 事故抢险救援情况

16日18时12分，大连市公安消防支队、辽宁省公安消防总队、公安部消防局等救援机构接到报警后，立即组织救援，启动一级应急响应。辽宁省和大连市先后共调集三千余名消防官兵、348台各类消防车辆、17艘海上消防船只参与火灾扑救。经消防官兵15h的顽强奋战，17日5时24分，海面明火被扑灭；9时55分，现场明火被基本扑灭，抢险救援工作取得决定性成果。

3. 人员伤亡和经济损失

"7·16"事故造成1名作业人员轻伤、1名失踪。"7·16"事故在灭火过程中，1名消防战士牺牲、1名受重伤。截至2010年11月5日，事故造成的直接财产损失为22330.19万元（其中原油泄漏总量63315.72t，价值为14977.71万元，设备设施等固定资产损失价值7352.48万元）。事故救援费用为8510.61万元，人身伤亡支出费用为40.18万元，事故清污费用为116814.1万元。

4. 环境污染和清污有关情况

（1）原油泄漏流入海洋造成污染的原因分析：原油罐区输油管道发生爆炸后，由于罐区北侧电缆被炸毁而无法用电动方式关闭油罐及管道阀门，未能在较短时间内用手动方式关闭罐根阀，致使大量原油通过爆炸点管道持续泄漏。救援过程中由于火势猛烈，抢险人员无法对着火点附近的汇水井实施封堵，致使部分消防水和泄漏原油通过汇水井流入海洋，造成污染。

（2）环境污染、清污、海洋生态损害及渔业损害补偿情况：

① 环境污染情况：事故对周边7个海水浴场、2个海水养殖区和3个海洋保护区环境造成不同程度的影响，未对渤海及公海造成影响。事故导致的大气污染主要范围为事故点主导风向周边半径3km区域，大火扑灭后约6h污染消失。事故对周边居民点及农田土壤环境无明显影响。

② 清污情况：截至2010年9月10日，共调用60艘清污船舶作业1041艘次，渔船14282艘次，清污人员六万余人次，作业面积1678km²。组织海岸清污人员十五万余人次，投入运输车辆及清运机械设备七千五百余台次，清污岸线长度达202km，清污岸线面积172×10⁴m²。根据大连市政府报告，截至2010年8月31日，共回收含水污油和含油废物约76135t，其中含水污油约16480t，废草帘、油毡、含油沙土砂石等各类含油杂物59655t。含水污油中回收海上含水污油10268t（不含固体废物含油量），回收陆上含水污油6211.8t。

③ 海洋生态损害情况：经初步核算的海洋生态环境损害总价值约为172756.0万元。主要包括：岸滩生态损害价值约为923.4万元，潮间带生态修复费用约为1284.0万元；海湾及近岸海域生态功能遭受严重破坏，生态损害价值约为30680.7万元；海洋环境容量损失较为严重，约为50310.0万元；局部海域沉积物质量大幅下降，沉积环境修复费用约为87360.0万元；此外，在溢油事故处置过程中开展海洋环境监测与评价的费用约为2197.9万元。

④ 渔业损害补偿情况：此次污染造成渔业损害损失总额为93806.73万元，其中直接经济损失87610.55万元，天然经济损失6196.18万元。

二、事故原因

1. 直接原因

违规在原油库输油管道上进行加注"脱硫化氢剂"作业，并在油轮停止卸油的情况下继续加注，造成"脱硫化氢剂"在输油管道内局部富集，发生强氧化反应，导致输油管道发生爆炸，引发火灾和原油泄漏，造成人员伤亡、财产损失和环境污染。

2. 间接原因

（1）上海某公司违规承揽在原油罐区输油管道内加注具有强氧化性的脱硫化氢剂业务，在油轮停止卸油的情况下未进行安全分析，继续加注脱硫化氢剂，造成脱硫化氢剂局部富集引起输油管道发生爆炸。

（2）天津某公司违法生产具有强氧化性的脱硫化氢剂，未对脱硫化氢剂的使用风险进行安全分析，未制订科学、安全的作业指导文件，并隐瞒脱硫化氢剂的危险特性。

（3）某国际事业有限公司及其下属公司安全生产管理制度不健全，未认真执行承包商施工作业安全审核制度。

3. 管理原因

（1）某国际储运公司作为原油罐区安全生产的责任主体，安全生产管理制度不健全，安全生产工作以包代管；未对承包商施工作业进行全面科学的安全分析，违规同意上海某公司在原油罐区输油管道内进行硫化氢脱除作业。

（2）某国际事业有限公司作为某国际储运公司的上级管理单位，对该国际储运公司的安全生产工作监督检查不力，对违规同意在原油罐区输油管道内进行硫化氢脱除作业的问题失察。

（3）某国际事业有限公司未建立健全原油中硫化氢脱除作业的安全管理制度；对大连某国际事业公司和大连某国际储运公司的安全生产工作监督检查不力，对大连某国际储运公司安全生产管理制度不健全和安全生产管理措施不落实的问题失察。

（4）未经安全审核就签订硫化氢处理服务协议。在原油罐区进行硫化氢脱除作业的安全性和合法性缺乏评估和审核；未对天津某公司生产的脱硫化氢剂和上海某公司承揽的加剂作业进行风险评估和安全审核，就签订原油中硫化氢处理服务协议。

（5）某石油储运公司未提出硫化氢脱除作业存在安全隐患的意见。事故原油罐区的工作人员在知道上海某公司将在输油管道内进行硫化氢脱除作业后，未向业主单位提出该加剂作业存在安全隐患的意见。

（6）贯彻落实安全生产法律法规不到位，对下属企业的安全生产工作监督检查不到位。

（7）大连市安全生产监督管理局对某国际储运公司的安全生产工作监管检查不到位。

三、防范措施

（1）严格港口接卸油过程的安全管理，确保接卸油过程安全。

① 切实加强港口接卸油作业的安全管理。制订接卸油作业各方协调调度制度，明确接卸油作业信息传递的流程和责任，严格制订接卸油安全操作规程，进一步明确和落实安全生产责任，确保接卸油过程有序、可控、安全。

② 加强对接卸油过程中采用新工艺、新技术、新材料、新设备的安全论证和安全管理。各有关企业、单位要立即对接卸油过程加入添加剂作业进行一次全面排查，凡加入有氧化剂成分添加剂的要立即停止作业。接卸油过程中一般不应同时进行其他作业，确实需

要在接卸油过程中加入添加剂或进行其他作业的，要对加入添加剂及其加入方法等有关作业进行认真科学的安全论证，全面辨识可能出现的安全风险，采取有针对性的防范措施，与罐区保持足够的安全距离，确保安全。加剂装置必须由取得相应资质的单位设计、制造、施工。

③ 加强对承包商和特殊作业安全管理，增强安全意识，完善安全管理制度，强化作业现场的安全管理，尤其要加强对承包商的管理，严禁以包代管、包而不管。有效杜绝"三违"现场，加强对特殊作业人员的安全生产教育和培训，使其掌握相关的安全规章制度和安全操作规程，具备必要的安全生产知识和安全操作技能，确保安全生产。建立健全"三违"责任追究制度，依法查处渎职责任。

（2）持续开展隐患排查治理工作，进一步加强危险化学品各环节的安全管理。

尤其要加强危险化学品生产、经营、运输、使用等各个环节的安全管理与监督，进一步建立健全危险化学品从业单位事故隐患排查治理制度，持续深入地开展隐患排查治理工作，严格做到治理责任、措施、资金、期限和应急预案"五落实"。对重大隐患要实行挂牌督办，跟踪落实。

（3）深刻吸取事故教训，合理规划危险化学品生产储存布局。

各地、各有关部门和单位要深刻吸取此次事故教训，认真做好大型危险化学品储存基地和化工园区（集中区）的安全发展规划，合理规划危险化学品生产储存布局，严格审查涉及易燃易爆、剧毒等危险化学品生产储存建设项目。同时，要组织开展已建成基地和园区（集中区）的区域安全论证和风险评估工作，预防和控制潜在的生产安全事故，确保危险化学品生产和储存安全。

（4）切实做好应急管理各项工作，提高重特大事故的应对与处置能力。

加强对危险化学品生产厂区和储罐区消防设施的检查，督促各有关企业进一步改进管道、储罐等设施的阀门系统，确保事故发生后能够有效关闭；督促企业加强应急管理、专兼职救援队伍建设，健全完善应急预案，定期开展应急演练；加强政府、部门与企业间的应急联动，确保预案衔接、队伍联动、资源共享；加强应急装备建设，提高应对重特大、复杂事故的能力。各类危险化学品从业单位要建立健全重大危险源档案，加强监控和管理，建立科学有效的监控系统，确保一旦发生险情，能够迅速响应、快速处置；加强应急值守，完善应急物资储备，扎扎实实做好应急管理各项基础工作，切实提高应急管理水平。

"11·22"东黄输油管道原油泄漏爆炸事故

2013年11月22日10时25分，位于山东省青岛经济技术开发区的某管道储运分公司东黄输油管道泄漏原油进入市政排水暗渠，在形成密闭空间的暗渠内油气积聚遇火花发生爆炸，造成62人死亡、136人受伤，直接经济损失75172万元。

一、事故经过及应急处置

1. 原油泄漏处置情况

11月22日2时12分，潍坊输油处调度中心通过数据采集与监视控制系统发现东黄输油管道黄岛油库出站压力从4.56MPa降至4.52MPa，两次电话确认黄岛油库无操作因素后，判断管道泄漏；2时25分，东黄输油管道紧急停泵停输。

2时35分，潍坊输油处调度中心通知青岛站关闭洋河阀室截断阀（洋河阀室距黄岛油库24.5km，为下游距泄漏点最近的阀室）；3时20分左右，截断阀关闭。

2时50分，潍坊输油处调度中心向处运销科报告东黄输油管道发生泄漏；2时57分，通知处抢维修中心安排人员赴现场抢修。

3时40分左右，青岛站人员到达泄漏事故现场，确认管道泄漏位置距黄岛油库出站口约1.5km，位于秦皇岛路与斋堂岛街交叉口处。组织人员清理路面泄漏原油，并请求潍坊输油处调用抢险救灾物资。

4时左右，青岛站组织开挖泄漏点、抢修管道，安排人员拉运物资清理海上溢油。

4时47分，运销科向潍坊输油处处长报告泄漏事故现场情况。

5时07分，运销科向管道分公司调度中心报告原油泄漏事故总体情况。

5时30分左右，潍坊输油处处长安排副处长赴现场指挥原油泄漏处置和入海原油围控。

6时左右，潍坊输油处、黄岛油库等现场人员开展海上溢油清理。

7时左右，潍坊输油处组织泄漏现场抢修，使用挖掘机实施开挖作业；7时40分，在管道泄漏处路面挖出 2m×2m×1.5m 作业坑,管道露出;8 时 20 分左右,找到管道泄漏点,并向管道分公司报告。

9 时 15 分,管道分公司通知现场人员按照预案成立现场指挥部,做好抢修工作;9 时 30 分左右,潍坊输油处副处长报告管道分公司,潍坊输油处无法独立完成管道抢修工作,请求管道分公司抢维修中心支援。

10 时 25 分,现场作业时发生爆炸,排水暗渠和海上泄漏原油燃烧,现场人员向管道分公司报告事故现场发生爆炸燃烧。

事故现场如图 3-6 所示。

图 3-6 事故现场

2. 爆炸情况

为处理泄漏的管道,现场决定打开暗渠盖板。现场动用挖掘机,采用液压破碎锤进行打孔破碎作业,作业期间发生爆炸。爆炸时间为 2013 年 11 月 22 日 10 时 25 分。爆炸造成秦皇岛路桥涵以北至入海口、以南沿斋堂岛街至刘公岛路排水暗渠的预制混凝土盖板大部分被炸开,与刘公岛路排水暗渠西南端相连接的长兴岛街、唐岛路、舟山岛街排水暗渠的现浇混凝土盖板拱起、开裂和局部炸开,全长波及五千余米。爆炸产生的冲击波及飞溅物造成现场抢修人员、过往行人、周边单位和社区人员,以及公司厂区内排水暗渠上方临时工棚及附近作业人员,共 62 人死亡、136 人受伤。爆炸还造成周边多处建筑物不同程度损坏,多台车辆及设备损毁,供水、供电、供暖、供气多条管线受损。泄漏原油通过排水暗渠进入附近海域,造成胶州湾局部污染。

3. 爆炸后应急处置及善后情况

爆炸发生后,国务委员在事故现场听取山东省、青岛市主要领导的工作汇报后,指示成立了以省政府主要领导为总指挥的现场指挥部,下设 8 个工作组,开展人员搜救、抢险救援、医疗救治及善后处理等工作。当地驻军也投入力量积极参与抢险救援。

现场指挥部组织两千余名武警及消防官兵、专业救援人员,调集百余台(套)大型设备和生命探测仪及搜救犬,紧急开展人员搜救等工作。截至12月2日,62名遇难人员身份全部确认并向社会公布,遇难者善后工作基本结束。136名受伤人员得到妥善救治。

青岛市对事故区域受灾居民进行妥善安置,调集有关力量,全力修复市政公共设施,恢复供水、供电、供暖、供气,清理陆上和海上油污。当地社会秩序稳定。

二、事故原因

1. 直接原因

输油管道与排水暗渠交汇处管道腐蚀减薄、管道破裂、原油泄漏,流入排水暗渠及反冲到路面。原油泄漏后,现场处置人员采用液压破碎锤在暗渠盖板上打孔破碎,产生撞击火花,引发暗渠内油气爆炸。通过现场勘验、物证检测、调查询问、查阅资料,并经综合分析认定,由于与排水暗渠交叉段的输油管道所处区域土壤盐碱和地下水氯化物含量高,同时排水暗渠内随着潮汐变化海水倒灌,输油管道长期处于干湿交替的海水及盐雾腐蚀环境,加之管道受到道路承重和振动等因素影响,导致管道加速腐蚀减薄、破裂,造成原油泄漏。泄漏点位于秦皇岛路桥涵东侧墙体外15cm,处于管道正下部位置。经计算、认定,原油泄漏量约2000t。

泄漏原油部分反冲出路面,大部分从穿越处直接进入排水暗渠。泄漏原油挥发的油气与排水暗渠空间内的空气形成易燃易爆的混合气体,并在相对密闭的排水暗渠内积聚。由于从原油泄漏到发生爆炸达八个多小时,受海水倒灌影响,泄漏原油及其混合气体在排水暗渠内蔓延、扩散、积聚,最终造成大范围连续爆炸。

2. 间接原因

(1)安全生产责任落实不到位。安全生产责任体系不健全,相关部门的管道保护和安全生产职责划分不清、责任不明;对下属企业隐患排查治理和应急预案执行工作督促指导不力,对管道安全运行跟踪分析不到位;安全生产大检查存在死角、盲区,特别是在全国集中开展的安全生产大检查中,隐患排查工作不深入、不细致,未发现事故段管道安全隐患,也未对事故段管道采取任何保护措施。

(2)管道分公司对潍坊输油处、青岛站安全生产工作疏于管理。组织东黄输油管道隐患排查治理不到位,未对事故段管道防腐层大修等问题及时跟进,也未采取其他措施及时消除安全隐患;对一线员工安全和应急教育不够,培训针对性不强;对应急救援处置工作重视不够,未督促指导潍坊输油处、青岛站按照预案要求开展应急处置工作。

(3)潍坊输油处对管道隐患排查整治不彻底,未能及时消除重大安全隐患。2009年、2011年、2013年先后3次对东黄输油管道外防腐层及局部管体进行检测,均未能发现事故段管道严重腐蚀等重大隐患，导致隐患得不到及时、彻底整改；从2011年起安排实施东黄输油管道外防腐层大修，截至2013年10月仍未对包括事故泄漏点所在的15km管道进行大修；对管道泄漏突发事件的应急预案缺乏演练，应急救援人员对自己的职责和应对措施不熟悉。

（4）青岛站对管道疏于管理，管道保护工作不力。制订的管道抢维修制度、安全操作规程针对性、操作性不强，部分员工缺乏安全操作技能培训；管道巡护制度不健全，巡线人员专业知识不够；没有对开发区在事故段管道先后进行排水明渠和桥涵、明渠加盖板、道路拓宽和翻修等建设工程提出管道保护的要求，没有根据管道所处环境变化提出保护措施。

（5）事故应急救援不力，现场处置措施不当。青岛站、潍坊输油处、管道分公司对泄漏原油数量未按应急预案要求进行研判，对事故风险评估出现严重错误，没有及时下达启动应急预案的指令；未按要求及时全面报告泄漏量、泄漏油品等信息，存在漏报问题；现场处置人员没有对泄漏区域实施有效警戒和围挡；抢修现场未进行可燃气体检测，盲目动用非防爆设备进行作业，严重违规违章。

（6）地方政府贯彻落实国家安全生产法律法规不力，督促指导青岛市、开发区两级管道保护工作主管部门和安全监管部门履行管道保护职责和安全生产监管职责不到位，对长期存在的重大安全隐患排查整改不力。组织开展安全生产大检查不彻底，没有把输油管道作为监督检查的重点，没有按照"全覆盖、零容忍、严执法、重实效"的要求，对事故涉及企业深入检查。黄岛街道办事处对青岛某化工有限公司长期在厂区内排水暗渠上违章搭建临时工棚问题失察，导致事故伤亡扩大。

（7）管道保护工作主管部门履行职责不力，安全隐患排查治理不深入。

（8）开发区规划、市政部门履行职责不到位，事故发生地段规划建设混乱，开发区控制性规划不合理，规划审批工作把关不严，管道与排水暗渠交叉工程设计不合理，明渠改暗渠审批把关不严，以"绿化方案审批"形式违规同意设置盖板，将明渠改为暗渠。

（9）相关部门对事故风险研判失误，导致应急响应不力。

三、防范措施

（1）坚持科学发展、安全发展，牢牢坚守安全生产红线。

深刻吸取"11·22"东黄输油管道泄漏爆炸特别重大事故的沉痛教训，牢固树立科学发展、安全发展理念，牢牢坚守"发展决不能以牺牲人的生命为代价"这条红线。要把安全生产纳入经济社会发展总体规划，建立健全"党政同责、一岗双责、齐抓共管"的安全生产责任体系，坚持"管行业必须管安全，管业务必须管安全，管生产经营必须管安全"的原则，把安全责任落实到领导、部门和岗位，谁踩红线谁就要承担后果和责任。在发展地方经济、加快城乡建设、推进企业改革发展的过程中，要始终坚持安全生产的高标准、严要求，各级各类开发区招商引资、上项目不能降低安全环保等标准，不能不按相关审批程序搞特事特办，不能违规"一路绿灯"。政府规划、企业生产与安全发生矛盾时，必须服从安全需要；所有工程设计必须满足安全规定和条件。要坚决纠正单纯以经济增长速度评定政绩的倾向，科学合理设定安全生产指标体系，加大安全生产指标考核权重，实行安全生产和重特大事故"一票否决"。中央企业不管在什么地方，必须接受地方的属地监管；地方政府要严格落实属地管理责任，依法依规，严管严抓。

（2）切实落实企业主体责任，深入开展隐患排查治理。

要认真履行安全生产主体责任，加大人力物力投入，加强油气管道日常巡护，保证设备设施完好，确保安全稳定运行。要建立健全隐患排查治理制度，落实企业主要负责人的隐患排查治理第一责任，实行谁检查、谁签字、谁负责，做到不打折扣、不留死角、不走过场。要按照《国务院安委会关于开展油气输送管线等安全专项排查整治的紧急通知》（安委〔2013〕9号）要求，认真开展在役油气管道，特别是老旧油气管道检测检验与隐患治理，对与居民区、工厂、学校等人员密集区和铁路、公路、隧道、市政地下管网及设施安全距离不足，或穿（跨）越安全防护措施不符合国家法律法规、标准规范要求的，要落实整改措施、责任、资金、时限和预案，限期更新、改造或者停止使用。

（3）加大政府监督管理力度，保障油气管道安全运行。

要严格执行《中华人民共和国石油天然气管道保护法》《城镇燃气管理条例》（国务院令第583号）等法律法规，认真履行油气管道保护的相关职责。各级人民政府要加强本行政区域油气管道保护工作的领导，督促、检查有关部门依法履行油气管道保护职责，组织排查油气管道的重大外部安全隐患。市政管理部门在市政设施建设中，对可能影响油气管道保护的，要与油气管道企业沟通会商，制订并落实油气管道保护的具体措施。油气管道保护工作主管部门要加大监管力度，对打孔盗油、违章施工作业等危害油气管道安全的行为要依法严肃处理；要按照后建服从先建的原则，加大油气管道占压清理力度。安全监管部门要配备专业人员，加强监管力量；要充分发挥安委会办公室的组织协调作用，督促有关部门采取不发通知、不打招呼、不听汇报、不用陪同和接待，直奔基层、直插现场的方式，对油气管道、城市管网开展暗查暗访，深查隐蔽致灾隐患及其整改情况，对不符合安全环保要求的立即进行整治，对工作不到位的地区要进行通报，对自查自纠等不落实的企业要列入"黑名单"并向社会公开曝光。对瞒报、谎报、迟报生产安全事故的，要按有关规定从严从重查处。

（4）科学规划合理调整布局，提升城市安全保障能力。

随着经济高速发展及城市快速扩张，开发区危险化学品企业与居民区毗邻、交错，功能布局不合理，对该区域的安全和环境造成一定影响，也不利于城市的长远发展。青岛市人民政府要对该区域的安全、环境状况进行整体评估、评价，通过科学论证，对产业结构和区域功能进行合理规划、调整，对不符合安全生产和环境保护要求的，要立即制订整治方案，尽快组织实施。各级人民政府要加强本行政区域油气管道规划建设工作的领导，油气管道规划建设必须符合油气管道保护要求，并与土地利用整体规划、城乡规划相协调，与城市地下管网、地下轨道交通等各类地下空间和设施相衔接，不符合相关要求的不得开工建设。

（5）完善油气管道应急管理，全面提高应急处置水平。

要高度重视油气管道应急管理工作。各级领导干部要带头熟悉、掌握应急预案内容和现场救援指挥的必备知识，提高应急指挥能力；接到事故报告后，基层领导干部必须第一时间赶到事故现场，不得以短信形式代替电话报告事故信息。油气管道企业要根据输送介质的危险特性及管道状况，制订有针对性的专项应急预案和现场处置方案，并定期组织演练，检验预案的实用性、可操作性，不能"一定了之""一发了之"；要加强应急队伍建设，提高人员专业素质，配套完善安全检测及管道泄漏封堵、油品回收等应急装备；对于原油泄漏要提高应急响应级别，在事故处置中要对现场油气浓度进行检测，对危害和风险进行辨识和评估，做到准确研判，杜绝盲目处置，防止油气爆炸。地方各级人民政府要紧密结合实际，制订包括油气管道在内的各类生产安全事故专项应急预案，建立政府与企业沟通协调机制，开展应急预案联合演练，提高应急响应能力；要根据事故现场情况及救援需要及时划定警戒区域，疏散周边人员，维持现场秩序，确保救援工作安全有序。

（6）加快安全保障技术研究，健全完善安全标准规范。

要组织力量加快开展油气管道普查工作，摸清底数，建立管道信息系统和事故数据库，深入研究油气管道可能发生事故的成因机理，尽快解决油气管道规划、设计、建设、运行面临的安全技术和管理难题。要吸取国外好的经验和做法，开展油气管道安全法规标准、监管体制机制对比研究，完善油气管道安全法规，制订油气管道穿跨越城区安全布局规划设计、检测频次、风险评价、环境应急等标准规范。要开展油气管道长周期运行、泄漏检测报警、泄漏处置和应急技术研究，提高油气管道安全保障能力。

"7·19"铁大线油气燃爆事故

2005年7月19日，某施工队伍在铁大线355#+600m处管线变形换管项目的动火施工过程中发生油气燃爆事故，造成施工单位1死、2轻伤。

一、事故经过与应急处置

7月19日6时15分，施工队伍按照施工动火方案要求，在铁大线进行封堵作业。7时30分，排放管内原油。8时30分，切割管线清理管口，并在3#、4#点（中段）清理后的管口内砌筑800mm厚的黄油滑石粉。10时，在1#、2#点（北段）和5#、6#点（南段）开始组对焊接，12时南、北两侧两个弯头连接完毕，但在1#、6#点与老管线对接点和3#、4#点之间各有一个1m短节没组对。

12时30分，3#、4#点之间管段开始连接，对接前分别由施工方和业主方的安全人员做了可燃气体检测，确认油气浓度符合要求后开始焊接。与此同时，南北两侧1#、6#点管口处实施堆砌黄油滑石粉作业。

12时50分，当3#点焊到第8根焊条（根焊）时，外泄油气遇焊接明火引起闪爆，管内油气相继燃爆，造成1#点（北段）1人死亡、6#点（南段）2人轻伤。

油气燃爆事故抢修现场如图3-7所示。经过连夜抢修，于7月20日6时05分，抢修全部结束，铁大线启动，全线恢复正常输油。

图3-7 油气燃爆事故抢修现场

二、事故原因

1. 直接原因

在焊接施工作业过程中,天气炎热,修口对管时间较长,造成管道内封堵黄油滑石粉墙下沉失效,致使管内油气外泄,外泄油气遇焊接明火闪爆,引起管内油气相继燃爆,将正对管口砌筑黄油墙的毛某击倒,脖颈部磕在身后 1m 处的管口上,当即死亡。

2. 间接原因

(1)施工队伍为赶进度没有严格按方案实施。按方案要求,中间点动火时,南北动火点应停止作业,两侧动火人员应回避到管口两侧。但施工队伍为赶进度没有严格按方案实施,3 个作业点同时作业。

(2)钱大线 355#+ 600m 处地形复杂,建设时采用弹性铺设并加 2 处弯头,因长期受热应力影响,不足 126m 的管线有 3 处严重变形,致使切管后由于应力作用,管线严重错位,以致原预制好的管段无法使用,被迫重新下料制作管段,造成施工作业时间大大延长,组对焊接被拖延到中午的高温时段。

(3)施工队伍安全意识淡薄,没能及时观察黄油墙异变,造成油气外泄。

3. 管理原因

(1)风险辨识不到位。对更换变形管段施工难度认识不足,对高温季节复杂地段管道动火施工的风险因素识别不够。

(2)安全教育不到位。参加施工作业的部分人员安全意识淡薄,缺乏自我保护意识。

(3)现场监督不到位。甲方与施工单位除签订施工合同和安全施工协议,当封堵排油结束具备动火条件后,由施工单位负责施工现场的作业及安全,甲方未对施工过程进行全方位监督,对承包商存在"以包代管"的现象。

(4)对存续企业的施工队伍管理不到位。此次施工的单位与甲方是关联交易单位,属于存续企业施工队伍,由于碍于情面等原因,监管要求放松,致使"天气炎热要打好黄油墙、对裸露管段采取遮盖浇水冷却等有效措施;作业现场禁止交叉施焊,要干完一处再干另一处"等要求,在实际作业中没有执行到位。

三、防范措施

(1)加强施工作业的安全监督力度,切实加强现场的安全监督检查,实际作业中必须严格执行已制订的作业方案，确保方案中各项措施有效落实。

（2）加强对甲乙双方施工作业相关人员的安全培训和标准规范的学习，特别是要了解和掌握与动火作业相关的各项规程标准，纠正作业中的低标准和习惯性违章，严格按照各种标准规程进行操作。

（3）严格审核施工队伍的综合能力，对施工作业要全过程控制和监督，绝不能签了安全施工协议就放松监督。

（4）细化对施工单位安全监督的内容，研究探索动火作业及核心非核心间交叉作业中安全监督新的方式。

（5）将此次事故情况通报到各施工单位，使他们从中吸取深刻教训，提高按章作业的自觉性；进一步加强对入围施工单位的清理整顿，凡是安全施工业绩不佳、管理不严的单位要坚决清除出管道公司市场。

（6）加快维抢修中心建设，并对二级单位维抢修队加大抢修机具配备和队伍建设。

"1·17"燃气公司管道燃气泄漏爆炸事故

2011年1月17日6时03分,某燃气公司发生燃气泄漏,泄漏燃气引发办公楼辅楼发生爆炸,事故造成3人死亡,34人受伤住院治疗,周边部分楼房门窗被震碎。

一、事故经过与应急处置

1月16日19时10分许,公司调度中心接到矿区服务事业部调度室电话,有群众报警称某小区A座楼走廊内燃气气味大,可能存在燃气泄漏。

19时25分左右,维抢修人员赶到现场,对小区楼道、住户室内、地下车库进行检测,发现某小区A座楼道内检测仪报警,电缆沟甲烷浓度为3.6%,1号排水沟甲烷浓度为4%,解放路东侧46路公交车清源桥站周围甲烷浓度为4%,解放北路东侧46路公交车清源桥站周围浓度为10%,站桩附近的公共厕所甲烷浓度为16%(燃气爆炸极限为5%~15%),维抢修人员立即分头组织查找漏点。

23时10分左右,关闭通潭东区调压站总阀,要求物业公司立即疏散居民,同时向市公安局指挥中心报告。

23时42分,市公安局指挥中心接到报警电话后,派出警力协助疏散居民及封锁现场。

17日2时30分左右,现场处置人员将某小区楼的居民全部疏散完毕。

3时08分,现场维抢修人员进行扩大排查和检测范围。3时50分,发现46路公交车站附近的路边雨排水井内有燃气浓度显示。随后,报请通知46路等公交车绕行。

4时17分,报告110指挥中心;4时40分,交警支队4辆警车来到现场,共同对解放北路通潭东区西门以北路段实行交通管制。

5时20分,现场处置人员第三次组织现场处置会议,研究施工单位进入现场施工抢险的问题。

5时58分,电话求助某矿区服务事业部调度室协调、查找该区域电气线路走向。

6时左右，位于报警区域对面的解放北路西侧的某矿区服务事业部办公楼辅楼突然发生爆炸，如图3-8所示。楼板被炸塌，二楼食堂3名劳务人员坠落死亡，食堂工作人员、维抢修人员等34人受伤住院治疗。

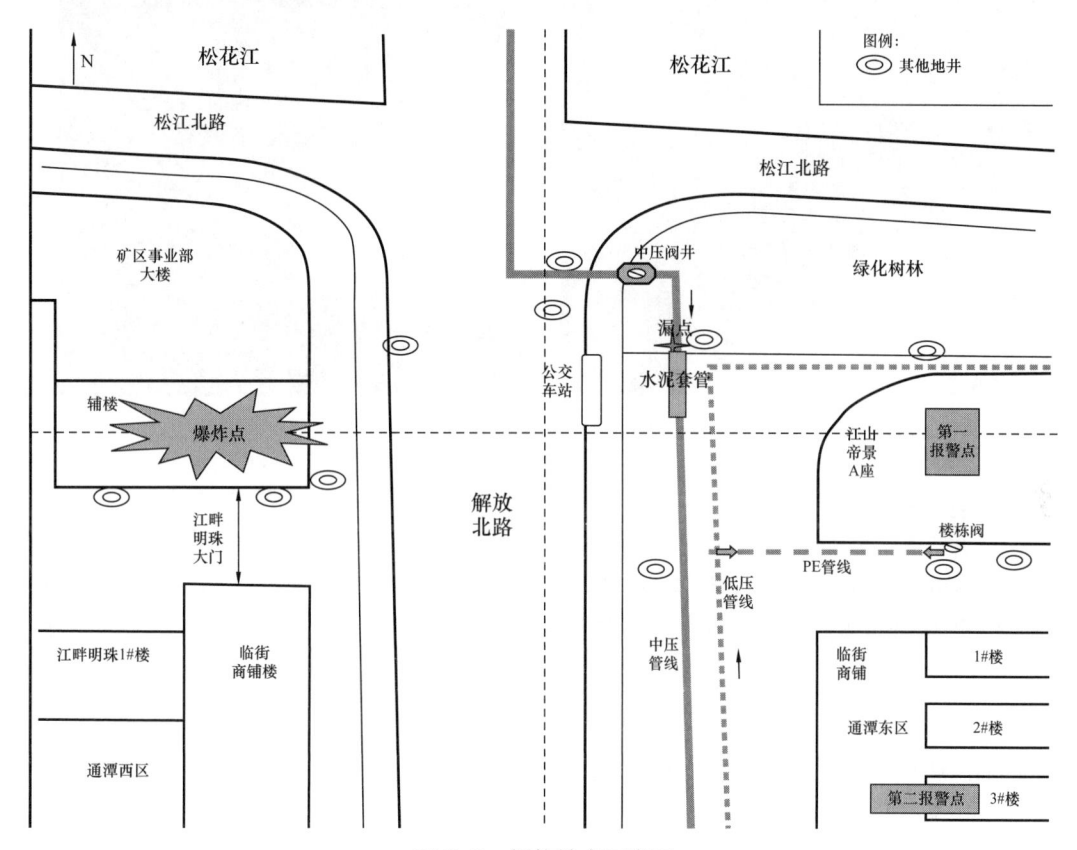

图 3-8 爆炸地点示意图

二、事故原因

1. 直接原因

天然气地下中压管线钢管接头处存在焊接质量问题，管线埋设在冻土层内，由于极端天气影响造成土壤层不均匀下沉或隆起，导致管线焊缝处局部开裂，造成天然气泄漏，如图3-9所示。由于天气寒冷，表土层封闭较严，泄漏的天然气经穿越解放北路的通信电缆、生活污水、南排水、热力等管道或松散土壤层等途径，从地下窜入办公楼辅楼，从餐梯井向楼上扩散，经夜间积聚，形成爆炸性气体，在餐梯井南侧空间遇点火源引发爆炸。

图 3-9 开裂的焊缝

2. 间接原因

（1）事故管段处在低温冻土层，管道焊口应力不均。

（2）现场处置人员在关闭通潭东区调压站出口阀门后，检测燃气浓度下降，以为燃气泄漏已受控，误认为江山帝景庭院管网钢塑转换接头处漏气，未考虑到中压管道和庭院管网相邻的情况下中压管道存在泄漏的可能性；后经扩大检测范围，仍有燃气浓度显示时，怀疑可能是中压燃气管道发生泄漏，顾忌停气用户多、区域大，没有果断关闭中压管道阀门。

（3）现场维抢修人员集中精力对报警的通潭东区进行了关阀、检测、撤人、警戒处置，没有识别到燃气窜入警戒区外某办公楼辅楼的可能性。

（4）因缺乏事故管段相关施工图纸、竣工档案等基础资料，影响了事故现场的判断和处置。

（5）查找漏点时间长，暴露出燃气专业检测设备配置还比较薄弱的问题，没有燃气管道检测车等更专业的检测设备。

（6）未识别出极端天气下燃气管道焊缝发生断裂的可能性，风险识别不全面。

3. 管理原因

（1）"安全第一、预防为主"的理念还没有得到全面贯彻，在现场燃气浓度未全面持续降低的情况下，关闭中压管道阀门停气保安全的决定不够果断。

（2）现场应急处置程序深度不够，岗位员工应急程序培训不够全面，处理复杂问题的经验不足，出现可燃气体泄漏后未进行泄漏探边，扩大检测范围。

（3）安全防范技术力量薄弱，燃气专业检漏技术设备缺乏，未完全实现对管网压力、流量等参数的实时在线监控，部分单位还没有建立 SCADA 系统。现场使用的可燃气体分析仪在 -20℃情况下无法正常工作，抢维修设备配备不全，如无燃气泄漏检测车、制氮车、蒸汽锅炉车等专业抢修设备，自身应急装备、技术、物资的缺乏影响了事故救援进度。

（4）风险识别不全面，未识别出极端天气下燃气管道焊缝断裂的可能性，应急处置预案编制不够全面。

（5）没有充分发挥好与地方政府、相关企业等应急处置联动机制的有效作用，应急联动不够紧密。

（6）燃气业务管理权移交后，资产和人员没有实现同步划转，人员思想不够稳定，没有形成技术骨干力量。

三、防范措施

（1）落实安全生产责任，制订严密安全措施，对所经营的管线进行安全隐患排查，制订安全措施及应急预案，确保不再发生煤气泄漏事故。

（2）提高处置突发事件的组织能力和装备水平，购买巡检车及检测仪器具，确保公司硬件设施健全。

（3）对发生泄漏的煤气管线落实安全运行措施，在春季具备施工条件时，对所有存在问题的管线全部进行维修或更换。

（4）进一步制订和完善并严格执行各项安全管理制度，在问题管线未进行全面整改前加强对重点地段和重点岗位的巡检工作。

（5）对"1·17"事故恢复送气的用户进行地毯式安全检查。组织公司各部门的专业人员对公司所属的全部燃气管道及附属设施及关键区域用户室内管线的安全运行情况，进行彻底排查和及时整改，保证各供气设施处于平稳、安全的运行状态。

（6）积极扎实地做好燃气安全使用常识的宣传，提高用户安全使用管道燃气的意识，从用户端保障运行安全。

"6·23"昆明东支线天然气泄漏事件

2015年6月23日19时，昆石高速小团山隧道附近的昆明东支线穿越昆石高速路涵洞出口处约15m处发生天然气泄漏，未造成人员伤亡。经抢修人员连夜奋战，于6月24日15时完成泄漏点的应急处置，恢复正常。

一、事件经过及应急处置

1. 事件经过

6月23日19时，拓磨山末站站控值班人员发现进站压力下降，立即向站长报告，站长安排住站人员对站内进行检查。

19时05分，站内巡检员巡查拓磨山末站工艺设施无泄漏，站长要求站控值班员远程关闭1#、2#、3#、4#、5#阀室气液联动阀门及末站进站球阀，同时要求巡检班长通知巡线工立即对管道进行巡查。

19时20分，巡查至距拓磨山末站3km的小团山隧道附近时，听到气流声，下车进行检测，可燃气体检测仪有浓度显示，当距离昆石高速公路约30m处，可燃气体检测仪浓度显示60%LEL，确认为天然气泄漏。巡线人员立即对现场进行警戒，如图3-10所示。

图3-10 泄漏事件现场

2. 应急处置

19 时 25 分，打开 5# 阀室和拓磨山末站的放空阀对该管段进行放散降压，同时报"119""122"。

19 时 48 分，路政、交警、消防陆续到达现场。交警部门对昆石高速公路进行交通管制，消防部门在高速路边进行喷淋，稀释泄漏气体。

22 时 30 分，泄漏管线内天然气压力降至 0.1MPa 后，根据现场抢险方案，维抢修中心实施抽水、查漏作业。

23 时左右完成作业坑抽水，发现漏点。根据抢险方案，维抢修中心采用木楔临时封堵。连续气体检测，23 时 15 分，泄漏点周围的可燃气体浓度降到零。

23 时 20 分，通知路政部门全面恢复交通。

6 月 24 日 3 时 30 分，维抢修中心人员采用柔性卡具完成漏点临时封堵作业。

6 月 24 日 9 时，决定在漏点位置采用加强板补漏施工方案。10 时 30 分，开始抢修作业。13 时 30 分，完成加强板补漏作业。15 时，完成焊口无损检测。20 时 30 分，全线恢复通气。

二、事件原因

人为破坏造成管道泄漏，泄漏点在管道顺气流方向 11 点钟位置，呈圆孔状，直径约 4~5mm。泄漏点 5cm 范围内有防腐层脱落，3cm 范围内管壁有明显打磨痕迹，有明显的人为破坏痕迹。

三、防范措施

（1）加强媒体发布制度管理。建立健全新闻发言人制度，理顺媒体发布程序，严格按照新闻发布程序与新闻媒体沟通对接，充分发挥新闻媒体的积极作用，做好舆情监测工作。

（2）加强横向交流和内部管理，提高支线管理水平。向长输管道运营单位学习，进一步推进制度细化、记录表单健全。

（3）推广应用 GPS 巡线系统，实时跟踪检查巡线工的巡线情况，提高管道巡护管理水平。提升 GPS 巡线系统的使用和人员能力的提升。

（4）加大管道保护知识的宣传力度。在管道经过的村庄，采取设置宣传栏、发放宣传单、播放宣传片等多种方式，并结合天然气管道泄漏爆炸事故案例、图片，向村民普及天然气安全知识和《中华人民共和国石油天然气管道保护法》的相关内容。

（5）强化信息报送。明确信息报送归口管理部门，细化信息报送岗位职责，提高中控室人员事故、事件的分析能力。进一步明确事故、事件上报程序和时限，确保第一时间上报各类事故、事件信息。更加明确应急管理职责。

（6）总结应急处置程序，查找不足，举一反三。针对各所属单位具体要害部位与生产装置可能发生事故的风险点源，要求各所属单位完善现场应急处置程序，达到与公司应急预案无缝对接的要求，进一步加强区域公司应急管理水平。

"5·26"樟树—湘潭联络线天然气着火事故

2013年5月26日7时许，江西省上栗县的樟树—湘潭联络线第2标段发生天然气管道断裂着火事故，造成5人受伤，经济损失约794万元。

一、事故经过与应急处置

1. 事故经过

5月26日7时21分至28分，樟树—湘潭联络线萍乡站干线上游压力从7.85MPa迅速下降至0.19MPa；萍乡站及6#阀室1101#阀门分别检测到压降速率达到关断条件并自动关断；7时25分，萍乡站人员听到巨大声响，并看到站外爆燃火焰，站场启动ESD紧急关断。萍乡站上游发生天然气泄漏，引发起火，如图3-11所示。

图3-11 天然气着火现场

2. 应急处置

事故发生后，赣湘管理处萍乡站于26日7时28分进行现场布控。

13时40分,开始进行作业坑开挖。

27日15时,作业坑开挖完成,并开始组对、焊接工作。

28日19时25分,全部焊接工作完成。整个抢修经过注氮、切管、焊接、检测等工序,前后历时59h。

抢修工作结束后,20时开始进行置换升压恢复生产。

二、事故原因

1. 直接原因

19号RW焊口存在焊接质量缺陷,加之管道存在应力,导致管道断裂着火,如图3-12所示。

(a) 管道断裂初始状态　　(b) 水平轴向错开

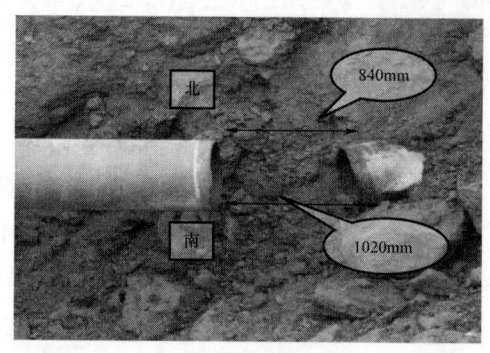

图3-12　管道断裂

2. 间接原因

(1)管道下沟时未使用吊管机,而采用其他机械,造成管道损伤,同时增加管道应力。

(2)管道焊接过程中未使用内对口器,焊接工艺控制不严格,造成焊接质量存在缺陷。

(3)管道损伤后,没有对损坏的管材和19号RW焊口报检,也未通报监理。

(4)事故发生后,雷达探测坐标显示,事故管段与竣工记录坐标偏离6~15m,存在管道应力。

3. 管理原因

(1)施工单位违规作业、野蛮施工,不按规定使用专用机械设备,管道机械损伤后,不按规定报检，逃避监理监管。

（2）监理单位对施工过程管理不严格，对现场施工未使用内对口器、吊管机等违规作业没有进行有效制止；监理人员能力较差，对焊接知识、施工规范及标准掌握不全面；监理日志不能真实反映当时现场施工细节、存在问题和解决方案，没有可追溯性。

（3）建设单位没有落实主体责任，对非正常工序的施工管理监管不到位；没有及时获取现场施工信息，对施工、监理在工程建设过程中存在的违规施工、监理不到位等现象没能及时采取措施。

三、防范措施

（1）为保证运行安全，对开发区工业园区内的管道风险进行评估，对存在的隐患实施整改。

（2）进一步加强对管道施工、监理相关单位的过程管理，避免出现"以包代管，以监代管"的现象。

（3）组织对樟树—湘潭联络线同类施工条件的管段进行抽检、评估、分析，提出整改和处理方案。

（4）管道投产前必须经过验收、交接，及时交付竣工资料。

（5）加强管道施工质量管理，杜绝"黑口"焊接。

"9·21"兰州—定西输气管道火灾事故

2016年9月21日20点01分,某公司在兰州—定西输气管道工程榆中分输站进行气密性试压时,发生一起爆燃事故,当场造成6人烧伤,其中2人死亡、2人重伤、2人轻伤。

一、事故经过

2016年9月21日上午,某公司兰定项目部经理安某在生产例会上安排特种作业处处长陈某做榆中分输站气密性试压准备,明确试压介质为氮气。10时左右,陈某通知试压机组长李某在当天下午气密性试压准备完成后可以进行作业。李某随后安排由技术员白某负责组织对榆中分输站进行试压,因同时负责多个现场试压工作,李某当天未到榆中分输站。16时左右,白某在榆中分输站现场组织王某和汪某进行气密性试压作业,第一工程处杜某、张某、高某三人在现场进行法兰螺栓紧固,承包商兰定项目经理单某和尹某在现场进行仪表作业。

因当天没有购买到试压用氮气,决定临时改为购买30瓶氧气进行气密性试压。在对编号为3101#的计量设备、调压橇进行试压时,两次出现法兰漏气,作业人员先后两次进行泄压并紧固法兰螺栓;在压力升至规定试验压力4MPa后,现场检查未发现漏气现象,试压进入稳压阶段。

20时,在使用6瓶氧气对3101#计量设备、调压橇试压完成后,现场试压作业人员手动缓慢开启3201#计量设备前球阀,准备将3101#橇装设备内的氧气倒入3201#计量设备、调压橇进行气密性试压。20时01分,3201#计量设备前球阀发生爆燃,将正在进行球阀开启作业、螺栓紧固作业的5名人员和进行仪表作业的1名人员烧伤,管道火灾事故示意如图3-13所示。

事故发生后,现场人员立即拨打120急救电话,并将伤员转送到医院救治。经诊断,6人中4人严重烧伤,其中3人烧伤面积90%,1人烧伤面积80%,另外2人烧伤面积40%左右。

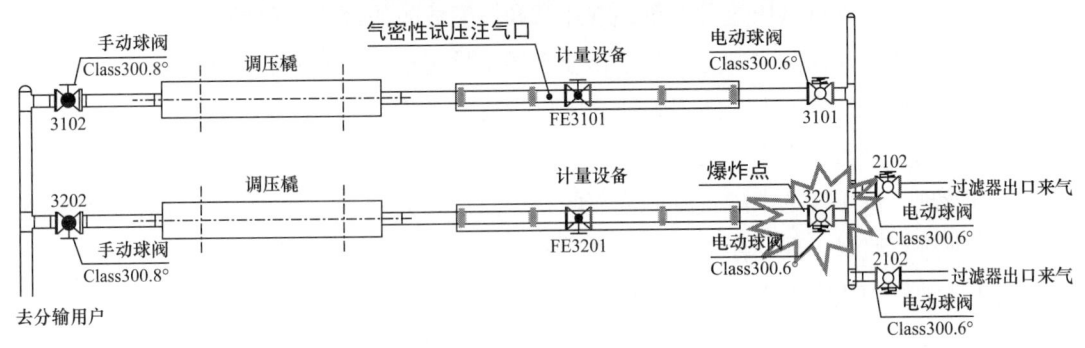

图 3-13 管道火灾事故示意图

二、事故原因

1. 直接原因

违规使用氧气进行气密性试压造成爆燃，由于现场使用高压纯氧代替氮气作为试压介质，高纯度氧气与球阀内的油脂发生强氧化反应发生爆燃。

2. 间接原因

施工现场存在易燃物质，如工作服、油脂（在现场发现个别油脂痕迹），遇氧气后都是发生燃烧的条件。

3. 管理原因

（1）现场施工严重违章违规。

使用氧气试压，违反工程建设标准和施工技术规范 GB 50369—2014《油气长输管道工程施工及验收规范》第 14.1.6 条，属于典型的违章指挥和违规操作，同时严重违反集团公司反违章"六条禁令"。

（2）施工作业程序不合规，试压方案未审批。

某公司兰定项目部未按照管理程序，将试压方案报送审批，擅自进场作业，施工管理极不规范。

（3）高危作业管理不严，未按规定执行作业许可程序。

某公司兰定项目部在本次试压之前，并未按规定办理作业许可证。此次试压作业没有按要求同时预警、同时落实必要的安全措施，无任何应急准备，比如灭火器等，导致事故发生后贻误了救援时机，加剧了后果的严重性。

（4）安全教育培训效果不佳，员工安全意识偏低。

对于使用氧气进行试压这种严重违规违章和极度危险的做法，现场无一人意识到作业风险和后果的严重性并及时制止；高危作业现场人员密集，未能采取隔离措施或将人员撤离安全地点，反映出员工安全知识欠缺、风险防范意识低。

（5）现场安全监管不力，安全监督人员空缺。

调查发现，试压现场未配置专职或兼职安全监督人员，项目部也没有管理人员到现场对试压作业进行监督，现场存在的安全风险未能及时得到识别和防控。

（6）属地管理执行不力，施工管理责任不清。

试压作业负责人试压机组长未有效履行属地主管职责，组织进行工作前安全分析，试压作业时不在现场；作为现场临时负责人的机组技术员和7名岗位员工也未能落实本岗位属地职责，识别风险纠正制止不安全行为，导致属地管理责任和现场组织管理失效。

三、防范措施

（1）扎实开展安全生产隐患排查。

认真吸取事故教训，利用一个月时间，组织开展涵盖所有在建项目的安全生产隐患排查，重点查找在施工组织设计、方案管理、现场监督、高危作业管理等方面存在的问题，及时整改完善；对特殊作业方案及关键工序进行复审复查，严禁无方案、无许可、无监督、无预案进行危险施工作业，杜绝无视制度靠经验施工等乱象。

（2）认真开展年终HSE绩效考核。

围绕年度各工作考核项，突出重点工作，细化考核内容，加强考核组织，并把"9·21"事故的学习教育、讨论分析、教训吸取，以及对照事故原因开展管理自查等情况，纳入HSE考核重点内容，促进问题整改。

（3）扎扎实实推动"全员提素质，全面控风险"的"两全"工作落实。

重点围绕部分员工安全知识欠缺，风险意识不强等问题，进一步加大安全培训力度，针对不同层级、不同岗位的需求开展培训，提高培训针对性；不断丰富培训形式和手段，注重培训质量和效果，严格培训考核，对安全培训不合格的员工严禁上岗。

（4）扎实抓好基层站队 HSE 标准化建设，不断强化"一案一卡"应用落实。

进一步推进危害因素辨识、风险评估与防控、工作前安全分析和属地管理在现场的应用，对安全管理基础薄弱的机组和高风险施工作业，由各级安全管理部门深入基层及时进行辅导和纠偏，确保 HSE 标准化建设效果，切实提升基层站队 HSE 风险管控能力，加快实现由"要我安全"向"我要安全"的转变；针对应急培训、持卡上岗、应急准备、物资配备、紧急避险五个方面，加强对"一案一卡"应用情况的监督辅导，重点对"一案一卡"演练情况、效果和可操作性进行验证，针对问题持续改进，确保真正发挥效用。

（5）强化员工能力提升，扎实抓好 HSE 履职能力评估。

在处级、科级干部 HSE 履职能力评估的基础上，认真开展关键岗位及一线员工的评估，尤其是机组长、安全员等关键岗位人员，全部先考评后上岗，考评不合格的人员，不准调整岗位、提拔任用或上岗，坚决杜绝 HSE 能力不够，安全生产意识不强的人员担任机组长、项目经理等岗位。

（6）严格现场监督检查，增强安全管控力度。

加大现场监督检查力度和频次，重点对施工方案的制订和审批、作业许可的执行、工序流程的合规性、风险防范和应急措施的落实情况等进行检查，发现问题及时解决，问题严重的停工整顿，确保此类事故不再复发；强化升级管理各类高危作业，严格执行作业许可审批程序，许可批准人必须到现场核实后方可签字；优化机组管理，针对施工作业具体情况，合理配置安全监督管理人员，保证所有施工现场均配置安全监管人员，特别是小台班施工时，必须有专门负责安全监督的管理人员；选择安全经验丰富和工作责任心强的员工担任兼职安全员并加强教育培训，切实提高日常监管和应急处置能力，确保现场生产安全可控受控。

"6·10" 中缅输气管道天然气泄漏燃爆事故

2018年6月10日23时13分许,中缅天然气输气管道黔西南州晴隆县沙子镇段K0975-100m处发生泄漏燃爆事故,造成1人死亡、23人受伤,直接经济损失2145万元。

一、事故经过及应急处置

2018年6月10日23时13分,中缅输气管道贵州段33#～35#阀室之间光缆中断信号报警;23时15分,管道运行系统报警;23时16分,35#、36#阀室自动截断;23时20分,发现位于晴隆县沙子镇三合村处管道(35#、36#阀室之间,桩号K0975-100m处)发生泄漏并燃爆。造成燃爆点附近晴隆县异地扶贫搬迁项目工地24名工人受伤(其中1人于2018年6月30日经医治无效死亡),部分车辆、设备、供电线路和农作物、树木受损。

接到事故报告后,省、州、县公安、武警、消防、安监、交通、卫生等单位立即组织力量全力开展现场搜救、伤员救治等工作,并第一时间有序转移相关群众,封控燃爆核心圈,管控周边道路,第一时间联系输气管道管理部门。管道两端自动控制系统自动关闭。6月11日2时30分,明火熄灭。受伤人员送医院救治。

二、事故原因

1. 直接原因

因环焊缝脆性断裂导致管内天然气大量泄漏,与空气混合形成爆炸性混合物,大量冲出的天然气与管道断裂处强烈摩擦产生静电引发燃烧爆炸,事故焊口所在管段示意如图3-14所示。

现场焊接质量不满足相关标准要求,在组合载荷的作用下造成环焊缝脆性断裂。导致环焊缝质量出现问题的因素包括现场执行X80级钢管道焊接工艺不严、现场无损检测标准要求低、施工质量管理不严等方面。

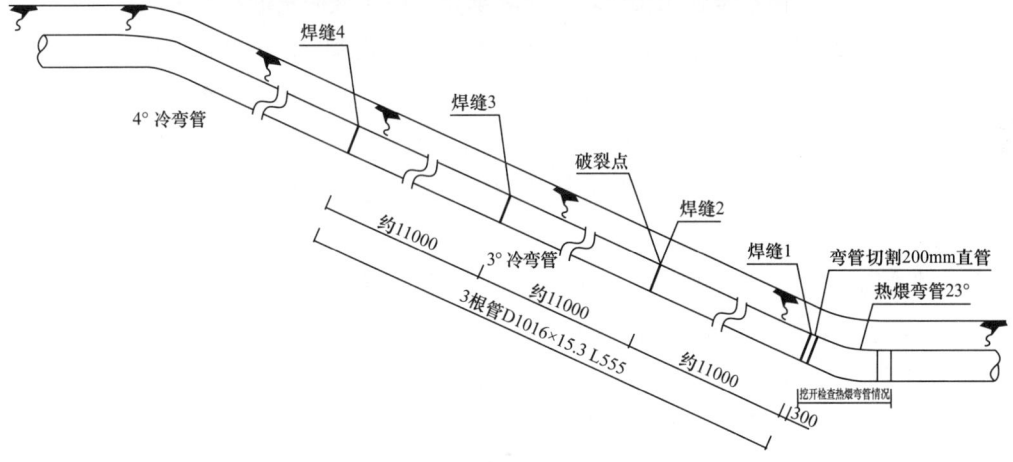

图 3-14　事故焊口所在管段示意图

2. 间接原因

（1）施工单位主体责任不落实，施工过程质量管理失控。

一是违法分包工程。某管道公司违法将管道建设工程分包给无施工资质的社会自然人王某等，王某又将含事故段的部分工程分包给同样无施工资质的社会自然人李某。二是施工图未完成即开展焊接施工。2012 年 3 月 23 日开始焊接施工，但施工图出图时间为 2012 年 5 月，图纸会审时间为 2012 年 6 月。三是现场施工管理混乱。事故燃爆口焊接机组人员不固定、随意更换，长期未设机长；焊接工艺卡未按焊接工艺规程要求编写，不能满足现场焊接施工作业要求；未建立焊材保管、领用、烘烤、回收制度，也无相关记录；未按要求对焊接施工人员进行质量、技术交底，交底资料造假；未按质量管理体系和相关标准开展质量检查和验收。四是对从业人员资格审查不严。CPP331 焊接机组质检员杨某、陈某上岗时未取得从业人员资格证；焊工王某等提供的由质监部门核发的特种设备焊接作业人员证系伪造。五是档案资料缺失。未能提供完整的现场施工记录，致使事故焊口焊工无法确认、施工工艺执行情况无法追溯。不能提供管道开展水压试验的取水证明材料，管道压力试验记录存在伪造嫌疑。六是隐患整改不到位。对上级单位检查发现的焊口隐患，未按要求割口处理、重新试压，不能提供完整的隐患整改记录。

（2）分包商执行检测标准不严，管理混乱。

一是射线底片评审存在焊接缺陷未评定情况。其中事故断口底片虽经专家复评为合格，但原检测报告所列的管壁厚度与实际厚度不符，事故断口两处焊接缺陷未评定。二是部分无损检测报告与原始记录不符。三是射线检测报告评片人、审核人签名普遍存在代签现象。四是项目经理长期不在项目现场，未履行项目经理职责。

（3）监理公司未认真履行监理职责，对施工、检测单位存在的问题失察。

一是监理人员资格不符合相关要求。实际承担区段主任职责的王某未取得国家注册监理工程师资格证；现场焊接监理人员苏某为工民建专业监理员，不具备焊接监理资格；现场监理员赵某无监理员资格证。二是监理人员冒名顶替。监理记录显示事故标段主任为腾某，但实际腾某从未到过施工现场，由王某顶替，监理记录上腾某的签名均为他人代签。三是伪造现场施工监理记录。经现场开挖检测，部分监理旁站检查记录中的数据与实际测量值不符。

（4）某管道公司质量管理失控，对下属单位监督指导不力。

一是编制的焊接作业指导书内容不全，未明确管道焊接层数，且编制、审核、批准均无人员签字。二是施工前未进行施工图会审，伪造施工图会审资料。2012年3月23日开始焊接施工，但施工图出图时间为2012年5月，图纸会审时间为2012年6月5日。为掩盖施工前未进行施工图会审的事实，将2012年6月5日中缅天然气管道（中国境内段）项目二、三合同项施工图会审暨设计交底会会议签到表时间伪造为2012年3月15日。三是对管道建设项目经理部组织的飞检发现的焊接质量问题，督促责任单位整改不到位。四是质量体系运行管理不到位，未能及时发现、纠正施工过程中存在的质量管理问题。

（5）管道建设项目经理部未切实履行建设单位职责，管理不到位。

一是中缅天然气管道（中国境内段）未批先建。2012年3月15日开工建设，2012年3月23日第一道焊口开始施焊，但中华人民共和国国家发展和改革委员会批复建设时间为2012年4月6日、国家安全生产监督管理总局批复同意项目安全设施设计专篇时间为2012年12月26日。二是未按质量体系文件要求足额配备项目部管理人员，项目部未配备主管工程项目副经理。三是对项目施工质量管理不到位，对参建各方存在的问题检查督促不力，质量考核流于形式，未能及时发现、纠正施工过程中的质量管理问题。对飞检发现的管道焊接质量问题，跟踪督促整改不力。

（6）质量监督站履行监管职责不到位。

对参建各方施工质量监督不严，对施工过程中存在的质量问题失察，履行政府监督管理职责不到位。

（7）某劳务公司与某管道公司签订劳务分包合同，但实际并未派遣劳务作业人员参与中缅天然气管道（中国境内段）项目施工。

参与项目施工劳务作业人员为某管道公司自行组织，但该劳务公司为某管道公司向违法承包人支付工程款提供便利，致使违法分包行为得以实施。

三、防范措施

（1）开展隐患排查整治。

对中缅天然气管道全线开展环焊缝施工焊接质量隐患排查整治，彻底消除安全隐患，严防此类事故再次发生，切实履行安全生产主体责任和社会责任。

（2）切实加强施工现场管理。

要逐条梳理事故暴露的现场施工管理混乱的问题，进一步理顺现场施工管理体制机制，加强监督检查，切实督促建设单位、施工单位等参建各方认真履行现场施工管理职责，坚决防范今后管道建设施工质量出现问题。

（3）加强石油天然气管道运营安全管理。

特别要加强人员密集高后果区及地质条件复杂、地质情况不明区域管段的安全管理，强化巡查力度，必要时应进行管道位移、变形等在线监测。确有必要时应改线，避开人员密集区域。进一步完善应急预案，加强应急能力建设，开展应急演练。

（4）完善紧急情况处置措施。

鉴于天然气管道发生断裂泄漏后的严重危害，今后在处置危及管道运营的安全隐患时，要根据现场情况采取有效的安全防范措施（停输、减压等），确保处置过程安全。

"7·28"地下管道丙烯爆燃事故

2010年7月28日10时11分左右,某公司在平整拆迁土地过程中,挖掘机挖穿了地下丙烯管道,丙烯泄漏后遇到明火发生爆燃。截至7月31日,事故已造成13人死亡、120人住院治疗(重伤14人)。事故还造成周边近$2km^2$范围内的3000多户居民住房及部分商店玻璃、门窗不同程度破碎,建筑物外立面受损,少数钢架大棚坍塌。

一、事故经过与应急处置

这次事故中被挖掘机挖穿的地下丙烯管道于2002年投入使用,途径原南京塑料四厂旧址,公称直径159mm,输送压力2.2MPa,输送距离约5km,用于输送原料丙烯。事故发生时,该管道处于停输状态,管道内充满丙烯。

原南京塑料四厂已于2005年停产,所在地块近期正由栖霞区迈皋桥街道办事处进行商业开发利用。某公司议标后对该地块进行场地平整。某公司的小型挖掘机械为了回收地下废弃管道的钢材,7月28日9时30分左右,进行作业时挖穿了丙烯管道,造成大量液态丙烯泄漏,现场人员在撤离的同时报警。10时11分左右,泄漏的丙烯遇到附近餐馆明火引起大面积爆燃,如图3-15所示。当地消防部门接110转警后,先后共出动36辆消防车和两千余名消防干警赶到现场,组织救治伤员和现场处置,有关单位将泄漏点两端的阀门关闭。15时许,现场火情得到初步控制。23时左右,被挖穿的丙烯管道两端用盲板隔离。7月29日5时23分,现场明火熄灭。经当地环境保护部门监测,事故未造成环境污染。

二、事故原因

某施工队伍挖穿地下丙烯管道,造成管道内存有的液态丙烯泄漏,泄漏的丙烯蒸发扩散后,遇到明火引发大范围空间爆炸,同时在管道泄漏点引发大火。

图 3-15　燃爆事故现场

三、防范措施

（1）加强城镇地面开挖施工的安全管理。

随着城镇化进程的加快，城镇地面开挖施工作业大量增加。各地要针对城镇地面开挖施工安全作业涉及部门和单位多的特点，进一步明确城镇地面开挖施工作业有关部门和单位的安全管理职责，落实安全监管责任和安全生产责任。施工项目管理单位在组织项目施工前，要认真查阅有关资料，全面摸清项目涉及区域地下管道的分布和走向，制订可靠的保护措施。凡是涉及地下管道的施工项目，开始前施工项目管理单位要召集管道业主、施工和现场安全管理等有关单位，召开安全施工协调会，对安全施工作业职责分工提出明确要求。施工单位要严格按照安全施工要求进行作业，严禁在不明情况下，进行地面开挖作业。管道业主单位要对地下管道情况进行现场交底，并做出明确的标识，必要时在作业现场安排专人监护。规划、建设部门要建立和完善城镇地下管网档案资料，进行城镇规划时要加强对已有地下管道的保护和避让，确保地下化学品管道的安全。

（2）切实加强化学品输送管道的安全生产工作。

要加强石油天然气管道的安全管理，各地和各有关单位要按照 10 月 1 日起施行的《中华人民共和国石油天然气管道保护法》的各项规定，及时清理管道保护范围内的违章建筑，严防管道占压。管道业主单位要对石油、天然气管道定期进行检测，加强日常巡线，发现隐患及时处置，确保石油、天然气管道及其附属设施的安全运行。有关企业要立即对所有的化学品输送管道进行一次全面的检查，完善化学品管道标志和警示标识，健全有关资料档案，要落实管理责任，对化学品管道定期检测、检查，发现问题和隐患及时处理。需要政府协调解决的，要及时向当地政府报告。地方各级安委会要明确辖区内化学品输送管道的安全监管工作的牵头部门，立即开展全面排查，摸清辖区内化学品输送管道的有关情况、化学品输送管道穿越公共区域的情况，以及公共区域内地下化学品输送管道的情况，特别是要摸清辖区内地下危险化学品输送管道的有关情况，并建立档案。督促有关企业进一步落实业主安全生产责任，切实采取有效措施加强管理。针对地下化学品输送管道普遍存在的违章建筑占压和安全距离不够的问题，要组织开展集中整治，彻底消除隐患，确保化学品输送管道的运行安全。

（3）切实加强高温雷雨季节危险化学品安全管理工作。

我国极端天气多，夏季又是危险化学品事故多发时段，各地要针对当前危险化学品安全生产严峻形势，以贯彻落实《国务院关于进一步加强企业安全生产工作的通知》精神为契机，督促企业进一步落实安全生产主体责任。危险化学品企业要以防泄漏、防火灾爆炸为重点，有针对性地持续开展隐患排查，强化夏季"四防"工作（防雷、防汛、防倒塌、防泄漏爆炸），加大对重大危险源的监控，严格执行企业领导干部值班带班制度，全面加强安全生产管理，确保生产安全。地方各级政府有关部门要加大对辖区内有关企业监督检查力度，督促企业切实采取措施，做好夏季高温雷雨季节的安全生产工作。

（4）切实提高危险化学品事故应急处置能力。

地方各级政府有关部门针对辖区内危险化学品企业特点，制订有针对性的应急预案并定期组织开展应急演练，通过演练进一步健全和完善应急预案；建立危险化学品应急专家队伍，加大应急投入，完善应急物资和应急装备储备，提高危险化学品事故应急处置能力。各类危险化学品企业要认真研究分析本单位重大危险源情况，建立健全重大危险源档案，加强对重大危险源的监控和管理，确保安全生产。要严肃认真开展事故调查，严格按照"四不放过"原则，依法依规严肃追究有关事故责任。

第四部分

井控
典型事件

清溪 1 井井控事件

清溪 1 井是一口预探井，设计井深 5620m，2006 年 1 月 11 日开钻，井口安装 1 套 105MPa 井控装备。2006 年 12 月 20 日，钻至井深 4285.38m 发生溢流、倒流放喷，先后经过 3 次抢险施工，于 2007 年 1 月 3 日压井封井成功。抢险过程中没有人员伤亡，也没有造成当地空气、水质污染。

一、事件经过

1. 发生溢流（20 日 2 时 18 分至 22 分）

2006 年 12 月 20 日 2 时 15 分，用密度为 1.60g/cm³ 的钻井液钻进至井深 4285m 时钻时加快，至 2 时 18 分钻达井深 4285.38m（4283.00~4284.00m 钻时 81min/m，4284.00~4285.00m 钻时 46min/m，4285.00~4285.38m 历时 3min），立即停钻循环观察，2 时 18 分至 22 分（4min）溢流 1.5m³，泵压由 15.7MPa 降至 14.3MPa（此时排量为 1.06m³/min，钻井液密度为 1.60g/cm³，黏度为 50s）。

2. 溢流量增大（20 日 2 时 22 分至 44 分）

2 时 22 分立即停泵迅速关井，至 2 时 33 分（11min）套压由 0MPa 上升至 20.0MPa，至 2 时 34 分（1min）套压迅速下降到 2MPa，于是开节流阀节流循环，排量为 0.15m³/min，套压快速降至 0MPa（分析已发生井漏），但钻井液返出量大于泵入量，至 2 时 44 时（10min）溢流量增加 24m³。

3. 发生井漏，上报（20 日 2 时 46 分至 6 时 15 分）

2 时 46 分再次关井求压，至 3 时 20 分套压最大升至 4.15MPa，综合分析判断证实地层已发生漏失。3 时 20 分至 6 时 15 分，钻井工程监督将情况汇报给油田公司，并要求井队配密度为 1.60g/cm³ 的堵漏浆 20m³，浓度为 13%。

二、应急处置

1. 钻井队第一次压井

（1）12月20日6时15分至47分，从钻杆内泵入密度为1.60g/cm³的堵漏浆18.4m³，排量为0.52m³/min，套压为11.5MPa，立压为0MPa。

（2）将堵漏浆顶出钻头3m³（20日6时55分至9时27分）。

6时55分开始正替密度为1.80g/cm³的钻井液，排量为0.2~0.58m³/min，立压为2.17MPa，套压为13.65MPa，通过液气分离器节流循环点火，火焰高10~20m，橘红色，持续30min后，火焰减弱。9时10分停泵，关节流阀，泵入密度为1.80g/cm³的钻井液19.6m³，此时计算堵漏浆已进入环空3m³，立压为0MPa，套压为12.48MPa。至9时27分观察立压为0MPa，套压为13MPa。

（3）将堵漏浆顶出钻具水眼进入环空（20日9时27分至11时20分）。

初步打算分段将堵漏浆泵出钻具进入环空，后又担心堵漏浆堵塞水眼，于9时27分继续节流循环，排量为0.2~0.4m³/min，套压为13.0MPa，立压为0MPa，火焰高6~15m，橘红色。至11时20分，计算泵出钻具内全部堵漏浆，前后共泵入密度为1.80g/cm³的钻井液35m³，立压为0MPa，套压为16.84MPa，停泵，关节流阀。

（4）反挤钻井液（20日11时20分至13时30分）：分4次向环空反挤密度为1.80g/cm³的钻井液10m³，立压由4.8MPa升至18.9MPa，套压升至19MPa。

（5）现场观察，制订措施（20日13时30分至14时35分）。

观察立压、套压，变化微小。同时，现场人员制订压井措施：先用密度为1.60g/cm³的堵漏浆堵漏，再用密度为1.80g/cm³的钻井液节流压井。

（6）节流排气，由液气分离器改为节流管线（20日14时35分至59分）。

14时35分开始用密度为1.80g/cm³的钻井液节流循环排气，开节流阀，排量为0.11~0.41m³/min，套压为18.8MPa，立压为9.9MPa，经液气分离器点火，火焰高9~10m，橘红色。14时45分，由于气量大，液气分离器震动厉害，冻结严重，为了避免液气分离器损坏，打开主放喷管线节流点火放喷，火焰高8~9m，橘红色，排量为0.41m³/min，套压为19MPa，立压为0.6MPa。14时55分火焰熄灭，套压为20.2MPa，立压为8.4MPa。14时55分至59分，主放喷管线放喷口点火（此间共泵入密度为1.80g/cm³的钻井液6m³）。

（7）节流压井，套压下降（20日14时59分至15时53分）。

14时59分至15时53分，通过主放喷管线节流循环压井。火焰高10~15m，橘红色。排量为0.08~0.52m³/min，套压由20.4MPa下降到9.6MPa，立压由0.3MPa升到

12.2MPa。15时53分关放喷管线。泵入总量为49.29m³。

（8）再次启动液气分离器循环压井，发生井漏（15时53分至16时14分）。

启用液气分离器，点火节流循环成功。15时53分至16时14分，排量为0.52m³/min，套压由17.0MPa下降到4.3MPa，立压由6.3MPa下降到0MPa。16时14分，立压降为0MPa，井口不返钻井液，分析判断发生井漏，停泵关井并准备堵漏浆。泵入总量为9m³。

2. 钻井队第二次压井

（1）现场制订下一步压井方案（20日16时14分至20时33分）。

先用密度为1.70g/cm³的堵漏浆堵漏，接着用密度为1.70g/cm³的钻井液节流压井，建立循环。同时井队配堵漏浆25m³，密度为1.70g/cm³。观察关井情况：停泵后套压快速上升，16时43分上升到最高40.6MPa，后维持在40MPa以内。

（2）节流循环（20日20时33分至35分）。

节流点火，火焰橘红色，高10~15m，排量为0.26m³/min，套压由17.56MPa下降至15.1MPa，立压由12.8MPa下降至12.2MPa，泵入密度为1.70g/cm³的钻井液1.22m³。

（3）节流泵入堵漏浆（20日20时35分至21时20分）。

20时35分至21时20分，泵入密度为1.70g/cm³的堵漏浆20.0m³，排量为0.47m³/s，套压由15.1MPa下降到5.3MPa，立压为12.2~2.9MPa，橘红色火焰高8~10m，21时，井口见钻井液返出，漏失钻井液15.0m³。

（4）建立循环（20日21时20分至23时50分）。

21时20分至23时50分，泵入密度为1.70g/cm³的钻井液，建立循环，排量为0.75m³/min，立压为10.8MPa，套压为0.6MPa，循环观察一周后，开始边节流循环边加重（混重浆），钻井液密度提高幅度为0.02~0.03g/cm³，钻井液进口密度为1.73g/cm³，出口密度为1.54~1.64g/cm³，泵入钻井液137m³。

（5）节流循环加重压井由于憋泵，导致了新的复杂情况（20日23时50分至21日16时33分，此间循环总量为905m³）。

12月20日23时50分至21日15时40分，节流循环加重压井（钻井液进口密度为1.75~1.76g/cm³，出口密度为1.73g/cm³，黏度为60s），经过液气分离器节流循环，排量为0.93m³/min，火焰高3~5m。15时40分，发现泵压突然由13.6MPa上升至19.0MPa，于是立即停泵（2min），泵压迅速下降至0MPa，接着开泵到憋泵前排量，继续加重压井（混2.05g/cm³重浆）。16时21分，发现液面上涨1.16m³，加重循环到16时33分。

（6）再次出现泵压升高，停泵，研究措施（21日16时33分至20时05分，此间，间断泵入总量6.6m³，停泵总时间4h）。

16时33分又出现泵压升高，泵压由10.5MPa上升到17.1MPa，立即停泵。此时溢流量达到2m³，试关节流阀关井求压，16时35分，套压迅速上升至35MPa，立压达到

6.5MPa；16 时 43 分，套压最高达到 41MPa，立压为 10.4MPa；16 时 45 分，套压又迅速下降到 34.9MPa，发生漏失，此时立压为 8MPa。

16 时 33 分至 20 时 05 分关井期间，现场制订压井方案：先用密度为 1.77g/cm³ 的堵漏浆堵漏，接着泵入密度为 1.80g/cm³ 的钻井液节流压井。同时迅速配制密度为 1.77g/cm³ 的堵漏浆 25m³。

（7）节流压井，两个液动节流阀先后堵塞（21 日 20 时 05 分至 41 分，此间注入 6.5m³）。

20 时 05 分至 08 分，通过 J1 液动节流阀，用密度为 1.77g/cm³、浓度为 20% 的堵漏浆堵漏压井（开泵排量为 0.41m³/min），发现该阀已坏，走 J12 液动节流阀点火放喷成功，火焰高 30～35m，火焰呈橘红色，随即火焰被喷出的钻井液扑灭，套压为 28.7MPa，立压为 0MPa。

20 时 08 分至 11 分，停泵关节流阀，放喷口点火，套压为 29MPa，立压为 0MPa。

20 时 11 分至 15 分，再次通过 J12 液动节流阀节流点火放喷成功，火焰呈橘红色，火焰高 10～15m，随即火焰被喷出的钻井液扑灭，排量为 0.26m³/min，套压为 28.7MPa，立压为 0MPa。

20 时 15 分至 27 分，停泵关节流阀，放喷口点长明火，套压由 28.7MPa 上升到 36.9MPa，立压为 0MPa。

20 时 27 分至 41 分，再次通过 J12 液动节流阀节流点火放喷成功，用密度为 1.77g/cm³、浓度为 20% 的堵漏浆堵漏压井，排量为 0.67m³/min，套压由 36.9MPa 上升到 45.9MPa，立压为 0MPa，此时 J12 液动节流阀已刺坏。

（8）迫使放弃节流压井，敞开放喷（21 日 20 时 41 分至 22 时 23 分）。

20 时 41 分至 21 时 21 分（20 时 45 分拉防空警报，疏散 500m 范围内群众），通过已刺坏的 J12 液动节流阀放喷，同时以 1.1m³/min 排量向钻具内注入密度为 1.77g/cm³、浓度为 20% 的堵漏浆，套压由 45.9MPa 下降到 37.8MPa，立压为 8.9MPa。其间 21 时 13 分至 21 分同时打开 J4 手动节流阀，关 J11 阀，关闭已刺坏的 J12 液动节流通路。

21 时 21 分至 37 分，套压由 37.6MPa 上升到 56.4MPa，立压为 12.3MPa，停泵［套压迅速上升原因：关闭 J12 液动节流通路（关 J11 阀）时，不知 J4 手动节流阀已堵塞，此时已全关井］。

21 时 37 分至 22 时 11 分，迅速打开 J11 阀，通过已刺坏的 J12 液动节流阀通道泄压，套压由 56.4MPa 下降到 50.22MPa，立压为 5.5MPa，同时以 1.16m³/min 的排量向钻具内注入密度为 1.77g/cm³、浓度为 20% 的堵漏浆。

22 时 23 分，打开 4# 放喷管线（井口两侧放喷管线各两条，此时未点火），排量为 1.16m³/min，套压为 44.8MPa，立压为 4.9MPa。同时停泵。

(9)分别实现放喷点火成功(21日22时23分至23时40分)。

22时23分至35分,打开压井管汇侧两条主、副放喷管线,点火放喷成功(未点火时间12min),压力由44.8MPa下降至29.5MPa,立压为0MPa。

22时40分,关节流管汇侧两条主、副放喷管线准备点火,发现1#主放管线刺坏,套压为19MPa,立压为0MPa。

23时40分,节流管汇侧副放喷管线点火放喷成功(未点火时间17min),火焰高35~50m,套压显示为4~5MPa,此时被迫3条防喷管线同时放喷。

清溪1井现场点火情况如图4-1所示。

图4-1 清溪1井现场点火情况

3. 第一次抢险压井

鉴于清溪1井地层压力高、喷势大和前期压井不成功的实际情况,根据集团公司领导的决策,准备再次压井并实施封井作业。为搞好抢险,成立了现场抢险指挥组,成员包括集团公司质量安全环保部、油田管理部、油田事业部、川气东送指挥部、油田公司有关领导和专家。

现场抢险指挥组成立了压井组织机构,下设技术指挥组、泵房组、循环罐组、钻台组、节流压井管汇操作组、巡视组、点火监控组、资料计量组、车泵组、应急突击组、水泥浆组、救护组、生活保障组、治安警戒组。

同时从21日21时开始,将在清溪1井附近施工的老君1井、老君3井、毛坝1井、普光11井、河坝2井5支钻井队停下来支援清溪1井抢险,在指挥组的统一组织、协调、指挥下,全面投入了抢险工作。

(1)技术路线:管线全敞放喷→正注压井液(建立液柱)→反推压井液(降低套压)→反、正推水钻井液(封井)。

（2）技术方案：

① 注入 200m³ 密度为 2.0~2.05g/cm³ 的重浆压井，如不漏失则直接用 2.05g/cm³ 压井液循环调整密度压稳。

② 如果漏失，注入密度为 1.85g/cm³ 的堵漏浆 60m³，再注密度为 1.85g/cm³ 的钻井液 40m³。

③ 如果井口不见液面，则从环空反灌入密度为 1.85g/cm³ 的钻井液 20m³，间断灌入 8m³；如能返出，则间断挤入 15m³，否则该 15m³ 钻井液间断灌入。

④ 堵漏成功后，用密度为 1.85g/cm³ 的钻井液节流循环，调整密度至压稳。中途发现地层承压当量密度高于 2.05g/cm³，可不再反挤。

⑤ 如果井口出现紧急险情即将失控，或者由于喷漏同存，压井不成功，考虑到气藏及环境的保护则采取注水泥封井。

（3）压井物资材料准备：

① 可泵出的密度为 2.00~2.05g/cm³ 的重浆 550m³，密度为 1.85g/cm³ 的压井液 250m³。

② 105MPa 液动节流阀 5 只，105MPa 手动节流阀 5 只，105MPa 节流、压井管汇各 1 套。

③ 清水储备 400m³，供水量大于或等于 36L/s，为此接 1200m 水管线、水泵，保证清水供应。

④ 整体更换 1 套新节流管汇并试压合格。

⑤ 增加 1 个方钻杆下旋塞，安装 50MPa 的水泥头（水泥头同接 4 台水泥车硬管线和 2 台注水泥车），将 6 台水泥车与水泥头相连，管线固定牢靠，试压 50MPa 合格，连接水龙带，关方钻杆下旋塞，地面高压管线试压 25MPa 合格。

⑥ 700 型水泥车 4 台，2000 型压裂车 3 台，1600 型水泥车 1 台，连接好，试压 25MPa 合格，车组、管汇易损备件齐全。

⑦ 从钻井泵接高压软管供钻井液给水泥车、压裂车，实现每台钻井泵均能供钻井液且能供给每台泵车，每个罐接上 2 套长杆泵，管线接到分水接头（储备罐、循环罐各 2 套分水接头），通过分水接头统一接到各水泥车、压裂车。

⑧ 清水供给管路落实，供水量大于 180m³/h，每台水泥车、压裂车均能上水，潜水泵 6 套，均用消防水龙带从水池接至水泥车、压裂车。

⑨ 铜榔头、铜扳手、气动扳手各 2 套。

⑩ 水泥 180t，速凝水泥浆配方试验成功，固井水罐到位，固井水到位，药品到位，水泥下灰、供水管线连接到位。

⑪ 抢接的 2 条放喷管线固定牢靠，试压 10MPa 合格。

⑫ 钻具用死卡卡死，$7/8$~1in 钢丝绳卡在转盘大梁上固定牢靠。

⑬ 2 台消防车到位，井场、放喷池设置围坝，消防水循环使用，防止环境污染。

⑭ 1 台救护车连同医生、护士到位，急救设施齐全。

⑮ 便携式 H_2S 监测仪、正压式呼吸器各 50 套。

⑯ 每个放喷口手动点火、自动点火装置齐全并保持长明火。

⑰ 防爆对讲机 10 套。

（4）施工过程：

① 抢接辅助放喷管线，抢修刺坏放喷管线 3 处，抢换节流管汇，准备工作于 22 日 14 时 40 分结束。

② 22 日 14 时 40 分至 17 时 45 分，对抢接管线试压 10MPa，稳压 10min，压力未降，试压合格。

③ 22 日 17 时 45 分至 23 日 0 时 35 分，压裂车压井管汇安装连接，23 日 0 时 30 分管汇试压 60MPa，稳压 5min，压力未降，试压合格。

④ 23 日 0 时 35 分至 1 时 20 分，向压裂车供密度为 2.05g/cm³ 的压井液。

⑤ 23 日 1 时 20 分至 3 时 30 分，向钻杆内注入密度为 2.05g/cm³ 的压井液 249.8m³，平均排量为 2.00m³/min，钻杆内压力为 30~40MPa，套压为 12MPa。压井实施期间，钻井液从放喷管线以雾状返出，套压、立压维持不变。

⑥ 23 日 3 时 30 分停止节流循环试关井，计划反挤钻井液后再挤水泥浆，但是套压在 4min 内快速上升至 42MPa。被迫开 4 条泄压管线放喷点火，3 时 35 分点火放喷，火焰高 25~45m，6 时 30 分，2 条管线放喷，套压为 6~7MPa，8 时，4 条管线放喷点火，套压为 4MPa，第一次抢险压井失败。

清溪 1 井第一次抢险压井现场情况如图 4-2 所示。

图 4-2 清溪 1 井第一次抢险压井现场情况

4. 第二次抢险压井

在充分总结分析上次压井不成功原因的基础上，本次压井进行了更充分的准备，强化了组织机构，进一步加强了技术力量，反复分析讨论细化施工方案。

（1）技术思路及方案：先正注清水建立液柱，紧跟高密度钻井液建立钻井液液柱，如果发生井漏，在套压和立压可以承受的范围内，从环空反注堵漏浆和重浆，堵漏成功后，平衡地层压力，最终建立循环。

① 提前 2h 开启 5 条放喷流程（1#、2#、4#、5#、6# 放喷管线），点火放喷泄压。

② 使用节流管汇通过液动节流阀 J1、测试流程的 3# 直放喷管路作为压井时泄压的管线（关闭液气分离器进液口），先将其前后平板阀打开，然后全开液动节流阀。

③ 逐次启动 1# 压裂车组（留 1 台备用），控制排量在 3~4m³/min，注意观察套压和钻杆内压力。

④ 逐条关闭除液动节流阀外的其他泄压管线。关闭时，先关循环罐一侧的副放喷管线，再关压井管汇一侧新装的节流管汇的放喷流程，接着关闭压井管汇的放喷流程，最后关闭原来节流管汇不通过测试管汇的放喷通道。放喷管线关闭顺序为 4#、6#、5#、1#、2#，关闭每套阀门组时先关外侧阀门，后关内侧阀门。发现阀门向外泄漏，应立即变换通道。在此过程中，若发现套压超过 40MPa 或立压超过 50MPa，应停止关闭且将已关闭的该条通道的阀门打开。本工序完成后，仅剩节流管汇通过液动节流阀、测试流程的 3# 直放喷管路仍在放喷，其他放喷通道均关闭，地面流程达到能进行节流控制的水平。

⑤ 以 3~4m³/min 大排量向钻杆内泵入清水。控制节流阀开度，最大套压不高于 40MPa，最大钻杆内压力不高于 50MPa。若压力太高，则须增大节流阀开度或降低排量。当总泵入量超过 500m³ 或井下和井口状况 30min 以内没有改变（井内液柱不再上升）时，停止泵清水。

⑥ 完成注清水后，控制节流阀开度，立即逐次启动 2# 压裂车组（留 1 台备用）向钻杆内泵注密度为 2.20g/cm³ 的重浆，排量为 3~4m³/min。根据施工曲线趋势，调节节流阀开度控制套压。在此过程中，若套压超过 40MPa 或立压最高超过 50MPa，则应增大节流开度或降低排量降压。当总泵入量达到预计的 500m³ 后或 30min 以内套压、钻杆内压力均为 0MPa，停止泵入。

⑦ 压井后后续工作：

如果压井后能建立正循环，则控制套压边循环边调整钻井液密度建立平衡。

若正循环压井后套压为 0MPa，没有气体返出，井口不见液面或只见清水，证实井漏严重。出现这种情况后立即关闭节流循环通道（关闭 3# 放喷通道），启动钻井泵通过压井管汇单流阀反向注入 10m³ 堵漏浆，启动 1# 压裂车组向环空内替入密度为 2.00g/cm³ 的钻井液 150m³，排量为 2~3m³/min，控制套压不超过 40MPa，耗时 50~80min。井口吊灌密度为 2.00g/cm³ 的钻井液，同时地面新准备、保持密度为 1.90g/cm³ 左右的钻井液 400m³ 以上。地面有密度为 1.90g/cm³ 左右的钻井液后，改用密度为 1.90g/cm³ 左右的钻井液向环空吊灌，同时钻具内定期泵注密度为 1.90～2.00g/cm³ 的钻井液，控制钻具内压力并保持水眼畅通。

若正循环压井后井口压力低于 20MPa，关闭节流循环通道（关闭 3# 放喷通道），启动 1# 压裂车组向环空反推密度为 2.20～2.30g/cm³ 的钻井液 200m³，中途出现套压为 0MPa 的情况时，可启动钻井泵通过压井管汇单流阀向环空泵入 10m³ 堵漏浆，排量为 2～3m³/min，控制套压不超过 40MPa，耗时 70～100min。井口吊灌密度为 2.00g/cm³ 的钻井液，同时地面新准备、保持密度为 1.90g/cm³ 左右的钻井液 400m³ 以上。地面有密度为 1.90g/cm³ 左右的钻井液后，改用密度为 1.90g/cm³ 左右的钻井液向环空吊灌，同时钻具内定期泵注密度为 1.90～2.00g/cm³ 的钻井液，控制钻具内压力并保持水眼畅通。

若正循环压井后套压高于 20MPa，有大量气体返出，逐次开启除节流管汇泄压管线外的 4 条泄压管线，关闭节流循环通道（关闭 3# 放喷通道），点火放喷。

（2）组织准备：组成精干高效的组织机构，建立清溪 1 井抢险指挥部，下设现场指挥组、现场技术组、安全环保组。现场指挥组下设钻台组、泵房组、节流管汇组、压井管汇组、供水组、供泥浆组、点火组、机房组、资料组、抢险组、泵浆组。

（3）井控设备准备：

① 对井场使用过的放喷管线测厚探伤，换掉有隐患的管线和弯管，新接 2 条放喷管线，更换现有节流管汇的所有节流阀；在现有节流管汇一侧加装 1 套 105MPa 测试流程；在现有压井管汇一侧的副放喷管线之后（下四通 5b# 阀门之后）串接 1 套 105MPa 节流管汇，所有变动过的部件均试压合格。

② 更换所有立压、套压压力表，并校核准确。

③ 液动节流阀、手动节流阀、平板阀各备用 2 只。

④ 阀门、管路分别编号挂牌。

（4）压井液准备：

① 现场可泵出压井液的存储量为 1000m³，其中：密度为 2.40g/cm³ 的压井液 200m³，密度为 2.20g/cm³ 的压井液 500m³，密度为 2.00g/cm³ 的压井液 300m³。施工前 2h 配备密度为 2.00g/cm³ 的堵漏浆 40m³，浓度为 8%～10%。

② 清洁：除堵漏浆外的其他压井液均需过筛。

③ 加重料：加重料准备 1000t，在现场储备 500t 重晶石粉。

④ 存储：增加 40m³ 储备罐 6 个。

⑤ 水池中储备 300m³ 清水，在注清水的 2 个 40m³ 上水罐中装满清水。

⑥ 现场供水能力：不低于 100m³/h。

(5)压井准备：

① 压井液供送：2 台 1600 型钻井泵换用 ϕ180mm 缸套，用 2 条供浆管线向压裂车上水罐供浆，供浆管线的直径均须不小于 3in，固定牢靠。另外备用 3 套 22kW 长杆泵，每台泵均用长度 50m 的管线从循环罐向压裂车上水罐供浆，供浆能力为 4m³/min 以上。

② 钻井液泵注：5 套 2000 型压裂车并联使用，压钻井液同时从 2 个 40m³ 上水罐内吸取，通过 1 套带单流阀的分水管汇后 2 条管线上钻台，管线直径均不小于 3in，管汇固定牢靠。

③ 水泥头：使用现有的 50MPa 水泥头，备用 1 套额定工作压力为 70MPa 的采气树〔从下往上依次为：521×BX154 法兰 +70MPa 阀门 1 个 + 四通（上部装 1 个 70MPa 压力表，左右各装 1 套 70MPa 阀门引出）〕。在水泥头下加装 1 个旋塞阀，水泥头上安装带截止阀压力表；施工前水泥头用绷绳、卡子固定牢靠。

④ 供水：准备 2 个 40m³ 上水罐，用 2 台消防车和 1 台长杆泵向上水罐供水，供水能力达到 5.5m³/min。

⑤ 清水泵注装备：4 套 2000 型压裂车和 1 套 1600 型压裂车并联使用，清水同时从 2 个 40m³ 上水罐内吸取，通过 1 套带单流阀的分水管汇后 2 两条管线上钻台接水泥头，管线直径均不小于 3in，管汇固定牢靠。

⑥ 防爆仪表车能同时监控所有压裂车工作情况，适时监控钻杆内压力、环空压力、排量、泵入量等参数变化。

(6)施工过程：9 台 2000 型压裂车和 1 台 1600 型压裂车组成 2 个车组；2006 年 12 月 27 日 15 时 27 分至 17 时 45 分，正注清水 332m³，立压在 5min 后稳定在 41.8～48MPa，套压在 15 时 29 分至 16 时 29 分由 3.5MPa 上升至 31.5MPa，16 时 29 分至 17 时 27 分由 31.5MPa 上升至 39.8MPa，17 时 27 分至 45 分由 39.8MPa 下降至 30MPa，分析环空已形成部分水柱，注清水施工控制比较理想，17 时 45 分停止注清水，转入下一步施工。在注清水期间，15 时 15 分开 3# 放喷管线，经过三级降压流程放喷，15 时 27 分关 4# 放喷管线，15 时 31 分关 6# 放喷管线，15 时 40 分关 5# 放喷管线，16 时 18 分关 2# 放喷管线。17 时 45 分至 19 时 27 分，正注密度为 2.20g/cm³ 的压井液 260m³，排量稳定在 2.5m³/min 左右，立压为 37～46MPa，套压由 30MPa 降至 23.5MPa。分析此阶段压井液柱进一步形成，至此施工比较理想。19 时 27 分至 20 时 14 分，排量由 2.6m³/min 分阶段降至 1m³/min，套压由 23.5MPa 下降至 16MPa 后又逐渐上升到 32.5MPa，分析套压先减少是因为排量降低所致，后增高是因为没有发挥排量优势，环空中已形成的压井液液柱逐渐被破坏所致。抓紧时间采取增加排量的措施，20 时 14 分至 18 分，排量由 1m³/min 迅速上调至 2.9m³/min。在调整排量时，20 时 18 分，套压迅速上升至 37MPa 并且仍有继续上升趋势，同时测试管汇与放喷管线油管连接处刺漏，测试流程 1 号管线出口甩开，为安全起见，停止压井作业，迅速打开 5 条放喷管线放喷并点火，火焰高 20～30m，火焰呈橘黄色。立压为

3~6MPa，套压在2~5MPa。第二次抢险压井作业未获成功。

5. 第三次抢险压井

在充分总结分析前两次抢险压井不成功原因的基础上，本次压井进行了更充分的准备。强化了组织机构，进一步加强了技术力量，聘请了石油行业两位工程院院士和一批专家，并成立了专家组，反复分析讨论细化施工方案。决定先用清水建立液柱，然后用重浆压井后用水泥浆封井。与此同时，现场指挥、安全环保、生产保障、生活后勤等方面人员认真总结前两次抢险工作中存在的问题和不足，反复讨论、充分论证，形成了清溪1井抢险组织保障方案。抢险领导小组根据国务院领导同志的指示要求，结合井场实际情况，在充分听取现场专家和有关人员意见、反复推敲抢险工作的每个重要环节和问题的基础上，正式通过了专家组提出的压井封井施工方案。

2007年1月3日10时，经全面检查各项准备符合压井条件后，第三次压封井抢险施工正式开始。经过近8h的连续奋战，到18时05分，在可控状态下减压放喷点火13d的清溪1井终于压封成功。在连续可控性减压放喷压封井施工过程中，没有任何人员伤亡，也没有造成当地空气、水质污染。

（1）泵注清水：2007年1月3日10时18分，以2.7~3.3m³/min排量正注清水35.1m³。逐次关闭其他放喷管线，通过1条放喷管线节流放喷。控制套管压力排气建立水柱，至11时共注入清水127m³，缓慢调节节流阀，逐步增加套压升高至34MPa，立压控制在56MPa左右。

（2）注重浆：11时至14时03分，向钻杆内泵注密度为2.20g/cm³的压井液400m³，排量为1.8~2.95m³/min，立压控制在50~60MPa，套压由34MPa下降到15.5MPa。12时25分，点火口出雾状物；12时38分，喷出物以水为主；13时21分，放喷口连续返水，水量为1m³/min，火焰熄灭；13时36分，放喷口返水量增大。

（3）反挤压井液：14时15分至56分，反挤密度为2.20g/cm³的压井液113m³，排量为2.6~2.8m³/min，套压在26MPa左右。

（4）注水泥浆封井：于16时33分至35分向环空挤入清水3m³；于16时35分至17时59分向环空反挤水泥浆144m³，套压为10~31.5MPa；17时21分至59分，同时正注水泥浆42m³，立压为14.3~28.5MPa；17时59分至18时01分，同时正反注2m³清水；18时05分，关井憋压候凝。压井封井获得成功。

三、事件原因

（1）溢流发生原因：钻遇高压地层，钻井液密度不能平衡地层压力。

（2）井队压井失败原因：

① 气流大，产量高，地层压力不清楚。

② 压井过程中节流阀刺坏、堵塞，失去节流控制手段。

③ 憋泵，打通下部产层，造成气量加大，套压超过套管抗内压强度安全值（41MPa），节流控制困难。

（3）第一次抢险压井失败原因：

① 在地面条件准备不充分的情况下，迫于火焰殃及井场的实际情况，匆忙开始，加之对地层的压力不清楚，无法准确确定压井液密度。

② 压力高，产量大，钻井液雾化难以有效建立液柱，喷空后重建平衡困难。裂缝溶洞型高压气藏连通性优越，给压井施工增加了难度。

③ 由于水泥头的进液管线直径小，排量超过 2m³/min 后井口晃动严重，不得不降低排量在 2m³/min 以内。

④ 节流阀控制能力差。经长期冲蚀后，节流阀无法有效节流，套压控制到 12MPa 后不能继续增长。

⑤ 夜间施工，在试关井套压上升得非常快的情况下，放弃了反挤钻井液的施工。

（4）第二次抢险失败原因：

① 压力高，气量大，喷漏同存，难以确定和维持井内平衡地层压力的平衡点。

② 高速流体对设备冲蚀严重，地面测试管汇法兰密封失效。节流放喷流程长时间在高压、高速流体的冲蚀下发生损坏，倒换其他流程放喷致使压井施工前功尽弃。

③ 在施工后控制套压注入清水过程中，清水注入量过大，分析认为：在注入清水 170m³，即施工 52min 后及时转换压井液是合适的时机。

④ 夜间施工，现场场地小，地形复杂，各类作业机械多且占满场地，施工单位多，对钻井现场和压井工业不熟悉，遇到复杂的情况出现混乱，影响了施工的持续进行。

四、经验总结

（1）井下情况的认识不够。

① 该井发生溢流后，由于没有取得地层压力数据，缺乏地层资料来进行分析，在发生喷空后出现了急于求成的心态，对当时处理溢流的数据和资料缺乏细致的研究和分析，导致对井下情况是先喷还是先漏，地层压力到底是多少的认识不一致，经过第一次、第二次压井后的分析，认识趋于一致，形成了"以治喷为主，兼顾防漏"的总体指导思想。

② 该井第一次、第二次压井封井虽然没有成功，但是技术路线和总体指导思想是正确的，第三次的技术路线是在第一次、第二次基础上的补充、完善和升华。

（2）关于抢险压井封井的认识：

① 强有力的组织，快速集中了具有经验的工程技术人员和专家，甲乙方在指挥部的

统一领导下，各级快速成立抢险组织机构，人员、职责、纪律明确，信息联系畅通，避免了指挥、信息传递和操作的失误。

② 最大限度地发挥专家组的作用，制订详尽的压井、封井方案，把各种可能出现的情况都预先考虑；合理的物资储备、设备准备为成功封井起到重要的支撑作用。

③ 地方各级政府高度重视，积极配合，组织人员疏散，维持社会秩序，从人、财、物方面给予重要帮助，为安全、快速、妥当地控制溢流提供了良好的大环境。

④ 统一调度人员、物资、材料、设备，如节流压井管汇、放喷管线、加重料、钻井液等，保证溢流在控制之中。

⑤ 全体抢险人员不怕苦、不怕累、不畏艰险，持续抢险，最终排除险情，取得了成功封井的胜利。

（3）关于压井封井的施工认识：

① 现场的施工条件和工序流程的连续是成功与否的关键。

② 第二次压井是在认真分析第一次压井的经验和教训基础上，针对第一次压井出现的问题和影响施工的因素，增加了试气流程等，第三次的压井封井施工，在充分地总结和分析了前两次的经验教训后，措施更完善，准备更充分。

（4）对今后工作的建议：

① 进一步提高对该区块钻井工作的认识，一切从钻遇高产、高压、高含硫地层带来的钻井高风险、高难度的可能做好思想准备。

② 加大设备的投入，确保从硬件方面满足钻遇高产、高压、高含硫地层的控制力。

③ 进一步梳理和完善标准，形成规范的、适应性强的操作规程。

④ 建立、完善钻井队伍准入制度，从源头抓好准入队伍的素质。

⑤ 加大地质、钻井设计的科技投入，建立区域探井风险评估制度。

⑥ 加大科研和科技投入，建立井控研究机构。

⑦ 加快井控设备安装、钻井事故处理、钻井监督三支专业化队伍的建设，为安全生产、规范管理提供技术支撑。

DHODAK DEEP#2 井井控事件

> 2009年2月4日23时19分（北京时间），接到海外分公司的电话汇报，钻井队发生井喷失控，国际工程公司立即启动井控应急响应程序，应急领导小组成员立即赶赴公司集中。同时将情况电话汇报给钻探公司主管领导和相关处室，并一直与海外分公司保持联系，收集现场资料。DHODAK DEEP#2井由海外分公司钻井队承钻，该井是一口开发井，在完成第一开钻井后，下 $24\frac{1}{2}$ in 表层套管固井，甲方钻井设计未要求安装井口装置，通过反压井管线向井内注入压井钻井液压井，于2月20日18时55分压井灭火取得成功，解除井控险情。整个过程未发生人员伤亡和次生灾害，未造成环境污染，也未引发负面社会影响。

一、事件经过

2009年2月3日19时，DHODAK DEEP#2井钻进至820m，钻井液密度为1.10g/cm³，发生井漏无返出。

3日20时注密度为1.07g/cm³、10%LCM堵漏浆40m³，井口未见液面。

3日22时倒划眼至771m，连续开泵注入密度为1.07g/cm³的堵漏浆100m³，无返出。

至2009年2月4日2时更换顶驱液压管线，开灌注泵灌清水180m³，无返出，同时现场配钻井液。

至6时倒划眼至703m，起钻至40m，连续灌密度为1.03g/cm³的钻井液135m³，无返出。

至8时15分反灌密度为1.03g/cm³的钻井液约100m³，井口无返出。

至10时观察，配堵漏浆20m³，地面已无钻井液，向罐内注水配浆。

至15时30分下光钻杆816m，间断灌入密度为1.03g/cm³的钻井液约170m³，无返出。

至16时15分泵入密度为1.07g/cm³、10%LCM堵漏浆堵漏约15m³，无返出。

至18时30分起钻到管鞋，同时连续灌密度为1.03g/cm³的钻井液约100m³，无返出。

至 19 时 10 分接顶驱，观察井口液面可见，有少量气泡。

至 19 时 11 分发生井涌。

至 19 时 12 分井涌至转面盘。

至 19 时 15 分井喷至二层台，井喷失控，在甲方监督的指挥下，井队关闭发电机，组织人员随后撤离，人员疏散到离井场 1km 外的处理厂。

21 时，钻机着火，如图 4-3 所示。

图 4-3　DHODAK DEEP#2 井钻机着火

二、应急处置

海外分公司立即启动井喷应急响应程序，第一时间向国际工程公司汇报了现场情况，并紧急联系甲方立即采取必要的应急措施，安排消防车、救护车等到现场抢险。通知井队清点人数，保证人员安全。甲方为防止井场油罐着火爆炸，已在井场外设置警戒线，禁止任何人靠近井场。

DHODAK DEEP#2 井井场及周边情况如图 4-4 所示。

1. 抢险作业方案

在接到抢险救援指令后，国际工程公司井控应急处置成员于 2009 年 2 月 5 日出发前往井喷失控现场，经过两天两夜的日夜兼程，于 2 月 7 日深夜赶到井喷失控着火点，立即考察现场情况和收集井喷失控前的各钻井参数，并于 2009 年 2 月 8 日制订本井抢险作业方案。

图 4-4　DHODAK DEEP#2 井井场及周边情况

（1）方案实施的前提：

① 井口为 $24\frac{1}{2}$in 套管无井口装置，且现场没有与之配套的封井器组，无法采用常规方式压井。

② 井口为 $24\frac{1}{2}$in 套管，地层压力较小且喷口较大，导致井口与井底压差较小，井口喷势较弱可以实施直接注入压井液方式灭火。

③ 井口火焰高 10m 左右，火焰辐射较弱。2 月 8 日，在距离井口 40m 处测得地面温度为 29℃，在距离井口 10m 处测得地面温度为 31℃。

④ 测得井场内无有毒有害气体。

⑤ 在方井内有一反压井管线（原起钻灌钻井液管线），可以通过该管线向井内注入压井液。

（2）总体方案：

① 将井场内的野营房、灰罐、提篮和其他周边的设备清除出井场。

② 尽快将反压井管线（原起钻灌钻井液管线）清理出来以确认是否完好。

③ 同时配置堵漏浆和其他压井材料。

④ 在确认反压井管线（原起钻灌钻井液管线）完好后，通过反压井管线向井内注入压井液压井。

⑤ 在确认压井成功后，开始清障。

2. 抢险作业经过

（1）抢险作业准备：

① 清除井场内其他设备和器材，保证压井灭火施工作业场所畅通。

② 连接反压井管线（原起钻灌钻井液管线）并试压 10MPa。

③ 准备清水 200～300m³。

④ 准备压井钻井液 100～200m³。

⑤ 准备水泥车或其他灌注设备。

（2）抢险作业经过：

至 2009 年 2 月 11 日，甲方将井场内其他设备和井场地面喷出的钻井液清理干净。12 日 9 时 50 分，甲方公司水泥车到达现场，按照灭火公司提出的方案，向井内注入清水 4m³ 左右，注入效果非常明显，注入的清水完全进入井内（在喷口未见水蒸气），且在注入过程中火焰有明显变小的趋势。

2 月 13 日至 19 日，安装循环管、发电房、SCR 房、钻井泵、压裂车和水泥车，配置 120m³ 的堵漏浆（密度为 1.07g/cm³，pH 值为 9.5，黏度为 70s），清水储备 70m³ 并保证每小时供水 100m³。

2 月 20 日 11 时，所有的准备工作完成，在施工作业前组织开现场安全会，并再次确认各自岗位和逃跑路线，实施一对一保护方式。

11 时 10 分，使用钻井泵向井内注入堵漏浆。在注入过程中，使用气体检测仪在施工区域、钻台周围、钻台观察台和下风风口实时检测各种气体含量情况，保障施工作业安全进行。

12 时注入堵漏浆 40m³，火焰熄灭，在钻台面检查并无有毒有害气体和可燃性气体。

13 时 10 分，共泵入堵漏浆 160m³。

13 时 55 分改用水泥车注入水泥，用压裂车注入快干剂配合，共注入快干水泥 16m³。

观察 2h 候凝，继续注入清水 1m³ 左右，注满井筒容积。及时到钻台和井口检测时未发现可燃性气体和有毒有害气体，观察 3h 未发现异常，压井灭火取得成功。

三、事件原因

（1）根据甲方钻井设计，本井未设计安装封井器，当井喷发生后，不能采取任何有效措施控制井口，这是本次井喷失控事故的主要原因。

（2）地层出现未探明浅层气层，按照甲方地质资料分析，气层在 2000m 以下。

（3）地层裂缝异常发育，漏速非常大，导致先漏后喷。

（4）因未预计到出现浅层气层，甲方未储备足够的钻井液。

四、经验总结

（1）应急反应迅速，抢险方案完善。

该井是由海外分公司以钻机租赁制承钻，甲方负责该井所有方案的设计，该井发生井喷失控后,为了继续加强中方与外方的国际友好合作关系,表明中方诚恳帮助外方的诚意,经请示后,在未签订商务合同的情况下,先将抢险灭火方案交予外方,并竭诚帮助外方成功处理好该井的事故。甲方看过我方的抢险救援方案后给予了高度赞扬,甲方认为该方案切实可行且能在极短的时间内处理事故。

(2)技术精湛,精心指导。

通过双方积极配合,按照我方提出的方案程序,成功实施了压井和灭火作业,随后中方灭火公司人员对后期钻台清障作业给予精心的技术指导。在我方抢险人员准备离开现场时,外方公司总裁向灭火公司送来感谢信,衷心感谢中方灭火公司给予的热情援助和技术指导。

邛崃 1 井井控事件

2011年12月22日，邛崃1井在氮气钻进至沙溪庙层井深2143.91m时，遭遇地层大量天然气瞬间从井内涌出，在井口与空气混合发生闪爆着火。该井是一口预探直井，12月23日9时20分至10时20分，按照压井方案注入清水和密度为1.6~2.3g/cm³的压井液158m³，井口火焰熄灭，压井施工作业成功。12月24日17时，按照应急预案的规定和井下稳定的情况，关闭应急响应程序，此次应急抢险工作结束。邛崃1井井控事件造成了人员伤亡，造成钻机及部分配套设施、气体钻井部分设备严重损毁，未发生次生灾害，未造成环境污染。

一、事件经过

12月21日19时30分，邛崃1井钻井队召开班前会，20时接班后继续氮气钻进，12月22日3时27分17秒钻进至井深2144.23m沙溪庙组地层。

至3时27分19秒，钻具悬重由772.3kN下降至26.71kN，出现钻具上顶现象。

至3时27分57秒，大钩负荷由26.71kN上升至430.25kN，转盘扭矩异常（43.66~64.34kN·m，最高达到74.66kN·m）。

至3时28分29秒，上提钻具。在上提钻具过程中，突然一声巨响，井口周围、钻台面上瞬间尘雾弥漫，部分人员开始逃离钻台，司钻继续上提钻具至2137.77m时（方入1.86m，钻具上行6.54m）发生闪爆着火，司钻立即按下绞车紧急刹车按钮，随即逃离钻台。

邛崃1井烧坏的远控房如图4-5所示。

二、应急处置

闪爆发生后，现场人员立即采取了相应应急措施并迅速从不同逃生路线逃离火灾区域。

图 4-5　邛崃 1 井烧坏的远控房

12 月 22 日 3 时 30 分，钻井队拨打 119、120 急救电话求救，并向县安监局、钻井公司应急办公室电话汇报情况。

3 时 31 分，钻探公司下属安检院接到现场安全监督报告，立即启动了应急响应程序，并安排相关人员赶赴现场。

3 时 35 分，钻井公司接到现场突发事件报告后，立即启动井控突发事件 I 级响应程序，宣布进入紧急状态，主要领导带领相关人员赶赴现场指挥抢险。

4 时 05 分，钻探公司接到钻井公司关于邛崃 1 井着火情况报告后，相关领导和部门负责人，以及邛崃 1 井所属油田公司主要领导和部门负责人立即赶到钻探公司生产运行处，联合召开了紧急会议，启动应急响应程序，对应急抢险工作进行了初步安排和部署。

4 时 20 分，大邑县消防车到达现场，对油罐、井控设备进行喷水降温。当地社区对井口 300m 范围内 123 户人员进行紧急疏散。

4 时 49 分，钻探公司通过《信息专报》将事故情况向集团公司进行了报告，并向省安监局进行了汇报。

4 时 50 分，相关人员出发赶赴邛崃 1 井，组织开展抢险救援工作。要求集团公司井控应急救援响应中心救援队、油气田井控专家和技术人员，以及井下、运输、油建、安检院等相关单位人员赶赴现场。

7 时 15 分，相关人员达到现场，立即召开应急会议，成立现场应急抢险领导小组，有序开展抢险救援工作。

7 时 20 分，钻探公司下属安检院相关 10 人到达现场，负责担任外围警戒、清障监护、安全巡视等工作。

7时45分，省、市两级领导带领相关人员到达现场，全权委托油田公司、钻探公司负责此次事故处理。

11时05分，环境监测中心11人、2辆应急车辆到达现场，连续对邛崃1井周围进行环境检测，通过检测未发现造成环境污染。

11时45分，钻探公司下属运输公司、基建公司相关抢险人员和设备到达现场，实施抢险作业。

12时30分，领导召集专家和技术人员召开会议，对抢险技术方案进行了讨论和研究，明确了"先清障，后压井"的工作安排和压井方案。

15时，现场应急领导小组主动与媒体取得联系，并在现场接待了10家媒体，向记者发布了经集团公司审定的通稿。

15时20分，集团公司井控应急救援中心相关人员和设备到达井场，实施清障作业，并找到失踪人员。

16时，井下作业公司参加抢险的61台设备和123人全部到达现场。

22日22时至23日6时，摆放6台2000型压裂车并试压完毕，接压井管汇，准备好密度为2.4g/cm^{3}的压井液110m^3、密度为1.60g/cm^{3}的压井液150m^3、密度为1.7g/cm^{3}的压井液3车60m^3。

23日9时20分至10时20分，按照预定压井方案进行施工，共注入清水和密度为1.6~2.3g/cm^{3}的压井液158m^3，井口火焰熄灭，压井施工作业成功，现场抢险工作结束。

23日10时30分，压井施工结束后，现场对抢险工作进行了小结。通过对井口定期灌压井液，井口没有出现可燃气体。

12月24日9时至16时，钻探公司成立了事故调查组，听取了钻井公司、钻采院、地质研究院的事故情况汇报，并积极配合集团公司事故调查组做好事故的调查工作。

24日16时45分，继23日10时20分压井成功后，经过对该井历时28h25min的观察，液面一直保持在井口，井口无异常显示。

24日17时，按照应急预案的规定和井下稳定的情况，钻探公司决定关闭应急响应程序，此次应急抢险工作结束。现场进入井口换装等生产恢复阶段。

三、事件原因

1. 直接原因

在氮气钻进过程中遭遇地层大量天然气瞬间涌进井内，高压软管爆裂后，大量涌出井口的天然气在井口周围与空气形成混合气体，岩屑撞击井架底座产生火花导致闪爆着火。

2. 间接原因

（1）大量天然气迅速从裂缝性储层进入井筒。

根据潘汉德公式、全苏气体科研所公式和威玛斯公式计算出的不同管壁粗糙度（分别为 28μm、50.8μm 和 70μm）进行粗糙度参数敏感修正，得出累计气量分别为 $123×10^4m^3/d$、$166×10^4m^3/d$、$167×10^4m^3/d$。扣除氮气注入量 $17×10^4m^3/d$，本井事故层段的天然气产量达到 $106×10^4 \sim 150×10^4m^3/d$。

（2）环空发生砂堵导致井内压力升高。

在钻遇裂缝储层时，钻时加快，部分岩屑崩塌进入井筒，加之大量天然气进入井筒形成对井壁的冲刷作用，造成井筒内岩屑量快速增多，环空发生砂堵，高产层中的大量气体导致井口压力瞬时升高。

（3）排砂管线软管爆裂使大量天然气外泄。

12月21日3时27分57秒至28分29秒上提钻具至2137.77m，在上提钻具过程中，砂桥突然松动，瞬间井底聚集的高压天然气携带大量岩屑快速上移到井口，在旋转控制头附近形成高压冲击载荷，对井口排砂管线产生巨大冲击力，引发排砂管线的剧烈震动，导致排砂管线前端的软管根部爆裂，大量天然气夹带钻屑外泄。

（4）火势猛烈，覆盖面大，无法实施关井。

闪爆着火后，钻台面被火势笼罩，火焰高度超过二层台，操作人员已无法实施关井操作，被迫逃生；井场内因火势覆盖面大，操作人员无法靠近远程控台实施关井操作，最终导致井架烧塌。

四、经验总结

（1）对川西地区存在的裂缝发育带认识不足。

邛崃1井区在2008年三维处理解释及2011年重新处理解释成果构造图及剖面上，沙溪庙组中上部及蓬莱镇组内均无断层，仅在进入沙溪庙组五百余米、近底部有一断层。对于砂岩地层现有技术无法准确预测裂缝发育带，探井非目的层不要求做裂缝带预测。邛崃1井邻近已钻井沙溪庙地层，未见高压层和裂缝带，白马庙构造已钻14口井，获气井仅4口（产量约 $0.5×10^4 \sim 5.7×10^4m^3/d$），已钻井在沙溪庙地层均未发现异常高压。

（2）气体钻井设备应急处置能力不足。

通过计算，现有排砂管线在持续钻开气层不超过 $30×10^4m^3/d$ 的条件下，可以满足正常工作需要。但对于异常高压高产钻井，则排砂能力不足。三通在高速气流作用下易发生耦合振动，易在高压或冲击下断裂。地面10in排砂管线的三通盲肠段，面对突然大股沉砂容易堵塞。现有气体钻井设备设施应对异常高压高产天然气钻井能力不足。

（3）加强风险管理和提高风险意识。

认真总结和吸取事故教训，在生产过程中，只要涉及井筒作业，就要认识到"三高、两浅"的存在，提高风险管理意识。在地质设计和工程设计上要明确提示，提出必要的预防和应对措施。在施工组织和作业过程中，对有可能产生油气和高压的非生产地层，坚持安全第一，对其可能存在的"三高、两浅"油气危害，按打开油气层作业相关要求施工。

（4）修订有关气体钻井标准。

明确规定气体钻井排砂管线选用钢材、耐压等级、检测周期。排砂管线从旋转控制头旁侧口采用法兰连接平直引至循环罐外；在旋转控制头另一旁侧出口增加一条应急排砂管线。限定气体钻井的适应井型，特别是风险探井、预探井、区域探井等地质情况不清楚的井，慎用气体钻井方式。推荐气体钻井采用顶驱钻井方式。

（5）提高气体钻进井控装置操控性。

气体钻井中，配置防喷器遥控装置或在值班房配置另一套防喷器控制装置，在紧急情况发生时，由值班干部负责进行远程关井。在司钻控制室内安装防喷器和液动放喷闸阀紧急操作按钮。将井口2#、3#闸阀更换为液动平板阀，以实现远距离开关闸阀进行放喷。

（6）强化对气体钻井现场监控。

进一步升级远程视频传输系统平台，完善技术操作规程和管理制度，对气体钻井空压机、增压机、膜制氮等主体设备的压力、排量、氮气纯度等技术参数实现自动监测和记录，提高设备运行的稳定性和数据的准确性。

（7）提高应急处置能力。

研究防喷器智能关断系统，在仪器监测到相关参数出现异常后，控制系统自动启动，进行相关动作，及时关井，防止井口失控。对钻台逃生滑道和二层台逃生装置的安装位置和方向进行论证，改进钻台逃生滑道和二层台逃生装置，以便在紧急情况下人员能快速逃离井口附近。

狮 58 井溢流险情处置事件

> 2017 年 11 月 30 日 16 时，狮 58 井钻进至井深 5451m 发生井漏，起钻至井深 5352m 时发生溢流，关井套压为 40MPa，立压为 5MPa。该井是一口预探直井，井口安装一套 70MPa 井控装备，经过 4 次压井和最后封堵作业，于 12 月 10 日 14 时 35 分压井成功，解除井控险情，整个过程未发生人员伤亡和次生灾害，未造成环境污染，也未引发负面社会影响。

一、事件经过

1. 发生井漏

第一次井漏：11 月 30 日 0 时 02 分，钻进至 5446.70m 时发生失返性漏失，钻井液密度为 2.12g/cm³，静止堵漏成功，11 时 50 分恢复钻进。

第二次井漏：11 月 30 日 13 时 10 分，钻进至 5451.18m 时再次发生漏失，漏速为 13~45m³/h，钻井液密度为 2.12g/cm³，注入堵漏浆 9m³，计划短起至套管内静止堵漏。累计漏失密度为 2.12g/cm³、黏度为 150s 的钻井液 109.6m³。

2. 发生溢流

11 月 30 日 16 时，短程起钻至第三柱，井深 5352.7m 发现溢流，钻井队立即组织关井，关井套压为 40MPa，立压为 5MPa。此时井内钻具组合：152.4mmPDC 钻头 +127mm 螺杆 + 井底阀 +120.65mm 钻铤 12 根 +101.6mm 钻杆 297 根 +127mm 钻杆 231 根。钻具内容积为 37.6m³，环空容积为 115m³。

二、应急处置

11 月 30 日 16 时 20 分，钻井队所属钻井公司、油田公司产能建设单位启动井控应急响应程序，相关负责人赶赴现场，成立现场联合应急小组，开展现场警戒、监测、压井材料组织等工作，研究压井方案。

1. 作业单位应急处置

1）第一次压井

根据立压直接计算，确定压井液密度为 2.30g/cm³，考虑井漏因素，加入浓度为 5% 的堵漏剂，配置 300m³ 压井液。压井过程中，从放喷管线喷出钻井液和气体，喷势较大。随后，现场联合应急小组分别向油田公司和钻探公司汇报险情。

12月1日18时，钻探公司、油田公司井控主管领导分别组织召开险情分析部署会，安排了消防和现场警戒、道路维修、接双翼地面应急放喷试采流程等工作，并做出具体要求：

（1）晚上不压井，观察井口压力，连接试采流程。
（2）试泄立管压力，验证判断钻具内是否畅通。
（3）若正循环压井不可行，则从环空反压井。
（4）若正、反均不能压井，则走流程采油泄压。

同时，钻探公司向集团公司井控领导小组办公室汇报了狮58井溢流关井情况。

12月1日，集团公司井控领导小组办公室（工程技术分公司）接到狮58井溢流险情报告后，立即组织讨论研究，对狮58井溢流处置提出7条建议，并安排人员24h值班，了解应急处置进展。

2）第二次压井

12月2日中午，油田公司、钻探公司主管领导带领双方相关部门人员到达现场，召开现场分析会，研究抢险处置方案，进行了第二次压井。

12月3日22时25分，放喷并点火成功后，喷出物为油气水混合物，火焰高40m左右，套压为40~47MPa。现场监测到硫化氢最大浓度为 25.5mg/m³（17ppm）。

由于火势大，温度高，现场风向不定，且驻地处于下风口，井场和驻地采取断电措施，决定安排10人现场值守观察，其余人员全部连夜撤离到安全区域。

人员撤离后，钻探公司再次向集团公司井控领导小组办公室进行险情汇报，请求应急支援。

2. 集团公司应急处置

12月3日4时03分，集团公司井控领导小组办公室接到狮58井应急支援请求，做出如下紧急部署：

（1）工程技术分公司副总经理带队即刻赴现场协调抢险。

（2）集团公司下属一钻探公司的总工程师带领集团公司井控应急中心专家赴现场参与抢险。

（3）作业单位所属钻探公司和油田公司总经理中断北京学习，赶赴现场指挥抢险。

（4）向集团公司副总经理、井控领导小组组长汇报狮58井溢流及应急处置情况。

（5）在集团公司周例会上，向集团公司领导汇报狮58井溢流及应急处置情况。

集团公司董事长和总经理听取汇报后，对应急处置做出"调集力量，周密组织，稳妥处置，确保安全"的指示。

集团公司副总经理、井控领导小组组长两次召集工程技术分公司、勘探与生产分公司召开专题分析会，坐镇指挥应急处置工作；两次与作业单位钻探公司和油田公司现场领导视频通话，观察井场布置及点火情况，安排应急组织、安全等工作，指示现场人员坚定信心，安全稳妥处置，并坚持每天两次听取工程技术分公司处置进展情况汇报。按照集团公司井控应急预案确定的职责分工，成立狮58井现场应急抢险指挥部、专家组。

1）研究制订第三次压井方案

12月5日16时35分，现场应急抢险指挥部、专家组组织召开现场分析会，研究抢险处置方案，综合考虑了压井的难点和风险。

（1）该井为区域勘探圈闭上的第一口预探井，无邻井资料可参考。

地层能量足、压力高、产量大，专家判断日产千方液，气$200 \times 10^4 m^3$以上井身结构存在薄弱点。

244.5mm技术套管抗内压强度为60MPa，且非气密封扣，压井中控制套压原则上不应超过48MPa，压力控制难。

244.5mm技术套管固井水泥返至1800m，套管承受近5个月钻井，磨损程度不清，无水泥环保护，存在压破套管风险。

（2）井控装备、钻井装备承压能力不足。

现场安装70MPa井控装备，关井计算地层压力达到120MPa，存在压井失败、井口失控风险。另外，也不具备强行实施反向压井的条件。

循环系统中，顶驱冲管和立管闸阀承压能力只有35MPa，限制了正循环压井过程的压力控制高限。

（3）井场地貌复杂，压井液、材料组织困难。

井场处于丘陵地带，位于山顶，井场道路仅能单向通车，井场道路距离放喷口近，放喷过程中，压井液、加重材料组织困难。

（4）只接有1条放喷管线，无法实施快速放喷降压。

专家组经仔细现场勘查，分析井口压力、放喷火焰变化、井内钻具套管状况、设施温度、井场扩散条件、硫化氢含量等数据，考虑各项风险因素，先后组织召开9次压井方案讨论会，结合地质油藏特点，进行审慎论证、持续推演，确定了压井方案。

12月6日，放喷降压，准备压井材料、电缆射孔和连续油管射孔。远控台4人值班，防钻具上弹。

12月7日，放喷降压，抢装2只70MPa钻具旋塞阀。抢装过程中，发现钻具与环空已连通。专家组及时调整，重新制订了正、反循环压井方案。排除钻具刺漏风险。

12月8日，放喷降压，准备压井液，连接压井地面管汇，排除圆井冒泡风险，如图4-6所示。

图4-6 狮58井放喷降压

2）第三次压井施工

（1）施工前准备：

① 制订了4项应急处置程序。

② 准备4台压裂车。

③ 压井管线试压60MPa。

④ 预憋压10MPa。

⑤ 设压裂车上限泵压45MPa。

（2）正压井要点：

① 排量为$2m^3/min$，先正注入密度为$2.3g/m^3$的重浆$50m^3$，再正注入密度为$2.1g/m^3$的重浆$100m^3$，目的是在环空建立液柱、降低井口套压。

② 调节节流阀，控制套压在20～30MPa。

③ 如果出口硫化氢浓度过高，无法实施连续点火，现场难以继续施工；或预计环空液柱在4000m。

（3）反压井要点：

① 同时4台泵，大排量3m³/min。

② 如果套压降至10MPa以内，停止压裂车，用钻井泵注50m³堵漏浆，排量在1m³/min以上，控制套压不超过25MPa。

③ 继续反注密度为2.1g/cm³的压井液100cm³，排量在1m³/min以上，控制套压不超过30MPa。

④ 停泵，置换压井，排除余气或用钻井泵吊灌。

（4）压井过程：正向注入185m³重浆时发生井漏，无法建立足够的液柱，决定实施反推法压井。压井前试关井，套压在4min内从30MPa升至50MPa，压力上升快，套压过大。现场测得硫化氢浓度为750mg/m³（500ppm）。

（5）压井结果：不具备环空反推条件，停止压井，放喷降压。

3）第四次压井和封堵施工

12月9日下午，现场应急抢险指挥部接到塔里木油田做的该井气体样品化验结果，硫化氢浓度为27.5g/m³（18353ppm），远超立即致人死亡浓度。考虑到放喷时地层水和油溶解了部分硫化氢，实际地层中的硫化氢含量远大于30g/m³，该油气藏属于高含硫气藏，存在以下主要风险：

（1）该井高压、高含硫、高产，安全风险高。

（2）钻杆不抗硫，存在氢脆断裂，导致井喷失控、硫化氢泄漏的风险。

（3）套管不抗硫，存在套管腐蚀穿孔，导致硫化氢泄漏风险。

（4）套管扣为普通长圆扣，非气密扣，而且244.5mm套管水泥未返到地面，套管存在气体泄漏风险。

（5）地面设施尚不满足开采高含硫天然气的条件。

现场应急抢险指挥部和专家组果断决定采用水泥封堵弃井。

第四次环空压井封堵程序：

（1）首先正循环，建立环空液柱压力。

（2）考虑可能发生井漏，准备进行三次堵漏。

（3）若堵漏成功，再快速正向注入快干水泥浆。

（4）将水泥浆顶替出钻头，控制高套压或关井。

（5）小排量继续顶替，保持水眼畅通。

第四次环空压井封堵方案要点：

（1）压裂车以2.5～3m³/min排量，注入密度为2.1g/cm³的重浆160m³。

（2）压裂车泵压上限40MPa，套压控制在20～30MPa。

（3）正注堵漏浆，钻井泵以 1m³/min 排量，注入密度为 2.1g/cm³ 的堵漏浆 30m³，套压控制在 20～30MPa。

（4）再用压裂车正注入密度为 2.1g/cm³ 的重浆 50m³。

（5）堵漏浆出钻头时，套压提高 10MPa。

（6）若井漏未堵住，再重复两次正注堵漏浆。

注水泥作业：

（1）注入密度为 1.92g/cm³ 的前隔离液 5m³，排量为 1m³/min。

（2）注入密度为 1.92g/cm³ 的水泥浆 20m³（水泥 30t），排量为 1.2m³/min。

（3）注入密度为 1.92g/cm³ 的后隔离液 2m³，排量为 1m³/min。

（4）压裂车顶替钻井液，排量为 1～2m³/min，正注入密度为 2.1g/cm³ 的重浆 37m³。

（5）压裂车小排量 0.3m³/min 顶替，正注密度为 2.1g/cm³ 的重浆 5m³，控制高套压或关井。

（6）保持水眼畅通，排环空余气。

（7）压裂车每半小时顶替 1m³ 密度为 2.1g/cm³ 的重浆，保持钻具水眼畅通。

3. 应急处置结果及后续工作

成功对狮58井封井施工（图4-7），解除了险情，集团公司开展了冬季安全与井控工作大检查，集团公司下属勘探与生产分公司和工程技术分公司组织召开了狮58井分析讨论会和高压高产高含硫气井钻采技术研讨会。

图4-7 压井封堵成功

三、事件原因

1. 直接原因

该井钻遇高压水层，井筒液柱压力不能平衡地层压力导致油气浸入井筒发生溢流。

2. 间接原因

（1）油气藏研究不够深入，致使频繁发生遭遇战。

该井设计为油井，井内套管均为非气密封扣，实际储层钻开后以天然气为主，而且是产量在 $200×10^4m^3$ 的气井。忽视了含有膏盐的碳酸岩盐储层一般会含有硫化氢的风险，新区第一口风险探井没有考虑防范硫化氢，实钻中硫化器浓度高达 $27.5g/m^3$（18353ppm），是高含硫气井，属于最高井控风险的井，但井内管柱均不具备抗硫能力。设计储层压力系数为 1.35~1.65，实际达到 2.0 以上，偏差很大。

（2）井身结构设计不合理。

该井为区块第一口预探井，在井身结构设计中未留有一层备用套管，244.5mm 技术套管固井水泥返高 1800m，未返至地面，且套管抗内压强度最低为 60MPa，与实际地层压力偏差大。

（3）井漏处理时对溢流风险的防范措施不到位。

井漏后，没有采取吊灌或连续灌浆方式平衡地层压力，致使漏喷转换；没有安装环空液面监测系统，无法准确判断环空液面下降高度及变化；井漏处理未循环足够时间进行排污、排后效就开始钻进；井漏后进入环空的地层流体没排出；堵漏浆未完全顶替出钻头，导致钻具内堵塞，第一次压井失败；未制订完善的溢流风险防范措施，没有压稳就起钻，在抽吸作用下使压力失衡而溢流。

3. 管理原因

（1）人员井控意识不强，投入不足。

该井为预探井，井身结构设计没有备用一层套管，致使盐层漏封后无法补救；244.5mm 技术套管水泥返高 1800m，未返至地面或上一级套管内，存在气窜风险；狮 56 井关井套压达到 64MPa，其他已钻盐下井测算地层压力均超过 100MPa，但该井设计 70MPa 防喷器，技术套管抗内压强度只有 60MPa。为了省成本，给井控带来了巨大风险。

（2）井场修建不规范。

溢流发生时只有一条主放喷管线，主放喷管线出口靠近井场唯一进出口，点火放喷后，火势大，辐射温度高，造成了人员撤离困难。同时，放喷口处于前场，给压井施工的人员和车辆安全作业带来风险，迫使应急时开辟第二条进井场路，抢接第二条放喷管线。

四、经验总结

回顾险情处置过程，这是一次井控遭遇战。在处置过程中，井控响应程序启动及时，应急工作有序，压井方案科学，是一次成功应对井控险情的典型案例。集团公司董事长、总经理、井控管理领导小组组长分别肯定了狮58井应急处置到位，上下组织到位，检验了这几年形成的包括制度流程和标准在内的一整套应急体系。

（1）指挥有力是根本。

集团公司董事长和总经理每天听取应急情况汇报，多次提出要求、做出指示，增强了现场干部员工战胜困难的信心。集团公司副总经理、井控领导小组组长坐镇指挥，全程指导，两次召集专题分析会，两次与现场视频通话，每天两次听取井控管理办公室汇报，协调统领应急抢险支援。

（2）预案精准是前提。

集团公司建立了从上到下、无缝对接的井控应急预案体系，为应对井喷突发事件提供行动指南；井控应急管理流程清晰，职责明确，可操作性强；集团公司井喷突发事件应急预案程序科学，指导性强。

（3）应急有序是保障。

甲乙双方应急迅速，配合紧密，组织有序。钻井队发现溢流，第一时间控制住井口，值班干部及时汇报，接警后立即启动预案，甲乙双方领导立即赶赴现场，联合研究抢险方案，统一指挥协调应急资源，设置警戒点，严禁无关车辆人员进入，面临井口失控风险，企业领导及时向集团公司请求应急支援。

井控管理领导小组办公室接到报告后，快速响应。第一时间向集团公司领导汇报，组织落实领导指示要求，第一时间研究提出7条处置建议和要求，指导应急工作，第一时间派出人员并组织井控专家赶赴现场，第一时间建立与现场联络机制，启动24h应急值班。

（4）技术精湛是关键。

专家组严谨审慎，注重细节，分析控制现场风险。多次到现场仔细勘查，召开9次压井方案讨论会，全面识别各种风险因素，分析研究圆井冒泡、钻杆刺漏、钻柱内重新疏通等风险；确定关井原则：不动半封闸板，安装防钻具氢脆上顶死卡、井口增压顶驱重量，安排抢装2只70MPa井口旋塞阀和远控房4人24h值守；专家组审慎论证、持续推演，制订电缆射孔和连续油管射孔备用方案，始终做好井温水泥不同候凝时间配方；审定压井施工步骤和应急处置程序。

专家组科学研判，当机立断，发挥关键作用。得知硫化氢检测结果为高含硫后，综合分析了该井高压、高产，喷漏同层，难以形成有效稳定液柱，压力控制难度大，钻杆、套管均不抗硫，存在氢脆断裂、硫化氢泄漏风险，安全风险高，地面设施尚不满足开采高含硫天然气的条件，果断提出采取水泥封堵弃井的压井方案，彻底消除了硫化氢腐蚀可能引发的管柱氢脆断裂、硫化氢泄漏重大风险，是最及时、最科学的险情处置方案。水泥封堵压井方案精益求精，压井过程两次果断决策，及时调整方案，精确控制注压、排量，确保环空封堵效果与设计相一致。

井控应急中心专家训练有素，保障有力，始终处于临战状态，具备招之能来、来之能战的能力。接到抢险任务后，立即行动，自带防火服、测温仪、高量程气体检测仪等专业装备赶赴现场，发现高浓度硫化氢后，井控应急中心负责全面监测，从容应对，科学指导现场人员安全防护，增强人员防硫信心，起到标杆示范作用。

（5）施工精细是重点。

① 现场压井指挥系统运行高效顺畅。

现场制订五种突发事件应急处置程序，简明实用，操作性强；每次施工前对参战人员进行压井步骤、操作要点等培训；现场指挥部下设6个应急小组，明确职责，分工落实到人；指定2名经验丰富的现场压井指挥，密切配合，有条不紊；启用3套信息播报系统，指令传递准确，压井操作无失误。

② 领导主动担当，基层队伍执行力强。

第一次点火时，相关领导连夜组织人员紧急撤离，最后离开现场抢装井口旋塞阀，钻井公司领导带头，员工临危不惧完成任务，应急人员监测井控装备及套管安装质量到位，未发生刺漏，经受住了考验。

③ 现场应急准备充分，安全防护到位。

放喷过程检测到硫化氢后，第一时间点火，连夜组织人员撤离至安全区域，制订了严密的硫化氢防护措施和应急处置程序，全过程未发生次生事故和人员伤害；压井过程中，3名职工佩戴正压式呼吸器负责监控和连续点火。因地形受限，一直坚守在背靠深谷、距离放喷口仅12m的一个山崖上，忍受高温辐射，坚守岗位数小时，保证随时点火，避免了硫化氢伤害。

（6）支持有效是基础。

近年来，集团公司强化井控应急管理顶层设计，形成了井控管理领导小组办公室、专业公司、企业、井控应急中心、井控专家的"五位一体"井控应急支持体系，无缝衔接，运行高效。

（7）吸取教训是要害。

① 编制教学案例，提高管理人员井控意识和应急技能。

狮58井井控险情成功处置后，集团公司副总经理、井控领导小组组长主持召开集团公司井控管理领导小组工作会议，专题研究该井险情处置经验教训。会后，将狮58井险情处置编制成教学案例，先后在压井技术培训班、分级定点培训班、企业井控例会、井控座谈会等宣讲二十余场，两千余名井控管理和技术人员接受了培训。

② 组织交流研讨，优化井控方案，井控工作科学施策，助力狮58井所属油田公司再获千吨井。

油田公司各方吸取狮58井经验教训，加强源头设计，优化井控方案，科学应对溢流，取得明显效果。7月23日，狮52-3井精细控压钻至井深4686m发生溢流，关井套压22MPa，采用密度为2.4g/cm³的重浆反压井，压稳后快速换装成作业井口装置，10mm油嘴生产测试，日产油1048t，产气$10 \times 10^4 m^3$以上，打出了狮52-3井所属圈闭上唯一正常完井的高产井。

（8）坚持科学打井理念。

坚持井控原理，杜绝通过溢流、井喷发现油气的错误做法，要严格遵守行业、企业标准及集团公司井控规定。设计套管层次要符合标准要求；井口装备压力等级要与地层压力相匹配；探井、预探井要配备随钻压力监测系统；井漏地区要配备井筒液面监测系统；喷漏同层井应使用控压钻井技术。英西油田井口装备压力等级要达到105MPa；建立油田硫化氢化验中心；建立现场远程监控系统。

（9）加强设计管理。

油田公司做好地质研究，做好地层压力预测和地层流体预测，设计准确的钻井液密度，提高设计的针对性。设计科学的井身结构和套管层次，提高井筒本质安全；设计符合行业和集团公司企业标准的井控装置，确保井控装备本质安全；预探井、探井设计必须由企业主管领导审批，建立审批人责任制；坚持甲乙方重点井井控设计联合评审制度。

（10）正确处理安全与投入的关系。

油田公司要在单井造价中单列井控专项费用，确保井控有效投入。在持续开展钻井工程降本增效的情况下，也不能降低井控费用；规范井场修建，井场面积和道路进出口位置要满足安全生产和井控应急需要；狮58井所在区域钻井现场配备气动重粉罐。

（11）坚持成熟做法，持续加强高风险油区井控管理。

按照井控风险高低、井控风险防控能力强弱，初步划分前五位的井控高风险地区；按照成熟做法，坚持问题导向，对出现井控系统问题的油区开展井控专项巡视、井控诊断与评估、井控工作座谈培训、井控问题督办督导。

（12）进一步强化井控管理责任落实。

建立井控责任清单，细化落实管理责任；充分发挥企业井控领导小组管理职能，定期研究解决井控问题。将人事、财务、技术、安全等部门纳入井控领导小组；加强企业井控管理人员分级定点培训，提高井控意识，增强井控能力；钻探公司要加强井控管理，增强第一时间险情控制能力；加强基层队伍建设，提高执行力。

高压、高产、高含硫气井的溢流征兆和油井、低压气井不一样，给予现场人员的反应时间短，而且不能单靠泥浆罐的体积变化来确定。应该结合钻时、井漏、环空液面变化、出口流量、气测值来综合判断，出现异常要先关井后核实。要主动用好录井资料，测量体积变化和看井口流量变化并重。

加强井控专家队伍建设，落实 5 项职责，井控高风险井必须专家盯井；加强培训和演练，提高溢流识别能力，提高"黄金三分钟"关井能力。

（13）强化井控险情快速有序处置。

建立"五位一体"应急机制，发生井控险情时，在集团公司井控领导小组领导下，领导小组办公室、专业分公司、井控专家、井控应急中心、企业组成"五位一体"应急组织，协同一致，有序快速，控制险情。建立应急处置激励机制。在井控应急处置中做出特殊贡献的职工，评选为井控工作先进个人。

（14）加强媒体控制和现场警戒。

狮 58 井溢流处置事件媒体控制和现场警戒好，加上周边没有人，没有网上负面报道和炒作。

高石 001-H27 井溢流险情处置事件

> 2018年03月13日1时43分采用密度为1.21g/cm³、黏度为37s的聚磺钻井液精细控压钻进，井口安装1套70MPa井控装备，钻井至井深5200.78m时，发现液面上涨0.7m³，在处理过程中发生圈闭高套压事件，于3月13日11时20分处理完毕恢复正常，事件未造成人员伤害、设备损坏和环境污染。

一、事件经过

2018年3月9日0时30分，用密度为1.17g/cm³、黏度为37s的聚磺钻井液钻塞，钻进至5182.00m，至2时57分循环（5181.00m）发现气侵；经短程起下钻检测油气上窜速度不满足起钻条件要求（中途停泵时间6h，测油气上窜速度110.41m/h，上窜高度629.35m），调整钻井液密度由1.17g/cm³升至1.23g/cm³，又升至1.28g/cm³无后效，起钻。

3月12日12时下钻完，起下钻正常。

至21时20分循环处理钻井液，密度由1.28g/cm³降至1.21g/cm³，立压为22.5MPa、排量为15L/s，无气测异常。

至22时22分精细控压钻进至5187.00m，排量为15L/s，套压为0MPa，立压为23.2MPa，液面正常。

至22时25分停泵测斜。

至3月13日0时14分，精细控压钻进至5198.00m，排量为15L/s，套压为0MPa，立压为23.2PMa（钻时5188m/10min、5189m/10min、5190m/8min、5191m/8min）。

至1时02分，间断开停泵五次测斜，累计停泵时间10min。

至1时31分，控压1.11MPa钻至5199.48m，液面上涨0.3m³，随即调高套压至2.06MPa。

至1时43分，采用密度为1.21g/cm³的聚磺钻井液控压2.06MPa钻至5200.78m（迟到5193m），发现液面上涨0.7m³。

至 1 时 55 分控压循环，套压由 2.06MPa 升至 4.7MPa，立压由 23.3MPa 升至 25.6MPa，排量为 15L/s，其中 1 时 50 分点火燃、焰高 0.5～5.0m。

至 2 时 05 分关井，液面累计上涨 1.5m³（已扣除停泵回流量 2.3m³），套压为 4.7MPa，立压为 4.0MPa（钻具内带回压阀）。

至 3 时 46 分，通过节流管汇控压循环。

其中 2 时 05 分至 47 分，通过节流管汇控压循环，排量为 5.0～6.0L/s，立压为 12.0～12.6MPa，套压为 6.8～7.2MPa；3 时 46 分，排量由 9L/s 降至 5L/s，套压由 7.2MPa 升至 19.8MPa，立压由 12.6MPa 升至 19.4MPa，液面上下波动，调节液动节流阀阀位开度由 3/4 降至 1/4（低泵冲排量为 8.5L/s，泵压为 8.5MPa）。

2 时 05 分至 32 分、3 时 00 分至 17 分点火燃，焰高 0.5～1.0m。

二、应急处置

1. 反挤钻井液（共 6 次反推密度为 2.10g/cm³ 的钻井液 4.3m³）

2018 年 3 月 13 日 3 时 46 分至 4 时 20 分关井观察，立压由 19.4MPa 降至 16.9MPa，套压由 19.8MPa 降至 16.7MPa；现场结合当时井筒情况（邻井出现过井漏，反推前液面有波动），根据精细控压作业指南进行反推压井施工。

至 4 时 30 分，反挤密度为 2.10g/cm³ 的钻井液 2.0m³，立压由 16.9MPa 升至 28.7MPa，套压由 16.7MPa 升至 28.5MPa。

至 4 时 43 分，关井观察，立压由 28.7MPa 降至 25.3MPa，套压由 28.5MPa 降至 25.1MPa。

至 4 时 46 分，反挤密度为 2.10g/cm³ 的钻井液 0.5m³，立压由 25.3MPa 升至 28.8MPa，套压由 25.1MPa 升至 28.3MPa。

至 5 时 06 分，关井观察，立压由 28.8MPa 降至 25.0MPa，套压由 28.3MPa 降至 24.8MPa。

至 5 时 11 分，反挤密度为 2.10g/cm³ 的钻井液 0.6m³，立压由 25.0MPa 升至 29.0MPa，套压由 24.8MPa 升至 26.1MPa。

至 5 时 25 分，关井观察，立压由 29.0MPa 降至 26.6MPa，套压由 26.1MPa 降至 25.5MPa。

至 5 时 39 分，通过节流管汇泄压，立压由 26.6MPa 降至 22.5MPa，套压由 25.5MPa 降至 22.4MPa，火焰高约 0.5m，出口见钻井液线流关井。

至 5 时 46 分，反挤密度为 2.10g/cm³ 的钻井液 0.8m³，立压由 25.0MPa 升至 29.0MPa，套压由 24.8MPa 升至 28.4MPa。

至 5 时 50 分，关井观察，立压由 29.0MPa 降至 27.6MPa，套压由 28.4MPa 降至 27.5MPa。

至 5 时 53 分，反挤密度为 2.10g/cm³ 的钻井液 0.3m³，立压由 27.6MPa 升至 29.0MPa，套压由 27.5MPa 升至 28.1MPa。

至 6 时 09 分，关井观察，立压由 29.0MPa 降至 26.5MPa，套压由 28.1MPa 降至 26.4MPa。

5 时 40 分，钻探公司井控办公室通过反推和泄压情况判断：疑似形成圈闭压力。随即与油田公司项目部经理进行电话沟通，并立即向钻探公司副总经理、总工程师汇报该情况。副总经理、总工程师即从遂宁出发上井。

钻探公司立即启动应急响应程序二级响应，总经理主持参加，并做相应安排和部署。

2. 通过节流管汇控压放钻井液降压，立压、套压均降至 6.8MPa

至 6 时 21 分，通过节流管汇泄压，立压由 26.5MPa 降至 22.3MPa，套压由 26.4MPa 降至 23.5MPa，出口见钻井液线流关井。

至 6 时 23 分，关井观察，立压为 22.3MPa，套压由 23.5MPa 降至 23.1MPa。

至 6 时 25 分，用密度为 2.10g/cm^3 的压井液反注 0.1m^3，立压由 22.3MPa 升至 22.9MPa，套压由 23.1MPa 降至 23.0MPa。

至 6 时 30 分，关井观察，立压由 22.9MPa 降至 22.6MPa，套压由 23.0MPa 降至 22.9MPa。

至 7 时 18 分，通过节流管汇间断泄压，立压由 22.6MPa 降至 6.8MPa，套压由 22.9MPa 降至 6.8MPa。

累计放出钻井液 2.3m^3，出口点火未燃。

3. 控压循环排气

至 7 时 40 分关井，套压由 6.8MPa 升至 7.8MPa，立压由 6.8MPa 升至 7.8MPa。

至 11 时 20 分节流循环，入口密度为 1.26g/cm^3，出口密度由 1.21g/cm^3 升至 1.25g/cm^3，排量为 4.3~16.5L/s，立压为 5.9~19.1MPa，套压由 6.8MPa 降至 0MPa。其中 10 时 20 分至 40 分，点火，焰高 1.5~5.0m；至 11 时 20 分，出口间断点火燃，焰高约 0.5m（其中 11 时 20 分停泵，观察出口断流，泄压开井）。钻探公司解除应急响应状态。

至 15 时 20 分，经精细控压循环调整钻井液性能，排量为 12.5L/s，立压为 15.5~18.8MPa，套压为 0MPa，液面无变化。

三、事件原因

1. 直接原因

（1）钻遇油气显示，混同岩屑气一并上窜膨胀造成溢流。

（2）接立柱、测斜、修泵等中途停泵期间未补偿一定压力，导致井底压力略低于地层压力，以致气体侵入井筒造成溢流。

2. 间接原因

（1）发生溢流后现场未求取地层压力，直接倒至节流管汇控压循环，控压值参考关井套压值进行控压，造成控压无依据，给控压循环带来困难。

（2）关井后因岩屑气到达井口附近造成液面上涨，现场人员按液面不变进行控压，没有遵循压井时控制立压不变的原理，误以为钻遇异常高压高产地层，逐步关小节流控制阀、提高套压值，从而形成圈闭压力。

（3）控压循环时使用液动节流阀，由于存在滞后现象，难以实现准确控制。

（4）关井后，技术人员对地层和井筒情况认识不清，仅根据《精细控压钻井作业指南》中反推压井的适用条件及要求：钻具在井筒中，关井井口套压超过20MPa进行反推压井，多次反推高密度钻井液，井底不漏，致使压力进一步升高。

（5）钻井队未能主动了解PWD传输数据，无法实时掌握井底环空当量密度（ECD）。

四、经验总结

（1）进一步强化井控风险意识。在全公司范围内已开展本井圈闭高套压事件的安全经验分享，钻井队深刻吸取教训，进一步牢固树立积极井控理念，强化管理人员和操作人员的井控安全意识。

（2）参与精细控压作业现场、技术干部、把关人员认真组织学习和执行《精细控压钻井作业指南》；进行精细控压作业的井，勘探公司井控办公室安排专人上井进行技术交底，并开展精细控压溢流处置不当的事件安全经验分享。

（3）现场发现钻时明显加快、放空、井漏等立即停止钻进，采用预控压等方式循环，确认井下无岩屑气或置换气后方可恢复钻进。

（4）接立柱、测斜、修泵等中途停泵时，补偿一定压力。始终保持井底压力略大于地层压力，防止溢流或大量气体进入井筒。

（5）钻遇显示，必须先关井求压，掌握真实的地层压力，为后续控压循环排气提供准确的依据。

（6）钻井队主动了解PWD传输数据，实时掌握井底环空当量密度（ECD），为区分圈闭压力提供参考。

（7）加强工程技术人员的培训，提高综合分析判断能力和处理井下溢流处理能力，避免对井下情况的误判。

高石 001-X28 井第一次井控事件

高石 001-X28 井是高石 1 井区南高点北翼的一口开发井。2018 年 5 月 30 日三开开钻，井口安装 1 套 70MPa 井控装备，钻进至井深 3762.34m，进行短起下时发现溢流现场处理不当造成的高套压事件，于 6 月 4 日 22 时 05 分处理完毕恢复正常，事件未造成人员伤害、设备损坏和环境污染。

一、事件经过

2018 年 6 月 4 日 9 时 10 分，高石 001-X28 钻进至井深 3762.34m；10 时 25 分循环钻井液，入口密度为 2.23～2.24g/cm³，出口密度为 2.22～2.23g/cm³，立压为 25.8～26.8MPa，排量为 28～30L/s，液面无变化；12 时 10 分短程起钻至井深 3500.67m，发现液面上涨 0.9m³，如图 4-8 所示；12 时 15 分关井，立压为 0MPa，套压由 0MPa 升至 6.0MPa；12 时 35 分关井观察，立压 0MPa，套压由 6.0MPa 升至 9.1MPa。

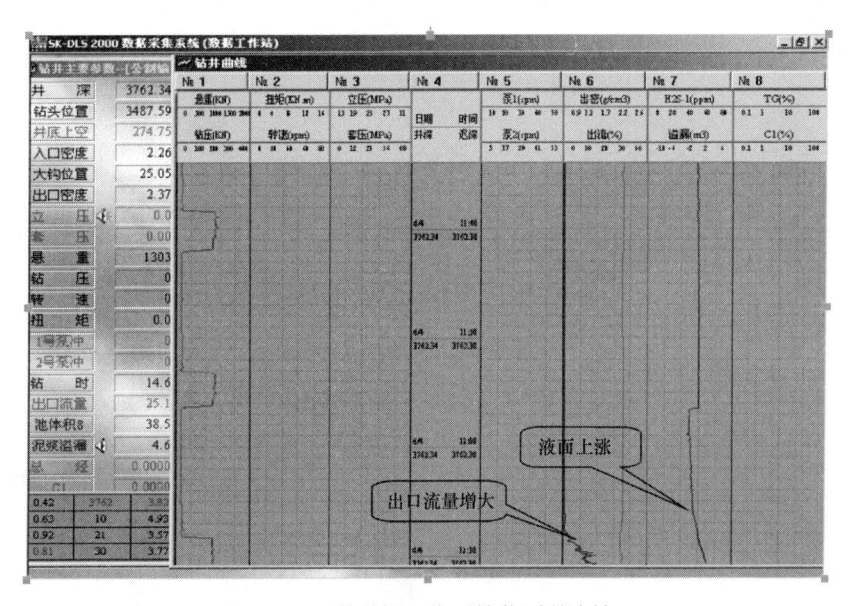

图 4-8　录井数据采集系统监测溢流情况

二、应急处置

排气，立压为 2.5～5.9MPa，套压由 9.1MPa 升至 18.0MPa，又降至 14.0MPa，后又升至 32.0MPa，排量为 10～20L/s，分离器出口点火燃，火焰高 6.0～8.0m；13 时 50 分，由于液气分离器排液口出现大量纯气，排气管线漏气，倒换至 4 号放喷管线循环排气，立压为 2.8～4.3MPa，套压由 32.0MPa 升至 36.0MPa；16 时 10 分，经 4 号放喷管线点火排气，同时提高钻井液密度至 2.30g/cm³ 循环压井，立压为 5.2～15.3MPa，套压由 36.0MPa 升至 41.0MPa，又降至 38.1MPa，降至 29.2MPa，之后降至 11.1MPa，最后排量为 13～19L/s（点火燃焰高 12～14m）。

其中 14 时 40 分，钻探公司启动应急响应程序Ⅲ级响应；22 时，倒换至液气分离器循环，立压为 8.3～15.8MPa，套压由 11MPa 降至 6MPa，又降至 2.5MPa 直至下降到 0MPa，排量为 13～17L/s（其中 17 时 20 分，套压降至 3MPa，钻探公司解除应急响应；分离器出口点火燃，焰高 2～3m，20 时 48 分出口火熄，套压降至 0MPa）；22 时 05 分停泵观察，出口断流，立压、套压为 0MPa。

三、事件原因

（1）起钻前钻井液密度降低及停泵环空循环压耗消失，发生溢流。

6 月 3 日，该井用密度为 2.18g/cm³ 的钻井液钻进至井深 3697.65m 发生溢流，采用密度为 2.25g/cm³ 的钻井液压稳地层。钻进至 3762.34m，由于调整钻井液性能，密度由 2.25g/cm³ 降至 2.23g/cm³，液柱压力降低；起钻时，循环压耗消失，井底压力进一步减小，发生溢流。

（2）发生溢流不及时关井，导致溢流量进一步增大。

短起过程中，钻井队和录井队坐岗人员分别于第 3 柱、第 6 柱灌浆时，发现未灌进，由录井坐岗人员两次上钻台向司钻汇报。司钻和队长至分流箱观察，出口断流，继续起钻；第 9 柱时由副司钻换岗，起至第 10 柱时，坐岗人员发现分流箱液面迅速上涨，录井坐岗人员立即上钻台向副司钻汇报。12 时 15 分，副司钻立即关井，立压为 0MPa，套压由 0MPa 升至 6.0MPa。12 时 35 分，立压为 0MPa，套压由 6.0MPa 升至 9.1MPa。关井完成后，根据录井监测记录，液面累计上涨 5.64m³。

（3）现场压井人员二次井控能力差，控压循环排气时压力控制不当，是造成高套压的最直接原因。

关井后钻井队长向钻探公司工程部和项目部汇报后，按钻探公司要求（以低泵冲 37 冲时立压 5.4MPa，附加 1～2MPa 循环排气）用密度为 2.25g/cm³ 的钻井液经分离器控压循环排气，由于控压操作不当，套压迅速上涨，钻井队长担心套压过高，井口失控，节流阀开度过大，导致控制立压过低（最低 2.73MPa），排气过程中发生二次溢流，形成 41MPa 高套压。

（4）未完全执行井控实施细则。

9 时 10 分至 10 时 25 分循环，短起前循环时间 75min（迟到时间 51min，循环一周半需耗时 107min），明知起钻前循环时间仅有 75min，不足一周半（107min），钻井队长依然违章指挥，向司钻下达可以起钻指令，未执行《油田公司钻井井控实施细则》中"起钻前循环井内钻井液时间不应少于一周半"的规定。

四、经验总结

（1）对本次事件在全钻探公司通报，对事件责任人严肃处理，避免类似现象再次发生，总结经验，吸取教训，对岗位人员进行全面评估，提高岗位员工井控意识及操作技能。

（2）加强技术管理干部井控业务学习，举办二次井控能力提升班，所有井队主要技术干部及驻井人员参加，以全面提升施工现场二次井控能力。

（3）钻探公司井控办公室制订相应的井控应急分级处置程序，防止因现场处置不当造成井控险情。

（4）严格执行和落实安全生产"四条红线"，深刻吸取本次和近期几个安全生产事故教训，提升井控红线底线意识，高度重视和切实做好各单位井控工作。

（5）进一步梳理井控事件管理流程，明确并落实井控责任人、井控负责人、井控联系人职责，强化溢流的发现、汇报、处置管理。

（6）认真分析本次溢流压井处置过程中存在的问题，建立溢流压井模板制度，科学压井，切实确保溢流处置措施可靠合理，切实做到井控事件"控得住"。

（7）高度重视和切实抓好季节转换的汛期安全环保工作，确保工程技术，特别是井控安全绝无一失。

高石 001-X28 井第二次井控事件

高石 001-X28 井是一口开发井，2018 年 5 月 30 日三开开钻，井口安装 1 套 70MPa 井控装备，钻进至井深 4073.54m 时未及时发现溢流，发生的高套压事件，于 7 月 21 日 8 时处理完毕恢复正常，事件未造成人员伤害、设备损坏和环境污染。

一、事件经过

2018 年 7 月 20 日 11 时 48 分，用密度为 2.17g/cm³ 的钻井液钻进至井深 4073.54m，排量为 26L/s，泵压为 21.5MPa，套压为 0.5MPa，液面正常。

11 时 52 分停泵，关闭精细控压通道气动平板阀，测斜，立压、套压为 0MPa，液面未监测到异常。

11 时 55 分开泵，获取测斜数据，排量为 26L/s，泵压为 21MPa，套压为 0.5MPa，液面无变化。

12 时 08 分停泵，关闭精细控压通道气动平板阀，接立柱，液面上涨 7.3m³（液面记录上涨 10.9m³，停泵回流量 3.6m³，实际液面增加 7.3m³），12 时 01 分见套压上涨，12 时 05 分套压上涨至 1.12MPa，12 时 06 分套压由 1.12MPa 升至 8.27MPa，其后套压不变，立压为 0MPa。

12 时 16 分开泵，经精细控压设备控压循环排气，套压由 8.27MPa 升至 9.40MPa，又降至 6.60MPa，排量为 26L/s（打钻排量），泵压为 21MPa，气体流量为 0L/s，液面上涨 3.26m³。

至 12 时 18 分，关上半封关井观察，立压为 0MPa，套压由 6.5MPa 升至 15.5MPa，又降至 13.9MPa，液面累计上涨 10.56m³（7.3m³+3.26m³）。

12 时 25 分求压，立压由 0MPa 升至 7.2MPa，套压由 13MPa 升至 15MPa，求得关井立压为 5.2MPa。

13 时 02 分，用密度为 2.17g/cm³ 的井浆经井队节流管汇控压循环排气，排量为

6.0～13.8L/s，泵压为17.5～20.7MPa，套压由18.7MPa升至31MPa，液面上涨0.7m³，出口气体流量为0L/s。

16时55分关井，地面配置密度为2.33～2.35g/cm³的压井液70m³，立压由18.3MPa降至15.4MPa，套压由31.4MPa降至29.5MPa。

二、应急处置

2018年7月20日17时10分，经燃烧池泄压，立压由15.4MPa降至8.7MPa，套压由29.5MPa降至23.9MPa。

20时16分，经液气分离器用密度为2.35g/cm³、黏度为51s的重浆循环压井，排量为9.0～15.3L/s，立压为8.2～18.0MPa，套压由23.9MPa升至30.1MPa，又降至0MPa（其中17时25分出口点火燃，焰高1～7m）。

7月21日8时开半封，转精细控压流程及液气分离器控套压1.0MPa循环，活动钻具，排量为12.0～13.0L/s，立压为8.2～10.1MPa，入口密度为2.34～2.35g/cm³，出口密度为2.33～2.34g/cm³（其中20时46分点火燃，焰高1～3m，23时25分火焰熄，至22日2时37分，气动节流阀逐步全开，套压由1.0MPa降至0.3MPa）。

三、事件原因

（1）关键岗位失控，未及时发现溢流。停泵后，精细控压人员未及时发现出口持续有流量显示；井队坐岗人员未及时发现溢流；录井人员未及时发现溢流。导致后期处理误判，以及关井溢流达7.3m³。

（2）现场指挥人员情况未掌握清楚，处置不当，形成高立压、高套压。

四、经验总结

（1）对本次事件进行全钻探公司通报，并以本次事件为教训，加快队伍骨干及主要岗位的井控培训及评估工作，提高岗位员工井控意识，特别是新进员工，严格执行"发现溢流立即关井，疑似溢流关井检查"。

（2）加强技术管理干部的井控业务学习，提升二次井控能力。

（3）钻探公司井控办公室已制订相应的井控应急分级处置程序，防止因现场处置不当造成井控险情。

塔中 726-2X 井井控事件

2018年12月21日14时46分，钻探公司承钻的塔中726-2X井在下5in尾管（套管+筛管）作业过程中发生井涌，关井后井口未形成有效控制，引发井喷。该井为开发（定向）井，采用70MPa防喷器组合，全套井控装备按设计要求试压合格，地质预测硫化氢浓度为750～7200mg/m^3（500～4800ppm）（该井实钻未发现）。事件发生后，集团公司领导高度重视，公司领导亲自坐镇指挥，现场应急指挥部强力组织、有序处置，历时79h，解除险情。整个过程未发生人员伤亡和次生灾害，未造成环境污染，也未引发负面社会影响。

一、事件经过

21日8时15分至11时28分，下套管准备，期间吊灌7次，每次0.5m^3，分别于8时50分、10时先后两次监测液面，分别在410m、386m。期间套管服务队维修液压站、套管钳108min。

21日11时28分，开始下尾管作业（计划下入724.76m），之后于11时55分开始约半小时监测一次液面，先后6次分别测得液面距井口370m、240m、221m、220m、221m、232m。

21日14时46分，下至第23根时（入井管柱结构：5in引鞋×1支+5in割缝筛管×6根+5in套管×17根，管柱长260m），钻井液工发现高架槽钻井液返出，立即跑上钻台向司钻汇报，期间井内钻井液涌出井口，司钻立即发出报警信号，下放管柱至转盘面（平台经理从罐区、工程师从前场跑上钻台），钻台人员立即将大门坡道旁的防喷单根吊至钻台。

14时50分至52分，防喷单根入小鼠洞后，井口人员将5in套管吊卡更换为3$\frac{1}{2}$in钻杆吊卡，扣好防喷单根后，司钻上提防喷单根至井口对扣，此时钻井液上涌至转盘面以上1m左右，抢接6次不成功，期间钻井液涌至转盘面以上3m左右。

14时53分，工程师随即操作司控台关环形防喷器，钻台上其他人员撤离，环形防喷器关到位后，钻井液依然涌出，管柱开始上顶喷出 4 根套管，钻井监督下令关剪切防喷器。塔中 726-2X 井井喷现场如图 4-9 所示。

图 4-9　塔中 726-2X 井井喷现场

14 时 55 分，工程师跑下钻台到远控房，打开限位，关闭剪切闸板，打开旁通阀。期间又分两次喷出 13 根套管，如图 4-10 所示。平台经理到远控台又关闭了 $3\frac{1}{2}$in 和 4in 两个半封闸板，钻井液上涌高度回落至转盘面，1min 左右又再次喷出，喷高近 50m，现场立即停车停电，人员撤离。

图 4-10　二次喷出落到井场左侧的 13 根套管

二、应急处置

1. 钻探公司和油田公司应急响应

应急处置总体概况：历时79h，未发生人员伤亡、次生灾害。现场逐级报告钻井监督，14时59分向油气田产能建设事业部下属项目部汇报。

油田公司油气田产能建设事业部15时27分向油田公司井控应急中心汇报。

15时05分，钻井队人员撤离到大门前200m以远，清点人数。

15时10分，平台经理向钻探公司分公司电话汇报。

钻探公司分公司15时59分向钻探公司应急办公室汇报。

钻探公司应急响应：21日16时09分，钻探公司启动应急预案，向集团公司汇报，公司主管领导组织召开应急会议。

油田公司应急响应：21日16时30分，油田公司启动应急预案，召开应急首次会，向集团公司汇报，组织12家相关单位、20名领导专家及集团公司西部井控应急分中心人员赶赴现场。

施救难度：井场充满天然气；无法动用起重、切割设备；晚上井场无照明。

施救过程：尝试解救被困人员6次未成功，后自制三角架，用涂抹黄油的倒链吊起套管，被困人员于22日0时45分救出，历时10h49min。被困人员情绪稳定，无外伤，经送医检查确认：右下肢肿胀。

22日2时，油田公司主管领导带领相关人员到达现场，查看现场后，召开了现场应急碰头会，成立由油田、钻探企业双方参加的现场临时应急指挥部，增调相关应急物资装备，进行应急场地准备，安排邻近9支钻井队配制压井液。

2. 集团公司应急响应

1）集团公司总部

21日17时，集团公司应急协调办公室、集团公司井控管理领导小组办公室接到油田和钻探公司电话报告后，立即向集团公司领导报告。董事长对应急处置工作做出重要指示，集团公司副总经理、井控管理领导小组组长组织集团公司相关部门和专业公司、油田、钻探企业负责人第一时间召开第一次井控应急会议，会议决定立即启动集团公司响应程序，向现场提出7条处置意见，要求全力抢救被困人员。同时成立现场应急指挥部，派出专家工作组。

22日9时、22日20时、23日16时、24日16时，副总经理先后主持召开4次应急会议，通过视频连线方式查看现场情况，与现场总指挥通话，听取应急工作汇报，并做出明确指示，指导应急处置。应急协调办公室和井控管理办公室实行24h值班，密切跟踪现场应急处置进展，及时上传下达。

2）现场应急指挥部

22日16时22分，井控管理领导小组副组长带领专家工作组、油田公司及钻探公司主要领导抵达现场，立即查勘现场，询问岗位人员，掌握现场总体情况。

井控管理领导小组副组长主持召开了应急处置工作会议，成立现场应急指挥部和专家工作组，听取前期处置情况汇报，通过视频向集团公司领导汇报现场情况和处置思路。

现场应急指挥部明确了各工作组组成及职责，建立了分工协作机制。其中，专家工作组负责指导压井方案编写和抢险实施，现场实施组负责编制压井方案，现场应急指挥部审定抢险压井方案，并指挥执行。

（1）压井难点：

① 剪切管柱作业时，存在着火、闪爆风险。

② 井口转盘以上有2m左右的管柱，大钩距离管柱近，剪断后存在管柱飞出，撞击引发着火爆炸风险。

③ 井口未完全封闭，井内压力高，井口喷势大，建立环空液柱难度大。

④ 现场不具备配备压井液条件，需从周边井队配置转运压井液，且井场道路简易，大型车辆集中进场困难；同时气温近-20℃，压井液保温难度大。

⑤ 该井属于典型的碳酸盐岩溶洞储层，气油比高达18000m^3/t，储层地层压力高（预测最高达62.5MPa），溢漏同层，溢漏转换快，压井后易发生再次井喷。

⑥ 该井设计高含硫化氢［预测含量750~7200mg/m（500~4800ppm）］，虽在实钻及应急过程中未检测到硫化氢，但尚不能完全排除。

⑦ 井场风向多变，天然气及可能存在的硫化氢逸散方向不明确，防范难度大。

（2）压井方案：经过多次踏勘，查看了喷出管柱接箍刮擦情况、现场防喷器胶芯掉块情况、井口喷势和管汇压力情况等，多次组织方案讨论，进行推演完善，确定了压井方案，并报集团公司审定。

压井思路：增压剪切，实施节流，大排量重浆压井。

施工步骤：

① 环空注入盐水，雾化喷出气体，防着火爆炸。

② 施工前消防车对井口喷淋，防着火爆炸。

③ 实施增压剪切。

④ 在剪断管柱形成密封或未剪断管柱有节流效应条件下，实施压井。

同时，明确了后续工作方案：实施吊灌，维持井筒平衡，抢下油管挂，更换井口防喷装置，恢复生产。

对存在的各项风险进行了预判，编制了应急预案和相关操作程序，细化各项要求：制订了实施剪切后，井口管柱飞出碰撞着火或伤人等相关预案，以及"钻杆剪切及压井操作流程""消防车现场工作方案""压裂车压井施工安排""供浆保障工作安排""生产恢复方案"等，责任明确，分工到人。

（3）压井准备：

① 现场准备：

12月21日至24日，现场应急指挥部根据压井方案指挥进行压井准备，强力组织应急物资装备，抢接压井管线，调试现场指挥设施等。

压井通道：抢接两条压井管线。

循环系统：调集钻井液转运罐车43辆、轴流泵32台，组织钻井液罐22个，安装管线45条，紧急发动周边9支钻井队配制、倒运压井液1600m³。

压裂系统：调派压裂队2支、固井队1支，组织2500型压裂车7辆、仪表车2辆、水泥车4辆，连接压井管线2条、450m。

消防医疗：调集消防车7辆，消防人员30人；救护车2辆，医护人员4名。

井控装备：调用远程控制台2台、节流压井管汇1套、井口防喷器组2套。

应急照明：调用防爆应急灯30台，调集防爆应急照明系统2套。

发电系统：配置800kW、400kW发电机各1台，50kW发电机2台。

② 管线试压：

第一次试压：两条管线试压至44.5MPa，左侧管线7处泄漏，右侧管线试压合格。

第二次试压：逐根紧扣后，左侧管线依然泄漏，不具备压井条件。

第三次试压：右侧节流管汇堵塞不通，将管线接至压井管汇Y1，试压50MPa合格。

（4）压井施工：整个压井过程主要分为第一次压井、吊灌、抢下油管挂、第二次压井4个阶段。

① 第一次压井、吊灌：

24日21时10分开始压井施工，以2m³/min排量向井内注入盐水，使喷出天然气雾化。

21时13分，消防车对井口进行喷淋。

21时14分，关闭剪切闸板实施剪切，剪切压力25MPa，喷势无明显变化。

21时16分，剪切压力提至28MPa，钻台面以上喷势减弱。

21时18分，开始压井，提排量至3m³/min注入重浆压井液，同时打开4in、3$\frac{1}{2}$in半封闸板，井内筛管落井。

21时25分，提排量至4.5m³/min，关闭4in、3$\frac{1}{2}$in半封，增加节流效果。

22时20分，泵入压井液238m³后，开始逐步降低排量至2m³/min，泵压8MPa，泥浆出口返液。

22 时 38 分，以 4.1～4.5m³/min 排量持续泵入。

23 时 22 分，停泵观察，共泵入压井液 483m³，泥浆出口线流。

23 时 25 分，出口断流，液面不在井口。

23 时 30 分，由于液面不在井口，采取吊灌措施：每 15min 泵入 0.5m³，每次吊灌均能灌满。同时现场连接油管挂组合［油管挂 + 变扣接头 +3$\frac{1}{2}$in 旋塞（关位）+3$\frac{1}{2}$in 钻杆］。

② 抢下油管挂、第二次压井：

25 日 1 时 28 分，发现压井液无法灌入，出口有溢流。采取吊出井口筛管、抢下油管挂的措施。

2 时 28 分至 40 分，现场使用吊车取出井口被剪切过的筛管时，吊车发生故障无法吊装油管挂。

3 时 10 分至 33 分，溢流越来越大，吊车故障未排除仍不能吊装，决定用仅存的压井液再次实施压井，以 5m³/min 的排量共泵入 1.60g/cm³ 压井液 105m³。

4 时 08 分，井队人力把油管挂组合抬上坡道。打开全部防喷器、副放喷管线放喷。吊车排除故障后，操作吊车将油管挂下入井筒内，顶紧顶丝。观察油管挂上部没有液体流出，确认井口得到有效控制，集团公司应急状态解除。

（5）恢复生产：

26 日 19 时 15 分，换装新防喷器组，彻底控制井筒，企业应急状态解除。进行现场清理，启动设备，抢下钻具，恢复正常生产。井口筛管被吊出后，发现筛管断口成菱形状，一面平整、一面粗糙；管内堵塞物坚硬，似冰状，中午气温上升后逐渐软化，成泥状。本次抢险累计动用各类机具 308 台套，参与抢险人员共 500 余人，是集团公司近年来决策最快、力度最大、效率最高的井控应急处置。

实行集团公司、企业、现场三级联动。

集团公司先后召开 5 次应急会议，现场应急指挥部召开 4 次会议，专家工作组召开 4 次技术讨论会，均形成会议纪要。

10 名局级领导、12 名技术专家参战。

动用 9 支钻井队、2 支压裂队、1 支固井队。

组织 22 个钻井液罐，配置 1600m³ 压井液，安装 45 条管线、32 个轴流泵。

使用 89 部对讲机，控制 5 个工作面。

三、事件原因

井控险情解除后，按照集团公司领导和安委会的要求，由集团公司质量安全环保部牵头组织，勘探与生产分公司、工程技术分公司、安全环保研究院等部门参与，开展了专项事故调查，4月3日正式印发了调查报告。

3月18日，集团公司副总经理对事故调查报告做出批示：同意报告意见，请井控办修订完善井控管理规定，严格监管，严肃纪律，杜绝井喷事故的发生。请将报告印发有关部门、板块和单位，落实事故"四不放过"原则，吸取教训，整改到位。

1. 直接原因

下尾管筛管作业过程中吊灌钻井液不足，井内压力失衡造成溢流井涌，关井不成功导致井喷。

关井不成功的原因：

① 下尾管作业时发生溢流，由于尾管管柱没有内防喷措施，关闭环形防喷器未形成有效密封，环形防喷器关井失败，导致井喷。

② 关闭剪切闸板未能剪断井内管柱，剪切防喷器关井失败，导致井喷。

2. 间接原因

（1）溢流发生原因：

一是油气活跃，溢漏同层。本井储集体较大（$130×10^4m^3$）、气油比高（$18000m^3/t$），油气显示活跃，全烃值高达99.84%。溶洞裂缝异常发育，完井作业在漏溢同层复杂情况下进行，油气置换快，漏喷转换快。

二是未按规定吊灌钻井液。该井三开以来一直处于溢漏同存的复杂状态，在下尾管协调会上，钻井监督要求每30min吊灌1次，而钻井队从11时28分至14时46分的3h18min内未吊灌钻井液，钻井监督也没有发现和纠正，造成井筒压力失衡，引发溢流、井涌。

（2）未及时发现溢流原因：下套管期间，11时55分至12时25分，井筒液面从370m上涨到240m（对应容积$3.9m^3$），在未灌浆的情况下，液面不降反涨，说明已发生井筒内溢流，但钻井队和液面监测队未意识到，未采取有效措施，失去了溢流预警和处置的有利时机。

（3）半封闸板防喷器未起作用的原因：由于钻井液上涌、钻台湿滑、视线不良等原因，6次对扣抢接防喷单根未成功，$3\frac{1}{2}$in半封闸板防喷器无法封井。

（4）套管上窜原因：关闭环形防喷器后喷出口径变小，油气喷速和上顶力快速上升，井内套管少重量轻，在上顶力作用下管柱上窜喷出。

（5）未能有效实施剪切的原因：

① 关闭剪切闸板期间，井内尾管在上顶力作用下处于快速上窜状态，影响剪切效果。

② 关闭剪切闸板程序不符合细则要求，工程师在没有打开旁通阀的情况下，关闭剪切闸板，储能器高压未及时进入控制管路，导致剪切压力不足。管柱未剪断，未按要求启

动气动泵增压进行剪切。

3. 管理原因

（1）设计及技术措施针对性不强。

该井从钻至井深5578.93m直到下套管时，均处于井漏失返状态，属于典型的溢漏同存储层。下套管前刮壁、通井两趟起钻作业仅采取井筒吊灌措施，均未反推一个井筒容积钻井液，也未打入凝胶滞气塞，致使井筒内受污染钻井液未能得到彻底处理，为溢流埋下隐患。设计及技术措施均未明确提出针对性要求。

（2）完井管柱变更后未充分评估井控风险。

本井原设计为裸眼完井方式，下$3\frac{1}{2}$in一体化投产管柱完井，后改为加挂一层5in筛管+尾管，设计变更后未识别完井管柱无内防喷措施、无对应半封闸板等带来的井控风险，也未制订相应控制措施。

（3）外部承包商井控职责未履行到位。

一是套管服务队生产组织不力延误下套管。维修套管钳用时108min，下套管作业效率低，6.5h仅下入套管260m，导致溢流发生时$3\frac{1}{2}$in钻杆尚未入井，不能关闭半封闸板，同时下入管柱少、重量轻，在关闭环形防喷器后，井内套管易上顶喷出。

二是液面监测形同虚设。液面检测队未按规定将监测数据告知甲方监督和钻井队，对环空液面上涨的异常情况未做出任何分析和提示预警，也没有按照实施细则要求加密测量（进入目的层或发现异常情况加密监测间隔不超过10min）。

（4）现场监管职责不落实。

井队干部和盯井工程师，以及甲方工程监督没有尽到监管责任，对溢漏同层复杂情况下的井控风险麻痹大意，对溢流征兆和危险操作不重视、不干预、不纠正。

一是下套管要求每30min吊灌1次，而钻井队3h18min内未吊灌钻井液，无人发现和制止。

二是下套管期间，在未灌浆的情况下，环空液面从370m上涨到240m，明显的溢流征兆无人过问，也未采取措施。

（5）应急演练培训不足。

含硫地区未按防硫要求佩戴正压式呼吸器。

紧急状态下，井控操作人员不能正确操作剪切闸板关井。

钻井队班组应急演练记录中未见录井、清洁化、套管和液面监测队伍的参演记录。

井喷发生后，钻井队发出长鸣警报，井场抓管机仍在作业，清洁化作业人员未及时撤离作业现场，导致被喷出管柱卡在工程车内，反映清洁化专业队伍紧急撤离的应急意识不足。

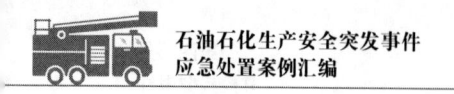

（6）对井控高风险区域的新进队伍风险评估不到位。

该钻井队自组建以来长期在台盆区作业，TZ726-2X井是在塔中地区施工的第一口井，该地区储层多为溶洞型地层，是井控风险最高的地区。油气田企业和钻探企业对该队首次进入塔中施工未严格开展井控风险评估，未重点指导和管理。

（7）先关环形防喷器的应急操作有缺陷。

目前行业标准、集团公司管理规定、井控细则中的关井程序都有先关闭环形防喷器的一般性规定，但类似这种发生了井涌而且井内管柱少、重量轻的特殊条件下的关井要点，没有针对性规定。以本井为例，按理论计算，关井后井筒压力20MPa时上顶力为29.2t，而环形胶芯关闭5in钻杆本体抱紧力约10t，阻力小于上顶力。此时先关闭环形防喷器增加井内管柱上顶力，就会导致管柱上窜，增加控制井口难度。

四、经验总结

（1）集团公司领导十分重视，指挥到位。

集团公司董事长、党组书记多次听取汇报并对应急工作做出重要指示；集团公司副总经理、井控管理领导小组组长坐镇指挥应急处置工作，5次组织应急会议，先后4次通过视频连线观察现场、听取汇报，做出安排部署，24日晚上压井期间亲自在应急办大厅指挥压井，直至险情解除，并对后续恢复完井作业做出安排。集团公司副总经理、安全总监、股份公司副总裁、集团公司安全副总监等领导同志均对应急工作做出指示和要求。

（2）各级领导坚守现场，组织有力。

事件处置过程中，现场应急指挥部总指挥、副总指挥，质量安全环保部、勘探与生产分公司和中油油服有关领导和川庆钻探井控专家坚守一线，研判形势，研究方案，靠前指挥，果断决策，各实施小组积极工作，精心施工。油田领导强化组织，带领双方人员冒着-20℃的低温彻夜蹲守一线，指挥协调压井液倒运。钻探领导与井队员工一起扛起上百斤的管线，参与抢接压井管线。

（3）井控专家积极研判，指导精准。

事件发生后，集团公司召集井控专家第一时间会商，迅速分析险情，向现场提出10条应急处置意见。专家组多次召开方案讨论会，安排试验、核算数据、研究技术措施、反复推演，并形成会议纪要。在井口复喷压井、抢接油管挂过程中，专家精准研判，在关键时刻靠前指导，充分发挥了井控专家的技术支持作用，为又好又快地完成压井做出突出贡献。

（4）应急抢险技术方案科学合理，操作性强。

专家组多次深入井场勘查，综合地质情况、井口状况、喷势变化，全方位识别各种风险，开展剪切试验，精心严密论证，不断优化完善应急技术方案，细化预案和操作程序，形成安全性高、科学性强、可操作的处置方案。

（5）各路参战队伍连续作战，战斗力强。

参战的十余家单位、五百余人，发扬大庆精神、铁人精神，发挥集团公司一体化优势，密切配合，在近 −20℃的环境中，不怕苦、不怕累、不畏严寒、不分昼夜，连续作战，精心操作，协调配置倒运泥浆 1600m³，组织各类救援车辆七十余辆，压井前 2h 内抢接压井管线 300m，连夜保温钻井液罐 22 个、保温管线 45 条，仅用时 79h 解除险情，是一次高效快速处置重大井喷事件的成功案例。

（6）集团公司井喷突发事件应急预案程序科学，指导性强。

本次实际应急程序与预案规定程序完全相符，预案经受住了实战考验，有效指导了各级应急响应行动、现场应急指挥部建立、专家组组成及应急资源组织协调工作。

（7）井控应急协同工作机制愈加完善，运行良好。

总结多次应急处置经验，进一步形成了以技术方案制订为主线的井控应急协同工作机制：现场应急指挥部负责组织方案制订、应急决策与总体协调，并指挥组织实施；专家组负责研究指导方案编制及实施过程中的技术指导；本井应急处置过程中先后组织召开了 4 次现场应急指挥部会议和 4 次专家工作组会议，研究完善压井方案，强力组织应急处置；运输、消防、医疗、监测等协作方提供专业保障服务；集团公司井控应急中心和两个分中心发挥专业优势，提供应急救援技术和装备支持。

集团公司领导对应急处置工作提出表扬。

董事长指出："现场指战员特别能战斗、特别能吃苦、特别能奉献，连续战斗、不怕疲劳、勇战严寒，充分体现了大庆精神、铁人精神，要再接再厉，进一步组织好险情后续处置工作。"

副总经理说："现场应急指挥部前期应急抢险工作积极稳妥，准备充分，方案制订认真细致，并经过反复论证完善。继续有序组织技术交底、人员演练等项工作，为最终抢险施工打下坚实基础。险情处置完成后，要认真分析原因，堵塞漏洞，对相关规范制度进行修订完善。"

狮 63 井井控事件

2019年3月27日20时50分，狮63井四开钻至井深5327.36m发生溢流，2019年3月28日0时38分实施关井，0时53分套压上升至18MPa。狮63井是一口预探井直井，井口安装1套70MPa井控装备。钻井队启动钻井公司应急响应程序，3月27日14时19分至15时28分，压裂车向钻具内正注压井液48m³，15时38分至17时37分，压裂车从环空反注压井液169m³，3月29日0时25分开井试活动钻具正常，压井成功，应急解除。整个过程未发生人员伤亡和次生灾害，未造成环境污染，也未引发负面社会影响。

一、事件经过

2019年3月27日20时50分，狮63井钻至井深5327.36m，22时00分至48分循环钻井液，修加重漏斗（22时发现出口流量由15.6L/s缓慢上涨至16.0L/s，22时27分全烃由0.88%升至1.30%，入口密度为2.10g/cm³，出口密度为2.08g/cm³，黏度为90s。

22时48分循环观察，池体积增加0.50m³，发现溢流（溢速为0.63m³/h，电导率为17.1S/m，氯离子含量为138698mg/L，精细控压增加回压1.0MPa，入口流量为15.6L/s，出口流量为16.1L/s）。

至23时，控压循环（精细控压回压增加至1.5MPa，入口流量为15.6L/s，出口流量为16.2L/s，入口密度为2.11g/cm³，出口密度为2.08g/cm³）。

23时17分，停泵观察（流量由3L/s降至2.1L/s，出口未断流）。

23时25分，开泵控压循环（精细控压回压增加至1.5MPa，入口流量为15.27L/s，出口流量由16.20L/s升至17.76L/s，入口密度为2.11g/cm³，出口密度为2.08g/cm³。至23时55分全烃持续上涨至41.70%，出口密度由2.08g/cm³降至2.03g/cm³，黏度由90s升至98s，槽面见少量针孔状气泡）。

3月28日0时，精细控压回压增加至2.0MPa（入口流量为15.27L/s，出口流量由17.27L/s升至17.80L/s）。

0时38分，关井观察，套压为4MPa，关闭方钻杆下旋塞（关井前全烃39.12%，经核实，液面上涨2.1m³，溢速为0.27m³/h，溢出物为钻井液、气混合物）。

0时53分，套压上升至18MPa，钻井队启动钻井公司应急响应程序。

二、应急处置

1. 压井前准备工作

3月28日7时30分至8时25分求立压18MPa（立压由18MPa升至19MPa，套压由21MPa升至22MPa），14时配制密度为2.48g/cm³、黏度为174s的压井液360m³，组织压裂车4部、混砂车1部、水泥车2部。

2. 压井施工

1）钻具内正注

3月28日14时19分，压裂车从钻具内试挤压井液1.0m³（施工排量为0.6m³/min）。

15时28分，压裂车从钻具内正挤压井液48.0m³（密度为2.48g/cm³，黏度为174s，平均施工排量为0.7m³/min，立压由21MPa升至32MPa又降至27MPa，套压由22MPa升至23MPa再升至24MPa，停泵后立压由8MPa降至0MPa，套压由24MPa降至23MPa）。

2）环空内反推

15时38分，压井管汇注平衡压23MPa，倒阀门，开始从环空反挤。

17时37分，压裂车从环空反挤压井液169m³（密度为2.48g/cm³，黏度为174s，平均排量为1.4m³/min，立压为0MPa，套压由24MPa升至28MPa，又升至35MPa，后又降至31MPa）。

3）观察开井

22时37分，开节流阀，泄套压至0MPa，静止观察钻井液回收管线无外溢，2019年3月29日0时25分，开井试活动钻具正常，压井成功，应急解除。

三、事件原因

1. 直接原因

钻遇高压油气层是导致此次溢流发生的直接原因。

2. 间接原因

精细控压发现溢流后，未第一时间关井求取立压，盲目控压循环，导致溢流量增大，产生关井高套压。

四、经验教训

（1）思想上对预探井钻井的井控风险认识不够，未充分研究掌握施工井的工程地质情况。

（2）没有严格执行钻井设计和井控技术规定，当发生溢流时，没有立即组织关井观察。

（3）人员的井控应急处置培训工作不到位，井控技能不足，盲目控压循环，加剧了井控溢流。

狮41H1-2-511井井控事件

2019年4月1日14时40分，狮42H1-2-511井钻进至3928.09m发生溢流关井，最终套压为12MPa。该井是一口开发井，井口安装1套70MPa井控装备。现场采用工程师法压井，于4月2日4时压井成功，恢复正常，历时13.3h。整个过程未发生人员伤亡和次生灾害，未造成环境污染，也未引发负面社会影响。

一、事件经过

2019年4月1日14时40分钻进至井深3928.09m，场地工和录井方同时发现溢流，钻井液密度为1.89g/cm³，黏度为66s，溢流量为2m³，溢速为20m³/h，随即报告司钻，设计钻井液密度为1.71～1.95g/cm³。

14时43分，司钻组织关井，关井套压为12MPa。此时井内钻具组合：ϕ165.1mm钻头+ϕ127mm×1.5°螺杆+井底阀+ϕ120.7mm无磁钻铤1根+ϕ101.6mm无磁加重钻杆1根+ϕ101.6mm加重钻杆3根+ϕ101.6mm钻杆30根+ϕ101.6mm加重钻杆15根+ϕ101.6mm斜坡钻杆+方钻杆。

二、应急处置

2019年4月1日14时45分，钻井队按照所在油田公司的溢流汇报及应急处置要求和钻井公司的应急管理办法，分别向油田公司相关项目部、钻井公司应急办公室汇报。

至14时48分，钻井公司启动处级应急响应程序。

至15时12分，现场配置密度为2.15g/cm³、黏度为86s的压井液80m³。

至16时13分，用1个阀，排量0.24m³/min顶通钻具，求取关井立压为5.5MPa。

至18时36分，现场确定采用工程师法压井。

至19时20分，以0.48m³/min的排量经液气分离器节流循环压井，套压控制在12～13MPa，立压由12MPa降至4MPa。

至 19 时 50 分，以 0.72m³/min 的排量经液气分离器节流循环压井〔19 时 20 分至 19 时 43 分，全烃由 1.28% 升至 53.22%，出口钻井液密度由 1.89g/cm³ 降至 1.06g/cm³，黏度由 66s 升至 128s，槽面见 10% 的棕黄色条带状油花，5% 的针孔状气泡，19 时 28 分至 43 分期间点火，点燃焰高 1～3m；19 时 43 分至 50 分，全烃由 53.22% 降至 10.50%，钻井液出口返出盐水 4m³（氯根由 166350mg/L 升至 175200mg/L，电导率由 14.35S/m 升至 17.40S/m），出口钻井液密度由 1.06g/cm³ 升至 1.26g/cm³，黏度由 128s 降至 30s〕。

至 4 月 2 日 3 时 45 分，循环加重钻井液，入口钻井液密度维持在 2.15g/cm³，套压控制在 0.5～2MPa，立压为 17～19MPa，全烃值由 10.50% 降至 2.5%，出口钻井液密度由 1.26g/cm³ 升至 1.45g/cm³，又升至 2.14g/cm³，黏度由 30s 升至 85s。

至 4 时停泵观察，出口无外溢，压井成功。

三、事件原因

（1）钻遇高压盐水层，井筒液柱压力不能平衡地层压力导致油气浸入井筒发生溢流。

（2）地质预告地层压力系数与实钻地层压力存在差异，施工中不能有效确定合适的钻井液密度平衡地层压力。

四、经验总结

（1）加强地质研究，提高工程地质设计的针对性。

持续加强油气层地质攻关，加大油气藏地质特征分析和邻井测录井资料分析，摸清施工井钻遇油气水层段，慎重确定工艺方案和安全措施，提高工程地质设计的针对性。

（2）摸清地层 3 项压力，提高地质预测精准度。

要加强地层 3 项压力预测技术研究，钻进过程中严格开展地层破裂压力和地层漏失压力试验，积极开展理论预测与现场试验对比，摸清施工井地层 3 项压力，提高地质预测精准度，及时调整工艺技术参数，确保安全钻进。

（3）加强地层压力预报和监测，提升井控安全保障。

要充分考虑地层压力变化，应用好测井、录井等地层压力定量分析研究成果，加强地层压力随钻监测工作，落实井控坐岗制度，根据监测数据及时准确地进行定量分析，提出井控风险预防警示，及时调整钻井液性能和完善技术措施，提升井控安全保障。

高石 001-X45 井高套压事件

高石 001-X45 井为油田公司部署的一口开发井，该井 2019 年 10 月 20 日 21 时 50 分，用 215.9mm 钻头三开钻至井深 4153.47m 井漏失返，在处理井漏过程中发生溢流高套压，经过正循环压井注水泥处理，险情得到解除。

一、事件经过

1. 发生井漏

2019 年 10 月 20 日 21 时 50 分，用密度为 2.25g/cm^3 的钻井液钻进至井深 4153.47m，井漏失返。

2. 吊灌起离易卡层位，配堵漏浆

至 10 月 21 日 0 时，吊灌起钻至井深 3849.85m，吊灌起离易卡层位，地面配堵漏浆 40m^3。

3. 下钻堵漏，发现溢流

10 月 21 日 1 时 37 分，下至井深 4111.67m，泵注堵漏浆 13.5m^3，出口见返；1 时 40 分，泵替钻井液 39.0m^3，停泵出口未断流，液面上涨 0.7m^3，立即关井。15min 后，套压为 7.1MPa，立压为 0MPa。

二、应急处置

1. 压井准备

至 21 日 9 时，关井观察，准备压井钻井液，套压涨至 26MPa。

2. 第一次反挤堵漏

至 21 日 12 时 50 分，环空反注密度为 2.25g/cm³ 的压井液 115m³（其中堵漏浆 19m³），关井观察，立压、套压为 0MPa，开井出口断流。

3. 吊灌起钻测漏速

至 21 日 15 时 30 分，吊灌起钻至 3965.42m，出口未返。至 15 时 56 分，吊灌出口见返。

4. 第二次反挤堵漏

至 21 日 16 时 35 分，敞井吊灌观察。至 18 时 02 分，关井正注密度为 2.25g/cm³ 的钻井液 11m³，至 21 时 02 分，关井观察套压为 1.7MPa，立压为 0MPa，泄压开井，出口断流。

至 22 日 0 时 39 分关井，反注密度为 2.25g/cm³ 的桥浆 34.2m³、钻井液 96m³。至 1 时 30 分，蹩压候堵，套压为 6.5MPa，立压为 8.6MPa。

5. 第一次抢起钻具

至 22 日 3 时 50 分，泄压开井，出口未断流。至 4 时 50 分，抢起钻具至井深 3771.23m，出口未断流。至 7 时关井观察，套压为 17.5MPa，立压为 0MPa（有回压阀）。

6. 反推降套压候堵

至 22 日 8 时 46 分，关井反挤密度为 2.25g/cm³ 的钻井液 60m³，关井正注钻井液 5.0m³，套压为 7.6MPa，立压为 0MPa。至 16 时 12 分关井观察，套压为 8.8MPa，立压为 0MPa。

7. 第二次抢起钻具

至 22 日 16 时 58 分，泄压开井，抢起钻具至井深 3751.86m，出口未断流。至 17 时 55 分关井观察，套压涨至 34MPa，立压涨至 31.9MPa。

8. 压裂车反推降套压

至 22 日 18 时 05 分，用压裂车反挤密度为 2.25～2.5g/cm³ 的钻井液 25m³，至 18 时 30 分关井观察，套压为 54.3MPa，立压为 31.6MPa。

9. 节流降套压

至 22 日 20 时 40 分，经节流管汇节流泄压，出口点火燃，套压为 52.4MPa，立压为

2.0MPa。

至23日0时30分,经4号管线泄压,焰高45m,套压为16.4MPa,立压为0.6MPa。

10. 正注压井液

至23日1时45分,正注密度为2.25~2.50g/cm³的钻井液96m³,套压为20.0MPa,立压为0.9MPa。至2时25分,经4号管线泄压,焰高30~60m,套压为16.9MPa,立压为0.6MPa(其中,2时13分发现4号放喷管线刺漏)。至2时40分关井,套压为65MPa。高石001-X45井放喷管线弯头刺漏情况如图4-11所示。

图4-11 高石001-X45井放喷管线弯头刺漏情况

11. 压井注水泥施工

23日2时40分至24日0时55分,经放喷管线泄压,焰高30~60m,套压由65MPa降至9~16MPa(单放喷管线泄压套压为16MPa,双放喷管线泄压套压为9MPa;期间放喷管线弯头、法兰等多处出现刺漏现象),立压为0.5MPa。

至1时46分,用压裂车、钻井泵正注密度为2.20~2.45g/cm³的钻井液58.0m³,立压为23.6MPa,套压降至0MPa,焰高由40m降至15m,有液体返出。

至3时13分,经2号、4号放喷管线泄压,焰高40m,套压为18.0MPa,立压为0MPa,出口伴有钻井液(判断4号防喷管线堵塞,且3号放喷管线已刺漏而停止压井作业)。

至5时07分,用压裂车正注密度为2.20~2.45g/cm³的钻井液180.0m³,经2号放喷管线控制套压在30~35MPa,焰高15~40m,出口气带液。

至5时47分,用水泥车正注密度为1.90g/cm³的快干水泥浆50.0m³,经2号放喷管线控制套压由21MPa降至12MPa,焰高10~15m,出口气液同喷。

至 6 时 30 分，用压裂车正替密度为 2.20～2.45g/cm³ 的钻井液 38m³，经 2 号放喷管线控压（后期关井），套压为 20.0MPa，立压为 25MPa（停泵立压降至 5.0MPa），出口气液同喷。

至 6 时 50 分，用水泥车反挤钻井液 4m³，套压为 32.0MPa。至 17 时 05 分关井候凝。其间，泄压排除井筒余气，套压为 0MPa。

三、事件原因

1. 直接原因

钻至栖霞组发生井漏失返，井内液柱压力下降，上部长兴组天然气外溢并窜至井口，导致关井高套压。

2. 间接原因

（1）溢流关井压井和堵漏过程中，对井下情况判断失误，溢流关井后，对井下形成圈闭压力认识有偏差，开井泄圈闭压力，导致井内液柱压力持续下降，最终形成高套压。

（2）圈闭压力释放操作不当，放出的井浆量过多，侵入井筒的天然气增多，导致井内压力失衡。

（3）通过泄压将立套压降为零，井筒未压稳、井口未断流的情况下，为安全注水泥堵漏，抢起钻具，导致事件进一步复杂。

3. 管理原因

（1）对过渡油气层油气产量和活跃程度认识不足。距该井 20km 范围内无过渡油气层试采井，无实测产量和准确地层压力资料。从后期放喷情况看，预测天然气产量在 $150 \times 10^4 \sim 200 \times 10^4 m^3/d$，无阻流量高达 $500 \sim 600 \times 10^4 m^3/d$，属于高产、高压，地层能量足。

（2）放喷管线不能满足高压高产井长时间放喷的安全需求。在放喷降压过程中，因压力高、产量大，对弯头和法兰冲蚀作用极强，放喷管线弯头、法兰等多处出现刺漏现象，1 号、4 号防喷管线堵塞，致使节流降压困难，难以在短时间内有效实施控压压井。

四、经验总结

（1）加强区域地质研究，提高地质预测精准度。

加强过渡油气层地质攻关，加大油藏地质特征分析和邻井测录井资料分析，提高设计针对性，减少井控遭遇战。提高非目的层天然气风险的认识，强化井控风险意识。

（2）加强井控装备管理，提高装备本身的可靠性。

对该井四通（锻件）、放喷管线、弯头等各通道刺漏情况进行分析研究，从结构和材料上做进一步改进，提高设备的抗冲蚀能力。井控装备现场安装完后，按额定工作压力进行试压检测。管线、弯头等易刺漏部位定期进行探伤和壁厚检测，摸索制定报废技术标准，消除设备使用隐患。

（3）加强应急处置技术管理，提高措施方案科学性。

编制区域压井方案模板及压井施工参数曲线，完善井漏处置、钻具防卡、井下液面监测、吊灌、防硫及交叉作业等技术措施；开展放喷工况下水合物形成机理和管路防堵技术研究。

（4）加强井控技术培训，提高风险辨识和处置能力。

抓好各级井控技术管理人员和现场作业人员的井控技术培训，特别是高压气井溢流、又溢又漏等井控技术，提高其对井下情况分析判断和处理的能力。做好钻井液的准确计量，特别是频繁启停泵和钻井液倒换期间的计量，做好井漏状态下的井下液面监测，实现对井下情况的先期预判。

双鱼 001-H2 井高套压事件

> 双鱼 001-H2 井是油田公司布置的一口开发井，该井采用四开井身结构。2019年11月12日，用密度为 1.75g/cm³ 的钻井液钻至井深 3965.92m 发生溢流，在处理过程中发生溢流高套压，经过正循环压井处理，险情得到解除。

一、事件经过

2019年11月12日20时44分，用密度为 1.75g/cm³ 的钻井液钻至井深 3965.92m，发现扭矩由 5.7kN·m 升至 6.4kN·m，立压由 23.5MPa 升至 25.4MPa。至 20 时 46 分，上提钻具至井深 3962.66m 恢复正常。至 20 时 50 分，下放钻具 3965.05m，发现出口流量增加。至 20 时 52 分，上提钻具至井深 3957.67m 关井，立压为 0MPa，套压为 18.8MPa，溢流量为 4.0m³。

二、应急处置

1. 第一次压井

2019 年 11 月 13 日，0 时 07 分至 20 分采用工程师法压井，经液气分离器控压循环，分离器出口点火未燃，排气口及缓冲罐见钻井液溢出，液面累计上涨 28.39m³。

0 时 20 分至 24 分，停泵关 8# 液动平板阀，倒 4# 放喷管线，立压由 6.1MPa 降至 5.4MPa，套压由 24.5MPa 升至 47.0MPa。

0 时 24 分至 40 分，由 4# 放喷管线循环排气，出口约 40s 后，点火燃，焰高 30~50m，立压为 5.1~5.6MPa，套压为 45.6~46.3MPa，4# 放喷管线至储备罐的回收管线三通法兰处刺漏。

0 时 40 分至 44 分，停泵关 8# 液动平板阀，倒换至 2# 放喷管线，立压由 0.9MPa 升至 2.5MPa，套压由 46.3MPa 升至 62.9MPa。

0时44分至50分，经2#放喷管线循环排气，立压为5.9~6.3MPa，套压由62.9MPa降至61.9MPa，2#放喷管线靠近循环罐和1#泵处弯头法兰刺漏。

0时50分至5时44分，停泵关4#平板阀，发现4#平板阀刺漏，关3#平板阀关井，准备密度为2.10g/cm³的压井液，立压由1.5MPa降至0MPa，套压为61.8MPa。平板阀钢圈平面损坏如图4-12所示。

图4-12 平板阀钢圈平面损坏

2. 第二次压井

11月13日5时44分至10时，用密度为2.05~2.14g/cm³的压井液215m³压井，立压为3.2~9.7MPa，套压由61.8MPa降至0MPa，出口焰高5~10m；9时45分火焰熄灭。

三、事件原因

1. 直接原因

该井设计地层压力系数为1.50，实际钻井液密度为1.75g/cm³，溢流后求取关井立压为7.2MPa，计算地层压力系数为1.93。由于实钻钻井液密度与实际地层压力当量密度差异过大，导致发生溢流后，井筒钻井液溢出速度快，溢流量较大，关井压力上涨速度快，压力高。

2. 间接原因

（1）钻遇裂缝，气液置换快，气体进入井筒，损失液柱压力，导致关井压力较高。

（2）第一次压井节流控制不当，导致继续溢出钻井液 30m³，形成高套压。0 时 07 分至 20 分，第一次压井过程中，由于节流阀损坏，液面异常上涨 28.39m³，操作人员未及时停泵关井检查原因，致使溢出量过多，形成高套压。

四、经验总结

（1）加强区域地质研究，持续优化工程设计。

深入开展区域性地质研究，提高地质设计中压力系数、有毒有害气体、溢漏显示预测准确性；做好井身结构优化、钻井液密度设计、井控风险提示等关键环节，切实提高工程设计科学性、针对性、合理性，从源头上降低井控风险。

（2）加强二次井控技术培训，持续提高技术干部压井处置能力。

对现场技术干部进行二次井控能力评估，同时对全公司技术干部进行井控技术培训，特别对新转岗的技术人员进行培训考核，对坐岗等关键岗位加强培训力度。

（3）强化井控装备管理，确保应急耐用可靠。

对该井四通（锻件）、放喷管线、弯头等各通道刺漏情况进行分析研究，从结构和材料上做进一步改进，提高设备的抗冲蚀能力。井控装备现场安装完后，按额定工作压力进行试压检测。管线、弯头等易刺漏部位定期进行探伤和壁厚检测，摸索制订报废技术标准，消除设备使用隐患。在条件允许的情况下，安装旋转控制头，提升处理井下复杂的设备能力。

（4）加强管理流程梳理，提高关键环节的管控力。

对本井节流管汇、放喷管线、弯头、钢圈等解剖分析，进行科学论证，改善结构，提高放喷管线和弯头的抗冲蚀能力，同时配合厂家对节流阀的结构及可靠性进行再论证。

（5）强化作业现场执行力，确保井控规章制度有效落实。

严格执行井控装置试压后，对连接部位进行再次紧固的井控规定；建议 1#、3# 放喷管线修建燃烧池，清理隔离带，具备点火条件；规定经放喷管线放喷点火过的节流阀、放喷管线弯头，压井完后进行更换。